水利工程设计施工与管理

王广社　廖忠波　李军民　主编

吉林科学技术出版社

图书在版编目（CIP）数据

水利工程设计施工与管理 / 王广社，廖忠波，李军民主编． -- 长春：吉林科学技术出版社，2019.10

ISBN 978-7-5578-6132-2

Ⅰ．①水… Ⅱ．①王… ②廖… ③李… Ⅲ．①水利工程－设计②水利工程管理 Ⅳ．① TV222 ② TV6

中国版本图书馆 CIP 数据核字（2019）第 232664 号

水利工程设计施工与管理

主　　编	王广社　廖忠波　李军民	
出 版 人	李　梁	
责任编辑	汪雪君	
封面设计	刘　华	
制　　版	王　朋	
开　　本	185mm×260mm	
字　　数	280 千字	
印　　张	12.75	
版　　次	2019 年 10 月第 1 版	
印　　次	2019 年 10 月第 1 次印刷	
出　　版	吉林科学技术出版社	
发　　行	吉林科学技术出版社	
地　　址	长春市福祉大路 5788 号出版集团 A 座	
邮　　编	130118	

发行部电话／传真　0431—81629529　　81629530　　81629531
　　　　　　　　　　　 81629532　　81629533　　81629534

储运部电话　0431—86059116

编辑部电话　0431—81629517

网　　址	www.jlstp.net
印　　刷	北京宝莲鸿图科技有限公司
书　　号	ISBN 978-7-5578-6132-2
定　　价	60.00 元

前　言

随着现代化快速发展，我国生活质量水平得到显著提高，促使水利工程得到显著发展，其中设计施工与管理是水利工程重要的一环，所以设计施工与管理显得非常重要。要做好设计施工与管理，那就需要将设计施工与管理放在首位，通过不断提高施工管理制度建立，同时也要提高经验，加大对施工管理保护，促进水利工程发展，保证建筑正常发展及质量才是建筑发展重点，同时将施工管理作为发展目标也是保证水利工程事业的快速发展。

在现有的水利工程施工管理体系当中，需要不断调整制度，通过内部改革才能完成这些问题，将各个工作进行落实，分别采取一些责任机制进行管理，这样才能促进管理体系正常发展，同时也能加快改造水利工程。对于现有的责任机制下，水利工程施工管理是我国主要发展目标及对象，各个地区也要响应这一重点规划，将其在现有的资源下进行建设，完成可持续发展，而水利工程施工管理中有很多改造方案，需要不断加强。

本书主要从十章内容进行详细叙述，希望能够有助于相关工作人员的项目开展和工作。

目　录

第一章　绪　论···1

　　第一节　水资源与水利工程··1

　　第二节　水利水电工程建设程序··12

　　第三节　土木工程建设管理··15

第二章　水利枢纽施工···18

　　第一节　水利枢纽及水工建筑物··18

　　第二节　水　库··39

第三章　挡水建筑物施工···51

　　第一节　重力坝··51

　　第二节　土石坝··55

　　第三节　拱　坝··64

　　第四节　支墩坝··67

第四章　泄水建筑物施工···70

　　第一节　泄水建筑物的分类··70

　　第二节　溢流坝··76

　　第三节　河岸溢洪道···77

　　第四节　水工隧洞···80

第五章　取水建筑物施工···87

　　第一节　水　闸··87

　　第二节　水　泵··92

　　第三节　泵　站··96

第六章　水电站施工···104

　　第一节　水电站施工技术··104

　　第二节　水电站施工技术管理··106

　　第三节　水电站运行管理··107

第四节　水电站机电安装 ·················· 108

第五节　水电站设备物资管理 ·················· 111

第六节　水电站施工安全管理 ·················· 113

第七节　水电站节能施工 ·················· 115

第七章　治河防洪工程施工 ·················· 118

第一节　治河工程 ·················· 118

第二节　防洪工程 ·················· 120

第八章　水利水电工程施工 ·················· 123

第一节　水利水电工程施工设计 ·················· 123

第二节　水利水电施工导流控制 ·················· 125

第三节　水利水电工程施工技术 ·················· 128

第四节　水利水电工程施工质量管理 ·················· 131

第五节　水利水电工程施工安全管理 ·················· 133

第九章　水利工程管理 ·················· 136

第一节　水利工程的检查与观测 ·················· 136

第二节　水利工程的养护与修理 ·················· 137

第三节　水利工程安全运行与管理 ·················· 140

第四节　水利工程信息技术的应用 ·················· 142

第十章　土木工程建设管理 ·················· 144

第一节　土方工程 ·················· 144

第二节　基础工程 ·················· 155

第三节　砌体工程 ·················· 164

第四节　混凝土结构工程 ·················· 167

第五节　桥梁结构工程 ·················· 177

第六节　路面工程 ·················· 181

第七节　防水工程 ·················· 186

第一章　绪　论

第一节　水资源与水利工程

一、水资源

（一）定义

根据世界气象组织（WMO）和联合国教科文组织（UNESCO）的《INTERNATIONAL GLOSSARY OF HYDROLOGY》（国际水文学名词术语，第三版，2012 年）中有关水资源的定义，水资源是指可资利用或有可能被利用的水源，这个水源应具有足够的数量和合适的质量，并满足某一地方在一段时间内具体利用的需求。

根据全国科学技术名词审定委员会公布的水利科技名词中有关水资源的定义，水资源是指地球上具有一定数量和可用质量能从自然界获得补充并可资利用的水。

（二）中国水资源问题面临的严峻挑战

由于世界淡水资源非常有限，再加上人类活动的不断加剧、人口与城市化快速发展等原因，使得水资源面临的形势愈加严峻。其中，中国水资源问题更为严峻。基于水利部《21世纪中国水供求》分析结果，2010 年以后，在中等干旱年份条件下，中国在工业、农业、生活及生态环境等方面总需水量为 6988 亿 m^3，而中国实际供水能力为 6670 亿 m^3，存在318 亿 m^3 缺口。这一现象说明，今后一段时期，中国将开始进入严重的缺水期。该报告还表明，到 2030 年以后，中国将出现 400~500 亿 m^3 的缺水量，严重缺水的周期将会出现。

在中国城市发展方面，21 世纪中期，城市化率将达到 70%，这无疑将进一步加剧城市水供求矛盾；在中国农业生产方面，尤其是粮食生产方面，在 2050 年前，粮食产量预计将比现在增加 1400 亿 kg 以上，这将进一步需要增加农业灌溉用水总量。可以预期，北方地区的水资源形势将会愈加严峻。

1. 经济持续增长、人口快速增加及城市化发展对水需求急剧增加

20 世纪 80 年代中国水需求总量为 4400 亿 m^3，20 世纪 90 年代为 5500 亿 m^3，2000年增至 6000 亿 m^3，2010 年需求总量近 7000 亿 m^3。按照"十二五"规划和远景规划目标，在今后的 10 年内中国 GDP 每年增长率预计为 8% 左右。如此，2030 年将增至 8200

亿 m³。

目前，中国人口已达 13 亿，今后，中国人口仍将继续增长，预计 2030 年将达到高峰。2050 年，中国人均拥有水资源量将从 20 世纪 80 年代的 2700m³ 减至 1700m³。

中国有近 2/3 的城市将出现供水不足，年缺水约 60 亿 m³。这可能将影响工业产值年均 2000 多亿元。

2. 空间分布不均对水资源的影响

中国地域覆盖宽广，降雨时空分布存在严重差异，再加上水资源严重短缺。因此，水资源时空分布明显不均。同时，中国又是人口大国，各地人口分布不等，因此造成人均淡水资源、水资源可利用量以及人均和单位面积水资源数量极为有限，也造成了地区分布上的极大差异。这就构成了中国水资源短缺的基本国情和特点。目前，水资源短缺问题已成为国家经济社会可持续发展的严重制约因素。长江流域每年新增人为水土流失面积 1200km²、新增土壤侵蚀 1.5 亿 t。自 1954 年以来，长江中下游水系的天然水面减少了 12000km²。这从另一个方面，又影响了中国水资源的分布问题。

3. 旱涝灾害加重缺水矛盾

1949~1991 年的 43 年中，全国每年平均受灾面积 780 万 km²，成灾面积 431 万 km²。1998 年，长江、嫩江及松花江爆发百年不遇的洪水，连续 70 天超警戒水位，农田受灾 0.254 亿 km²，成灾面积 0.156 亿 km²，直接经济损失 2642 亿元。干旱缺水是中国经济社会发展的主要障碍，每年因缺水影响工业产值约 2300 亿元。农业受旱面积由 70 年代的 0.11 亿 km² 增加到 1997 年的 0.33 亿 km²。近年，由水资源缺乏而引起的旱灾在一些地区，如松辽平原、黄土高原、云贵高原等，年减产粮食 200~300 万 t。目前，全国有 6000 万人口严重缺水。20 世纪 90 年代以来，一些地区水资源供需矛盾突出，缺水范围扩大，程度加剧。正常年份全国灌区年缺水 300 亿 m³，城市缺水 60 亿 m³。根据分析，在今后的 50 年内，黄河每年可能缺水 40~160 亿 m³，如果黄河流域干旱频率加剧，黄河中下游泥沙淤积量增多，有可能进一步加重水资源短缺与治黄难度。

4. 水资源供需矛盾日益严重

当前，中国水资源供需矛盾面临严峻形势，人均淡水资源更为贫乏。就全国 660 多座城市而言，缺水城市达到 400 多座。其中，出现严重缺水的城市已达 108 座。每年，全国因缺水致使粮食减产约 800 亿 kg。每年因缺水而造成的经济损失约达 2000 亿元。以人均水资源为例，中国人均水资源仅为世界平均水平的 1/4、美国的 1/5，位于世界的 110 位，已成为全世界人均水资源最贫乏的国家之一。水资源短缺已成为制约中国经济发展、人民生活改善和环境改善的主要因素。

5. 环境污染不断加深水危机

根据测试，中国水资源普遍受到污染。以 2003 年为例，辽河、海河、淮河、巢湖、太湖、滇池，其主要水污染物排放总量不断长高。淮河流域几乎一半的支流水质受到严重污染；辽河、海河生态用水严重短缺，其中位于内蒙古区的西辽河已经连续多年断流。巢湖、太湖、滇池等水质已经处于劣五类，总磷、总氮等有机物污染严重。此外，对于黄河而言，工业污染已是引发黄河水污染的主要原因，几乎占废污水排放总量的73%。每年由于水污染造成的经济损失115~156亿元。经测算，每年因水污染而造成的人体健康损失可达22~27亿元。此外，由于黄河水的污染，还延伸产生了水资源价值损失、城镇供水损失，并在一定程度上增加了污水处理的额外市政投资，初步测算每年总损失将近60亿元。

（三）中国水资源管理存在的问题及成因分析

1. 水资源过度开发，短缺问题日益突出

调查资料显示，多年来，中国地下水平均超采量约74亿 m^3，超采区达到164片，超采区面积已达18.2万 km^2，其中严重超采区面积已占到42.6%。在一些地区，已经出现了地面沉降、塌陷、海水入侵等严重问题，这进一步加剧了环境恶化，影响了水资源质量。

2. 水资源缺乏高效利用和有效保护

分析中国水资源短缺的原因，可分为客观因素和人为因素。从客观因素方面分析，一方面，人口不断增加、工农业生产快速发展、人民生活水平不断提高，使得用水量不断增多。另一方面，温室效应逐步出现，全球气候不断变化又导致了降水量的减少。从人为因素分析，由于中国水资源利用率偏低、污染严重、管理不善等，也严重影响了水资源的效能。目前，在农业灌溉用水方面，中国的利用率仅为43%，与发达国家的70%~80%相比差距较大；中国单位工业产值用水为78 m^3/万元，已达到发达国家的5~10倍，造成了较大浪费。在中国城镇生活用水方面，也存在严重浪费现象，一是供水普遍出现跑、冒、滴、漏现象。据专业部门统计，全国城市供水漏失率为9.1%，有40%的特大城市供水漏失率达到12%以上。二是使用节水器具和设施较少，降低了用水效率。

3. 节水治污工作存在差距

在节水方面，以1998~2001年有关数据为例，中国GDP每年以高于7%的速度增长，然而，全国用水量并未出现较大变化；当时全国用水量是：1998年为5470亿 m^3，1999年为5591亿 m^3，2000年为5498亿 m^3，2001年达到5513亿 m^3。其中，后3年是大旱之年，按常规推算，用水量会增加，而实际上没有发生较大波动。从以上数据可知，节水工作存在巨大潜力。一方面，全民节水意识有待增强；另一方面，有关部门需要采取一些有力、有效的节水措施。在治污方面，据河南环保厅地表水监测显示，双洎河新郑黄甫寨断面，水质为劣五类。为什么地表水中，劣五类的比例近六成，原因大致有2方面：一是国家制定的环境质量标准较高，而工业企业污染源排放标准较低，两者存在明显标准对接矛盾；二是需加大治污力度，由于城市规模逐步扩大，生活水平逐步提高，市民生活污水排放量急剧增加，造成城市污水处理设施短缺，生活污水得不到及时有效处理。必须加大建设污水处理设施的力度，以解决城市污水处理问题。

此外，中国湿地保护也出现严峻挑战。湿地资源不断遭到掠夺性开发，天然湿地日益减少，湿地水源遭到严重污染。由于急功近利，一些围湖造田、填海造地、填滩开垦等现

象盛行，使得中国天然湿地日益减少。同时，随着工业化的不断发展，大量工业废水污水排入湿地，造成大批植被和水生生物死亡。湖南的洞庭湖、新疆的艾比湖就是有力例证。湿地是"地球的肾脏"和"天然物种库"。保护湿地已成为世界许多国家环境保护的重点，中国决不能再逆势而行。

4. 水利资源管理水平有待提高

（1）改革水的管理体制，加强水资源统一管理

根据水资源自身的特性和国际管理经验，必须强化国家对水资源的权属管理，对水的问题，要以流域为单元，进行统一规划、统一调度、统一管理，建立权威、高效、协调的流域管理体制。同时，对城乡防洪、排涝、蓄水、供水、用水、节水、污水处理及回用、地下水回灌等涉水事务，也必须统筹考虑，积极研究和推进区域水资源统一管理的体制。近年来，在水资源可持续利用方面能够有所作为，与流域水资源的统一管理和调度密不可分，充分体现了实行流域统一管理的优势。

（2）水资源的管理体制、产权制度改革和水价体系等方面的问题

管理体制分割，影响水资源的统一管理。实践表明，农业、工业、水运交通、城镇建设、生态环境以及人民健康等无一能脱离水利而存在；防洪、排涝、灌溉、水电、供水、抗旱等都要涉及水资源的利用；水利是国民经济和社会发展的首位基础设施。过去，只把水利作为农业方面的一个重要元素，而没有作为国民经济发展的基础设施来对待。在很大程度上影响了水资源的管理理念。同时，目前水资源分地区、分部门的管理体制，也直接影响到水资源的可持续利用问题。

（3）水价偏低，水市场经济体制建设迫在眉睫

水价格设置偏低，对经济杠杆在水资源综合开发中的作用发挥不利，更不利于节水和水资源的有效利用，也严重影响到社会资金投入到水资源开发利用积极性。经验表明，适当合理调控供水价格，可有效促进节约用水和有效用水，更有利于按时空用水和储水。因此，制定基于水资源可持续利用的经济政策，对缓解水资源的供需矛盾极为重要。特别是针对中国农业一直是用水大户这一现实，它更需要用市场经济来调节。因此，建立科学合理的水市场体制已迫在眉睫，且任务艰巨。

5. 水资源利用方式粗放，水利设施老化现象严重与发达国家相比，中国水资源利用的效率和效益仍处较低水平。2002 年中国万元 GDP 用水量为 537m³，是世界平均水平的 4 倍。农业灌溉用水有效利用率为 40%~50%，发达国家为 70%~80%。全国工业万元增加值用水量是发达国家的 5~10 倍，水的重复利用率为 50%，发达国家已达 85%。一些地区在经济社会发展中，忽视对水资源承载能力的考量，在城市建设中一味追求大而全、宽而阔、攀豪比奢，在工业发展中盲目建设高耗水、高污染的产业，以浪费资源、牺牲环境为代价，换取短期的经济增长。这严重影响了水资源的利用效率。

目前，中国水利设施存在 3 大威胁：（1）现有水利基础设施逐步萎缩衰老；（2）配套的工程保安、维修、更新和功能完善任务艰巨；到 21 世纪中期，这些水利基础设施将逐步进入百年期。由于诸多历史原因造成的许多水利基础设施配套差、尾工大、设备老化

失修、管理水平低、运行状态不良，至今仍没有充分发挥应有作用的现象日益显露。未来50年，如果现有水利基础设施不能得到应有的巩固、提高和充分发挥效益，那么现有水利基础设施存在的问题将很可能成为经济社会发展的最大制约因素。因此，水利基础设施巩固改造任务十分繁重；（3）设施科技含量低和管理基础差，提高科技和管理水平任务艰巨。目前，中国水利科技水平与发达国家相比，存在很大差距。在水利领域，中国水利科技贡献率只有32%左右，水的有效利用和节水技术成果的应用还没有引起高度重视，在水利建设的指导思想上，仍存在重建设，轻管理，管理机构不健全，管理人员素质偏低等现象。

因此，只有依靠科技创新和管理水平提升，才能促进水利基础设施效益和水资源利用率的提高，才能缓解水资源的短缺矛盾。

（四）中国水资源保持可持续发展的对策与建议

1. 尊重客观规律，促进人与自然和谐相处

尊重客观规律，促进人与自然和谐相处，这是中国治水策略重大调整的核心和关键。要在吸纳总结治水经验教训的基础上，加快治水策略的调整和思路的转变。保护自然生态，维护系统完整，促进人与自然和谐相处。防洪工作要坚持引洪与用洪并举的思路，从控制洪水向洪水管理转变；治理水土流失要积极发挥大自然的自我修复能力，治理活动要为大自然自我修复创造条件，巩固和增强其自我修复能力，坚决杜绝人为干预自然生态。

2. 推进水资源开发利用方式转变，建设节水型社会

实践一再告诫人们，继续采用粗放型的水资源利用方式，重视开发、轻视节约，结果必然是调水越多，浪费越大，污染越重。建设节水型社会是解决中国目前水资源短缺最根本、最有效的战略举措。要抓紧制定节水型社会建设规划，推进中国水资源开发利用方式从粗放型向集约型、节约型、高效性转变，力争在2020年初步建成节水型社会。

3. 进一步健全和完善水资源立法，加大执法力度

水资源危机已成为影响中国国民经济发展的瓶颈。在水资源危机日益严峻情况下，进一步健全和完善水资源立法并加大节水执法力度，运用法制手段严格规范、约束和治理用水行为，引导正确的用水理念，将成为解决水资源问题的必要途径和有效突破。因此，必须调整水资源立法思路，改进立法机制，逐步健全完善水资源法律体系，以促进水资源的科学和规范管理。

4. 在水资源管理上，加快推进6个转变

当前，中国正处于传统水利向现代水利、可持续发展水利转变的关键阶段，适应水资源和经济社会发展形势的变化，要加快推进6个转变，即：在管理理念上，要加快从供水管理向需水管理转变；在规划思路上，要把水资源开发利用优先转变为节约保护优先；在保护举措上，要加快从事后治理向事前预防转变；在开发方式上，要加快从过度开发、无序开发向合理开发、有序开发转变；在用水模式上，要加快从粗放利用向高效利用转变；

在管理手段上，要加快从注重行政管理向综合管理转变。

5. 政府利用水资源配置对经济发展进行宏观管理

加快流域区域水管理体制改革的步伐，建立完善的地方之间分水和用水的民主协商和水管理部门之间的合作协调制度，鼓励跨行业、跨地区的利益相关者参与水的管理。建立健全群众参与、专家咨询和政府决策相结合的科学决策机制。水权转换是水资源优化配置的重要手段，要进一步规范水权管理，在社会主义市场经济条件下，为解决水资源短缺问题，充分发挥市场和经济杠杆在水资源配置中的重要作用。认真研究并运用水权、水市场理论，真正解决水资源配置问题。

6. 以水资源的可持续利用支撑经济社会的可持续发展

树立"以人为本、人与自然和谐发展"的理念，坚持节约资源、保护环境的基本国策，对水资源进行合理开发、高效利用、综合治理、优化配置、全面节约、有效保护和科学管理，以水资源的可持续利用保障经济社会的可持续发展。为此，一方面，要科学合理有序开发利用水资源，集中力量建设一批重点水源和水资源配置工程，因地制宜建设一批中小微型蓄引提水工程，进一步提高水资源配置和调控能力，为经济社会发展提供可靠的水资源保障；另一方面，要统筹考虑经济社会发展与水资源节约、水环境治理、水生态保护的有机结合，实行最严格的水资源管理制度，全面建设节水防污型社会，推动经济社会发展与水资源承载能力、水环境承载能力相协调。

中国水资源日益短缺，质量不断下降，水环境持续恶化，已造成了重大经济损失，严重影响了中国经济社会的可持续发展。水可以再生，却不能增生；水可用于洁净，但不能自洁。面对此情况，进一步加快水资源立法进程，规范和完善管理机制，依靠科技进步，把握科学发展理念，促进水资源开发与管理水平升级，已成为实现水资源可持续利用，支撑社会经济可持续发展的基本要求和制度保证；不断改善水环境条件和用水理念、倡导"建设节约型社会"，以"节流、控污、开源"应对水资源发展，采取一系列措施，从零开始、从小事做起、以身作则，营造一个全社会对水资源高效利用与科学管理的氛围，这是促进水资源可持续利用，长期惠及世界生灵的有效手段和根本保证；当制度和行为变为高度统一，意识和行为真正成为水资源开发和保护的有效助推器的时候，水资源才会真正丰富并富有涵养；水资源才会体现出人们科学开发、高效利用、系统治理和有效保护的真正效能。

二、水利工程

水利工程是用于控制和调配自然界的地表水和地下水，达到除害兴利目的而修建的工程。也称为水工程。水是人类生产和生活必不可少的宝贵资源，但其自然存在的状态并不完全符合人类的需要。只有修建水利工程，才能控制水流，防止洪涝灾害，并进行水量的调节和分配，以满足人民生活和生产对水资源的需要。水利工程需要修建坝、堤、溢洪道、水闸、进水口、渠道、渡槽、筏道、鱼道等不同类型的水工建筑物，以实现其目标。

（一）特点

1. 有很强的系统性和综合性。单项水利工程是同一流域，同一地区内各项水利工程的有机组成部分，这些工程既相辅相成，又相互制约；单项水利工程自身往往是综合性的，各服务目标之间既紧密联系，又相互矛盾。水利工程和国民经济的其他部门也是紧密相关的。规划设计水利工程必须从全局出发，系统地、综合地进行分析研究，才能得到最为经济合理的优化方案。

2. 对环境有很大影响。水利工程不仅通过其建设任务对所在地区的经济和社会发生影响，而且对江河、湖泊以及附近地区的自然面貌、生态环境、自然景观，甚至对区域气候，都将产生不同程度的影响。这种影响有利有弊，规划设计时必须对这种影响进行充分估计，努力发挥水利工程的积极作用，消除其消极影响。

3. 工作条件复杂。水利工程中各种水工建筑物都是在难以确切把握的气象、水文、地质等自然条件下进行施工和运行的，它们又多承受水的推力、浮力、渗透力、冲刷力等的作用，工作条件较其他建筑物更为复杂。

4. 水利工程的效益具有随机性，根据每年水文状况不同而效益不同，农田水利工程还与气象条件的变化有密切联系。影响面广。

5. 水利工程一般规模大，技术复杂，工期较长，投资多，兴建时必须按照基本建设程序和有关标准进行。

（二）水利工程设计

水利工程在设计和施工阶段，虽然是两个不同各阶段，但相互之间却有着密切的联系，能够保证两个阶段有效衔接，是保证水利工程顺利完成的关键。而从实际的角度上出发，水利工程在设计和施工过程中都将面临不同的风险。本书主要针对水利工程设计在施工过程的影响展开分析，同时提出相应的控制措施，切实保证水利工程的经济性、质量性以及按期完成合同规定的施工周期。

1. 设计阶段在水利工程施工过程中所发挥的作用分析

水利工程施工需要以施工设计图纸作为依据，结合施工图纸进行施工，这也是水利工程施工的重要法律依据。如果在水利工程施工过程中，未能结合施工设计图纸进行施工，私自擅改水利工程施工方案的，需要承担一切责任事故，同时，有任何问题都需要施工单位来承担。水利施工过程严格按照施工设计进行，可以对整个施工成本、质量、进度等进行很好地把控，可以说，水利工程施工设计对施工过程具有很好的保障作用。当然，设计阶段的好坏也将直接影响到水利工程成本。

2. 水利工程设计要求分析

首先，在水利工程设计初期，必须对水利工程整个的工程建设进行可实施性的判断推理，保证水利工程设计的可行性。这也是保证施工设计质量的关键性因素；其次，设计阶段会给出各种参数，应针对这些参数进行准确的判断，是否符合水利工程施工设计要求，同时还要考虑到实际施工现场，是否具备施工可行性，或是否存在相关性影响因素等；再次，水利工程设计阶段还应考虑到施工的安全性，要充分考虑到使用中可能出现的泥石流、洪水、山体滑坡等各种自然灾害，应设置较为完善的应对措施，避免对施工人员以及工程带来影响；最后，施工设计时要严格按照实际情况进行考虑，尤其是要考虑到施工过程是否会影响到环境，是否会造成施工污染等现象，要通过科学的设计，有效规避这些问题，保证水利工程的设计质量。

3. 水利工程设计在施工过程中的影响分析

（1）设计阶段存在风险因素

水利工程在施工过程中需要根据工程设计进行施工，尤其是施工图纸的设计，需要在施工中严格遵守设计规范，并严格按照施工图纸设计要求进行施工。而一旦在水利工程设计阶段出现设计问题，或是潜在一些设计风险等因素，都将直接影响到水利工程的整体施工。例如，施工图纸设计不合理，这样在施工过程中可能无法及时发现其中的风险，从而导致施工出现问题后返工的现象；或在发现风险之后需要更改施工设计方案，在这个过程中会消耗大量的时间，在很大程度上影响到水利工程的施工进度。

（2）设计资金导致设计方案频繁变更

在水利工程设计的过程中，需要根据施工场地的实际情况进行设计，同时还要考虑到设计资金的问题，要求在保证设计方案合理、可行的基础上，将设计资金压缩至最低，低成本完成水利工程项目。但从实际的角度上考虑，在当前水利工程设计的过程中，很多可行、合理的设计方案在施工过程中，由于受到多种因素的影响，施工成本明显增加，导致成本预算超出原设计成本预算。因此，在这个过程中则需要对水利工程设计方案进行变更，这样就会导致水利工程施工无法继续进行，甚至造成施工不能按期完成。此外，由于资金的限制，其中会有很多施工环节无法正常进行，从而影响到水利工程的施工质量。

（3）设计质量影响着工程施工的质量与成本及进度

质量、成本、进度是水利工程施工过程中重要考察的三大关，任何一方面不合格，都会影响到水利工程的正常投运，在保证施工程序严谨且严格按照设计方案施工的前提下，设计方案将占有主导权，施工将处在被动状态。设计方案的质量直接影响着水利工程施工的质量、成本和进度，通过大量的时间研究发现，受到设计的影响而引发水利工程施工质量、成本、进度等问题发生的案例不在少数。例如，在设计方案中所提到的施工材料并不合理，而继续用这种施工材料施工的话会直接降低水利工程施工质量；设计方案的不合理，其中会应用大量无关紧要的施工材料，或是在施工材料使用量上设计出现偏差，造成整体施工质量出现质量问题，同时也会直接增加施工成本；设计方案较为复杂，也会导致施工流程变得复杂，尤其是在遇到不同施工单位共同施工的情况下，施工单位之间相互配合不足，施工交接时间延迟，会导致水利工程没有办法按照规定的期限完成工程施工。总的来说，水利工程方案设计得是否合理，会直接影响到水利工程施工阶段的质量、成本和进度等，因此，必须重视水利工程施工设计。

4. 有效控制水利工程设计阶段以保证施工阶段的顺利进行

（1）严格审核施工设计方案

通过以上的研究了解到，施工设计阶段存在风险会直接影响到水利工程施工的顺利进行，甚至会引发一系列的质量或安全问题，因此，在面对以上所提到的水利工程设计阶段问题，应通过严格审核施工设计方案来保证设计方案的合理性、可行性，为水利工程施工提供可靠的依据。首先，水利工程设计单位应严格对设计方案进行审核，严格把好设计关，坚决杜绝出现走关系、讲人情的现象发生，并要求审核人员应深入到施工现场进行勘察，并将其与施工设计方案有效联系到一起，才能及时发现水利工程设计方案中的不足之处，同时发现其中潜在的风险因素，并提出有效的改进措施，有效规避潜在的风险因素，从而保证水利工程施工的顺利进行；其次，要求水利工程设计人员应具备较强的专业能力，尤其是对水利工程方面知识的认识必须全面，这样才能更精确的发现水利工程设计方案中是否存在潜在的风险因素；再次，要审核人员具备较高的职业道德水平，并熟悉相关法律法规制度，避免出现送礼过关、买人情的现象，要求审核人员应铁面无私，严格按照审核制度来执行水利工程设计方案的审核工作；最后，为了避免水利工程设计方案审核出现走关系的现象，应由设计人员、审核人员、施工人员等共同参与到方案审核的监督工作中，避免作弊现象的存在，同时也能够由不同阶段的负责人及时指出其中的不足，以免影响到施工阶段。

（2）实施设计招标制度

水利工程设计阶段不容小觑，尤其是设计方案会直接影响到水利工程的整体施工质量和进度，为了避免以上所提到的受工程设计资金短缺而影响到工程施工的正常进行。首先，应实施水利工程设计招标制度，并将水利工程的施工方案与经济方案相互结合，从设计阶段不断优化设计，不断降低工程的造价成本，为水利工程的顺利实施提供更为可靠的设计方案；其次，通过水利工程设计招标制度的实施，能够选取更优的设计方案，这样才能保证整个水利工程达到经济效益质量兼存的目的，并且以这种招标制度还能够达到优化水利工程资源配置，有着节省开支的作用，从整体上提升水利工程的施工水平；再次，要保证水利工程设计方案的合理性、可行性、经济性，则需要对水利工程整体造价进行更为全面的控制，这需要设计单位不断提升自身的设计水平，才能在设计过程中衡量各项因素，如市场因素、施工不可预测因素、隐性成本等，从而达到水利工程设计成本最低化，避免水利工程施工过程中设计方案的变更现象，保证施工阶段的顺利进行；最后，设计单位应在水利工程设计环节下功夫，要求设计人员必须保证工作态度认真，不能粗心大意，并在设计之前要求设计人员到施工现场进行勘察，充分考虑到施工现场的各项因素，才能对设计做出精准的预算和设计，为水利工程的顺利进行奠定基础。

（3）重视勘察结合市场来保证设计方案的合理性、可行性及经济性

设计方案对水利工程的整个施工质量、成本、进度有着直接的影响，因此，要重视水利工程施工设计方案的合理性、可行性、经济性，要求设计人员必须严格进行市场现场勘察，并结合市场的发展趋势，如材料的价格等，再进行有效的设计，才能达到水利工程施

工设计要求。首先，需要水利工程设计人员具备较强的质量意识，在设计过程中首先要保证设计方案没有质量问题，设计方案完成之后，应将其与施工现场联系到一起并进行详细的审核，及时有效更正设计过程中可能出现的问题；其次，应加强水利工程设计的经济意识，要求设计人员必须进行实地考察，并通过大量查阅相关资料，充分做好设计前的准备工作，尤其是在设计过程中要考虑到施工阶段的气候以及施工场地周边的环境，应合理设计各个施工环节，并在设计中要结合实际合理选择施工工艺，保证设计质量的基础上，有效降低成本；最后，应严格按照国家、省市政府以及相关地方政府单位批准的有关设计标准图纸、文件进行设计，在考虑到施工质量、施工成本的同时，还应考虑到该如何设计才能缩短施工周期，加快施工进度，从而快速达到水利工程的整体目标。

（三）水利工程施工管理

1. 水利施工管理趋势

在现有的水利工程施工管理体系当中，需要不断调整制度，通过内部改革才能完成这些问题，将各个工作进行落实，分别采取一些责任机制进行管理，这样才能促进管理体系正常发展，同时也能加快改造水利工程，对于现有的责任机制下，水利工程施工管理是我国主要发展目标及对象，各个地区也要响应这一重点规划，将其在现有的资源下进行建设，完成可持续发展，而水利工程施工管理中有很多改造方案，需要不断加强。

2. 加强水利施工管理的必要性

（1）水利资源开发需要

水利工程是大自然改造建设的重点工程，对于水利工程改造并发展是非常重要的，为了在现有基础上进行改善，将一些传统资源管理模式进行改进，而一些政府水利部门需要参与进来，不断进行指导，了解整个水利工程施工方案及管理，按照可持续发展进行开发，因为水利工程是我国发展建设重中之重，而水利工程施工管理是非常重要的，因此需要不断对现有资源进行利用，实现各项资源整合发展。

（2）水利事业发展需要

施工单位在水利工程的基础建设中，水利工程施工管理是其必不可缺的重要部分，而其施工的质量和效益不仅关乎社会经济的发展，更关乎我国国力的发展。施工质量的好坏决定了水利工程项目的功效和作用，同样地也决定水利工程事业长久快速的发展。中国是个农业大国，水利工程在农业生产发展中有着举足轻重的地位。在我国主要发展工作重点在水利上，为了将水利工程进行良好发展规划，确保这个歌水利发展均衡。

（3）水利施工改革需要

在原有水利开发模式上，很多施工管理单位只在开发阶段投入主要人力，而在后期保护上为了节省资金，将主要人员进行缩减，很不利于资源可持续发展，而目前社会主义条件下，需要按照多个角度进行规划，加快整个水利工程模式稳定，同时将双向改革落实到位，结合当地发展需求，对于水利工程内部进行细化，并一同制造出较为合理方案，最终符合现代化发展需求。

（4）水利施工组织需要

在现有模式下进行水利工程施工管理，而在很多地区水利工程是重要行业，其中较大比例经济收入来自水利工程，而水利工程也是推动城镇发展，为了按照现有服务要求下进行调整水利工程施工方案，通过正确建设指导思想，根据水利工程大小进行分配人员数量、任务多少，同时也要针对这些人员进行专业技能培训，通过采用合理人员才能促进水利工程顺利施工。

3. 水利工程施工管理改革对策

（1）施工质量规划

在很多情况下，需要进行制定水利工程施工规章制度，并将水利工程施工管理提到日程上，不断加快各个施工建设，最终提高单位工作效率，而通过不断科学化管理可以提高员工积极性，增加一些奖惩制度，这样才能促进工作人员工作效率提高。随着我国不断发展，很多方面下进行对广大农民鼓励，在现在水利工程产业结构下，需要不断将水利工程施工管理进行控制，其中增加水利工程服务平台有助于乡镇被国家支持，最终引导整个地区发展经济水平，帮助该地区人民脱贫，但是我国现有水利工程技术还是比较传统，很多方案需要进行改革才能促进水利工程施工管理。

（2）施工人员的控制

在现有水利工程下需要在各个方面进行发展，只有这样才能从根本上提高水利工程施工管理，通过该方法可以帮助人力资源调配及使用，加快水利工程各项设施完善，而水利工程中有很多专业技术性人才，分别是：监理、施工、技术、管理。这些人员都是有较好专业技能，所以需要不断提高这些人员质量管理意识，通过过硬技术才能不断进行对施工人员管理，同时在对水利工程施工人员选择上，一定要优先选用身体素质较好的。水利工程在建设初期需要人力、物力、财力，为了满足水利工程快速施工，需要通过这些人员提供良好的技术管理方案，最终符合质量验收标准，而一旦出现异常状况需要立即处理，避免后期因素带来的安全隐患问题。只有这样才能不断提高水利工程质量，通过水利工程施工管理过程中需要按照标准进行，不断加快管理效率，将水利工程按照最佳状态进行施工，不断发挥出现技术管理水平，才能提高水利工程。

（3）加强施工进度管理

而可持续化发展战略主要要求水利工程与后期保护进行协同，在当今社会下，将现代社会发展成科学化、资源重复利用社会，这样可以不断对后代人需求进行可持续化发展，而在现在可持续发展当中，需要将各种各样因素进行考量，不断掌握现代水利工程中规划建设标准，时刻进行水利工程保护，针对现有的状况下进行实际任务安排、现场指挥、材料使用、设备调度、征地使用，通过这些方法进行各个部门之间相互合作，最终让施工管理部门进行最后一道防线坚守，这样才能不断提高水利工程质量。

（4）强化现场监理职能

不断让现场人员进行监理，对于整个水利工程施工过程中需要监理等相关管理人员在场，通过一些监管手段进行管理，例如：合同、质量准则、工程进度、材料设备使用状况进行监督，这些监督工作需要各个部门之间进行相互之间协调，最终保证整个工期按照进度完成，在现有工期下也要保证整个工程质量，而由于现代科学发展观下相互协调水利工程与经济之间关系，最终符合该地区发展建设，同时促进周边经济水平，不断提高农业建设。在我国环境中需要不断推行可持续发展战略。建设水利工程问题带来安全隐患。

第二节 水利水电工程建设程序

一、基本建设程序

基本建设程序是基本建设项目从决策、设计、施工到竣工验收整个工作过程中各个阶段必须遵循的先后次序。水利水电基本建设因其规模大、费用高、制约因素多等特点，更具复杂性及失事后的严重性。

（一）流域（或区域）规划

流域（或区域）规划就是根据该流域（或区域）的水资源条件和国家长远计划对该地区水利水电建设发展的要求，该流域（或区域）水资源的梯级开发和综合利用的最优方案。

（二）项目建议书

项目建议书又称立项报告。它是在流域（或区域）规划的基础上，由主管部门提出的建设项目轮廓设想，主要是从宏观上衡量分析该项目建设的必要性和可能性，即分析其建设条件是否具备，是否值得投入资金和人力。项目建议书是进行可行性研究的依据。

（三）可行性研究

可行性研究的目的是研究兴建本工程技术上是否可行，经济上是否合理。其主要任务是：

（1）论证工程建设的必要性，确定本工程建设任务和综合利用的主次顺序。

（2）确定主要水文参数和成果，查明影响工程的主地质条件和存在的主要地质问题。

（3）基本选定工程规模。

（4）选定基本坝型和主要建筑物的基本形式，初选工程总体布置。

（5）初选水利工程管理方案。

（6）初步确定施工组织设计中的主要问题，提出控制性工期和分期实施意见。

（7）评价工程建设对环境和水土保持设施的影响。

（8）提出主要工程量和建材需用量，估算工程投资。

（9）明确工程效益，分析主要经济指标，评价工程的经济合理性和财务可行性。

（四）初步设计

初步设计是在可行性研究的基础上进行的，是安排建设项目和组织施工的主要依据。

初步设计的主要任务是：

（1）复核工程任务及具体要求，确定工程规模，选定水位、流量、扬程等特征值，明确运行要求。

（2）复核区域构造稳定，查明水库地质和建筑物工程地质条件、灌区水文地质条件和设计标准，提出相应的评价和结论。

（3）复核工程的等级和设计标准，确定工程总体布置以及主要建筑物的轴线、结构与布置、控制尺寸、高程和工程数量。

（4）提出消防设计方案和主要设施。

（5）选定对外交通方案、施工导流方式、施工总布置和总进度、主要建筑物施工方法及主要施工设备，提出天然（人工）建筑材料、劳动力、供水和供电的需要量及其来源。

（6）提出环境保护措施设计，编制水土保持方案。

（7）拟定水利工程的管理机构，提出工程管理范围、保护范围以及主要管理措施。

（8）编制初步设计概算，利用外资的工程应编制外资概算。

（9）复核经济评价。

（五）施工准备阶段

项目在主体工程开工之前，必须完成各项施工准备工作。其主要内容包括：

（1）施工现场的征地、拆迁工作。

（2）完成施工用水、用电、通信、道路和场地平整等工程。

（3）必需的生产、生活临时建筑工程。

（4）组织招标设计、咨询、设备和物资采购等服务。

（5）组织建设监理和主体工程招投标，并择优选定建设监理单位和施工承包队伍。

（六）建设实施阶段

建设实施阶段是指主体工程的全面建设实施，项目法人按照批准的建设文件组织工程建设，保证项目建设目标的实现。

主体工程开工必须具备以下条件：

（1）前期工程各阶段文件已按规定批准，施工详图设计可以满足初期主体工程施工需要。

（2）建设项目已列入国家或地方水利水电建设投资年度计划，年度建设资金已落实。

（3）主体工程招标已经决标，工程承包合同已经签订，并已得到主管部门同意。

（4）现场施工准备和征地移民等建设外部条件能够满足主体工程开工需要。

（5）建设管理模式已经确定，投资主体与项目主体的管理关系已经理顺。

（6）项目建设所需全部投资来源已经明确，且投资结构合理。

（七）生产准备阶段

生产准备是项目投产前要进行的一项重要工作，是建设阶段转入生产经营的必要条件。项目法人应按照建管结合和项目法人责任制的要求，适时做好有关生产准备工作。

生产准备应根据不同类型的工程要求确定，一般应包括如下主要内容：

1. 生产组织准备。

2. 招收和培训人员。

3. 生产技术准备。

4. 生产物资准备。

5. 正常的生活福利设施准备。

6. 及时具体落实产品销售合同协议的签订，提高生产经营效益，为偿还债务和资产的保值、增值创造条件。

（八）竣工验收，交付使用

竣工验收是工程完成建设目标的标志，是全面考核基本建设成果、检验设计和工程质量的重要步骤。竣工验收合格的项目即可从基本建设转入生产或使用。

当建设项目的建设内容全部完成，并经过单位工程验收，符合设计要求并按水利基本建设项目档案管理的有关规定，完成了档案资料的整理工作，在完成竣工报告、竣工决算等必需文件的编制后，项目法人按照有关规定，向验收主管部门提出申请，根据国家和部颁验收规程，组织验收。

竣工决算编制完成后，须由审计机关组织竣工审计，其审计报告作为竣工验收的基本资料。

二、基本建设项目审批

（一）规划及项目建议书阶段审批

规划报告及项目建议书编制一般由政府或开发业主委托有相应资质的设计单位承担，并按国家现行规定权限向主管部门申报审批。

（二）可行性研究阶段审批

可行性研究报告按国家现行规定的审批权限报批。申报项目可行性研究报告，必须同时提出项目法人组建方案及执行机制、资金筹措方案、资金结构及回收资金办法，并依照有关规定附具有管辖权的水行政主管部门或流域机构签署的规划同意书。

（三）初步设计阶段审批

可行性研究报告被批准以后，项目法人应择优有与本项目相应资质的设计单位承担勘测设计工作。初步设计文件完成后报批前，一般由项目法人委托有相应资质的工程咨询机构或组织有关专家，对初步设计中的重大问题进行咨询论证。

（四）施工准备阶段和建设实施阶段的审批

施工准备工作开始前，项目法人或其代理机构须依照有关规定，向水行政主管部门办理报建手续，项目报建须交验工程建设项目的有关批准文件。工程项目进行项目报建登记后，方可组织施工准备工作。

（五）竣工验收阶段的审批

在完成竣工报告、竣工决算等必需文件的编制后，项目法人应按照有关规定，向验收主管部门提出申请，根据国家和部颁验收规程组织验收。

第三节　土木工程建设管理

土木工程施工项目建设管理主要是施工企业对所实施的工程项目进行全过程、全方位的规划、组织、控制、协调。在社会经济的日益发展下，土木工程施工管理标准对施工企业提出了更加严格地要求，强化施工项目的管理，改变以往在施工项目管理方面的陈旧管理思想、方式、方法，文章主要分析了土木工程建设管理的特点以及未来的发展方向。

一、现代土木工程的特点

为了在一定程度上符合当今社会经济高速发展的需求，我们需要建造出大规模、大跨度、大型、高耸、轻型等建筑物，不仅能够满足高质量的要求，还实现了经济效益高。使得现代土木工程出现新的特点，其特点主要如下。

（一）工程规划方面

结合以前工程项目的施工经验，提出诸多施工方案，并且就其中进行择优选择。因为土木工程施工规模的日益扩大下，应该不断地提高其建设规划的水平，实现工程项目不断发展。在特大土木工程施工过程中，比如水坝建设将在一定程度上造成自然环境变化，影响生态平衡与农业的发展，与社会效益之间存在着利弊关系。在实际规划的时候，我们需要全面的分析利害关系，趋利避害，促使土木工程项目顺利进行。

（二）工程施工地质与地基

土木工程施工区域的地质、地基构造将在自然状态下应力情况与理性性能是复杂多样的，不仅决定基础设计与施工，还影响到工程选址、结构构造、材料选择，对地下工程的影响则是更大。工程项目地址与地基的勘察技术，在现阶段通常都是采用现场钻探取样，为了满足建筑工程需求，应对其勘察方法进行不断的创新，利用现代化科学技术，使得土木工程行业不断发展。

（三）建筑材料

随着科学技术不断地发展，建筑工程施工原材料也呈现出多样化的发展趋势，一些高强度、轻质的新材料得以出现。比如，铝合金、镁合金、玻璃钢等都得到了广泛的应用。但是这些材料具有弹性模量较低、价格高的特点，促使其应用范围受到一定局限。所以，我们应该不断提升钢材、混凝土强度和耐久性，进行新材料研发，实现社会发展需求。

（四）工程设计方面

我们需要对其施工设计进行优化，以满足工程建设项目实际情况，达到经济、美观、安全和适用的目的。基于此，现在已经采用概率统计的方式，实现对荷载值、材料强度值的确定，研究自然界风力、地震波与海浪等的时间、空间分布，积极的发展反映出材料的非弹性、结构大变形、结构动态以及岩土共同作用的分析，进一步研究结构可靠度的极限状态设计法与结构优化设计的理论，应用计算机技术进行设计。

（五）项目施工方面

在进行土木工程施工建设阶段，土木工程随着建设规模不断扩大，因此，相应的施工设备及施工队伍也越来越多，让建设工程逐渐实现现代化和机械化。而且让施工单位管理更加科学合理，促进了建筑建设的进一步发展。因此，我们要加强对建筑建设的结构和体系全面的完善，实现标准化、科学化的建设，有利于降低建设成本，另外，还在一定程度上提高了劳动效率及缩短施工周期，针对性地解决了建设施工中所产生的问题。

二、现代土木工程管理的要点

（一）施工企业的监管制度

建筑施工的系统十分复杂和庞大，其中不但会消耗大量的人力、物力，甚至严重的情况下回造成安全事故的发生。为了能够确保施工的质量，就需要规范施工企业的管理制度。只有不断地对施工企业的监管制度进行规范，才能够将管理与监督进行有效的结合，使得施工管理更加的严谨。

（二）施工现场的管理

管理人员在施工过程中起到重要的监督作用，并成立相应的安全监管小组，要及时地调整和解决检查出来的安全问题以及质量问题。在每次检查之后，要进行相应的记录和汇报，以便给施工人员进行是供参考。

（三）对土木工程施工安全理论的深入

在土木工程的施工阶段，施工及其管理人员的安全管理理念属于企业开展安全生产管理的基本指导思想，加强对施工人员的安全教育、技术教育，以确保在实际施工阶段，施工人员技术能力可以确保工程质量和自身安全。合理确定每天休息的时间，以避免因为工作人员疲劳操作等所出现的安全事故，可以按照实际情况，合理安排其工程施工作业，以起到有效预防安全事故的发生。

（四）监督水平

土木工程的施工监督人员应该知法懂法，加深相关法律掌握的程度，就法律角度，明确出工程项目建设监理部门以及人员在建设工作中的法律赋予监督性行为的规范。不断地完善自身法制观念、法律意识，提升自身业务水平，使得工程项目的监督工作能够更加的规范化、标准化。

（五）加强施工质量的管理

企业若想获取市场核心竞争力，则需要把土建工程施工质量放在第一位，进而对企业未来的发展方向才能产生深远的影响。因此，加强质量管理工作是企业发展的重中之重。在施工的过程当中，首先就需要针对工程建设当中存在的难度较高的问题，详细地对方案进行研究和分析，要对质量问题进行严格的把关；其次，对于施工中出现的材料问题和施工工序问题进行强化，防止出现偷工减料的行为，按照相关的标准完成所有的工序。

三、土木工程建设项目未来的发展方向

（一）指导理论继续的发展

就可以预见未来工程的分析，土木工程施工技术理论核心主要是力学，新分析方法和数值处理方法，使得土木力学研究能够突破方向。

经过对其复杂结构、流体介质受力情况分析，发现了其方法还受到了限制，更加专业化地数学将在日后有着更大的发展空间，加强对土木工程施工技术复杂数值问题的处理，积极的引进了一些先进电子计算机，使得复杂的情况模拟，变得更加有把握。

（二）工程全过程信息化

随着科学技术不断地发展，土木工程行业也得到了不断发展，而土木工程信息技术的应用重点在于就工程施工设计至竣工阶段进行有效的控制，对建筑结构的强度、可靠性的分析，制定出相关应对的措施。

（三）主动控制技术

迄今为止，绝大多数的土木工程都是一项静态或是动态化的物体，对周围环境的影响主要依靠了自身的结构进行被动抵御，在日后土木工程的施工阶段，其发展方向就是应用主动控制技术在建筑施工阶段，采取计算机技术、模糊控制技术、预设控制结构使得建筑物能够对各种环境变化进行反应。

第二章　水利枢纽施工

第一节　水利枢纽及水工建筑物

水利枢纽工程主要指的是水利枢纽建筑物，包括引水工程中的各项水源工程与大型建筑物等。

通常情况下，水利枢纽工程主要包括以下工程，分别为挡水工程、泄洪工程、饮水工程、发电厂工程、升压变电站工程、航运工程、鱼道工程、交通工程、房屋建筑工程和其他建筑工程。

水利枢纽工程中的主体工程为挡水工程与泄洪工程。挡水工程主要包括各项挡水坝（闸）工程，泄洪工程主要包括溢洪道、泄洪洞、冲砂孔（洞）、放空洞等工程。

为保证水利枢纽工程能够更好地运行，设计人员需要选择合理的修建位置。通常情况下，水利枢纽工程修建在河流或渠道附近较多的地区。由于水工建筑物种类不同，设计人员需要结合河流与渠道的运行情况，做好相应的选址工作。因水利枢纽工程用途不同，可以分为防洪枢纽、灌溉枢纽与水利发电枢纽等，大部分水利枢纽工程为综合性水利枢纽。

由于水利枢纽工程的修建位置不同，其使用功能也不尽相同，设计人员在实际工作中，需要结合水利枢纽工程的使用功能，并结合该地区的地形与土壤条件，选择合理的修建位置，在保证水利枢纽工程稳定运行的基础之上，不断提高水资源的利用率。

另外，因水利枢纽工程修建比较复杂，为保证水利枢纽工程各项功能得到更好地发挥，设计人员需要结合水利枢纽工程的运行情况，做好相应的改扩建工作，保证水资源得到有效利用。

一、水利枢纽工程

（一）水利枢纽工程建设规范化管理

水利枢纽项目的施工质量，施工进程与施工安全的规范化管理在水利枢纽项目进行施工建设的时候，一定要加强水利枢纽施工建设管理工作，确保工程的质量品质，使工程进程加快，进而使施工安全性得到保障。

1. 强化水利枢纽项目施工质量控制工作

工程中施工建材质量属于保证施工质量的重要因素。对此在水利枢纽项目进行施工以前，一定要强化工程中需要建材的管理控制工作，必须安排特定人员组成工程团队，依据工程施工建设的规范要求来检验砂石，钢筋以及水泥等材料质量，严格依据检验程序进行检验。检验之时各项建材的材料数据都一定要做到完整保存。同时建材的入场必须进行严格监管，对于不达标建材绝不能够允许入场，已经合格入场的建材也必须依据建材形态以及性质等原因来分类进行保存。另外，水利枢纽项目施工建设过程中，还一定要严格依据施工的工序来进行施工，从土石方的开挖，基础的验收，设置垫层，安装钢筋，固定模板至建筑养护工作，都一定要依照项目施工的有关要求与工程设计内容执行。与此同时还必须强化对所有工序的监督检验工作，所有工在序验收达标以后才可以继续接下来的工序，而且施工质量检测之后还要进行相关记录，必须保证记录足够详细具体，其中不但要包含施工建材数据以及检验的结果，与此同时还必须记录产品最后的形成。一定要保证记录的完整性以及真实性。

2. 强化水利枢纽项目工期管理工作

水利枢纽项目的建设过程中，一定要强化工期管理工作，只有这样才可以确保项目完工的时间不会超出项目合同的要求日期，确保合约能够最终履行。对此作者对强化项目施工工期的管理方法展开思考探索，对于施工过程花费时间较多的阶段，能够借助于下列措施使施工过程浪费时间的现象有效减轻：（1）应用吊塔输送以及直接从拌和站进场，这样混凝土拌和之后运输工作消耗的时间就能减少，进而使得项目的工期进程加快；（2）强化建材管理工作，制定具体的建材规划，确保项目施工建材能够及时高效地供应，项目施工建设所需的关键性建材要安排专车运输，这样建材由于供应不足引发的工期延误现象就会减少；（3）强化机械设施应用，施工现场所需的机械装置都必须合理进行调配，施工设施资源的配置必须科学合理，机械设施高效率运行可以使工期进程加快；（4）引起科学的激励评估制度，使工程工作人员的热情与积极性得到充分调动。

3. 强化水利枢纽项目施工建设安全管理

施工安全管理工作属于项目施工管理过程中非常关键的内容。伴随市场经济持续增速发展，其竞争的激烈性也就不言而喻，项目施工安全管理的水平能够直接对工程的施工质量起到决定性作用。对此，施工部门想要在水利枢纽施工中占据有利地位，就一定要加强施工安全管理工作。具体可以通过建立水利枢纽工程的安全体系，安排专职人员进行工程安全管理，且在施工队伍施工工作中添加和项目施工安全关联的任务工作，比如巡检工作以及上下岗的交接工作等，这样就可以使工程施工的安全性得到保障。

（二）水利枢纽项目施工材料与施工设施管理工作

1. 水利枢纽工程建材管理工作

针对水利枢纽项目的施工过程，其中会利用到非常多种类的建材，依照具体的需求，可以将其主要分成，设计量，预计的耗损量以及额外的发生量。以上三种组成最终的发生量，设计量属于结构特征以及质量保障的关键量，一定要依据设计施行。预计的耗损量是架立，支撑以及连接其余构件时用到的。外发生量是因为实际施工和预算规划之间存在落差出现的。而建材管理要尽可能使设计量＋预估耗损量＋额外的发生量／设计量的比值能够最小，进而实现预期的经济效益。对此在施工过程之中建材使用就必须做到合理科学，这是十分关键的一个步骤：（1）加强建材管理，依照施工中的建材使用状况，合理对模板，管材，钢材以及木材进行分类，依靠预估量，实际量以及领用量之间的对比，做到数字化管理；（2）合理对现场的使用量与领用量进行对比，对于所有类型的建材损耗都要进行审核，针对不在适用范围的，产生建材浪费的，都要对产生原因合理进行分析；（3）将各种因素相互综合，科学进行分层，要考虑到长期效益，在确保安全、进程以及质量的基础上再最大化减少辅助性建材的使用，超高架支撑是需要谨记避免的；（4）加强周转类建材使用频率，使周转费用有效降低；（5）拆卸之后的建材必须妥善进行保存，科学存在，还要随取随用，要使所有建材可以最大化发挥出自己的作用；（6）制定相应的建材管理体制，避免出现建材丢失现象以及人为的浪费情况，可利用建材一定不可以随意地放置，保证工作结束之后即刻清场；（7）重视施工方案的选择，在规范要求许可范围之内，对建材进行科学的布置安排，进而使建材使用达到节省、高效目标。

2. 水利枢纽项目施工设施管理工作

水利枢纽工程建设施工过程，一定会应用非常多的高科技现代化设施，应用这些设施不但能够使工程施工效率迅速提升，最大化缓解施工人员压力，与此同时一定程度上也能够提升水利枢纽项目施工质量。伴随科技与经济迅猛发展，非常多的高新技术设施已经应用至水利枢纽工程的施工过程中，那么这便需要施工部门加强高科技设施的管理工作：（1）机械设施必须有效利用起来，避免出现设施闲置问题，进而使得施工效益最大化；（2）对设施必须定期开展检修养护工作，要及时掌握设施中出现的问题，进而使设备使用年限延长；（3）加强操作人员培训工作，加强操作人员对使用设施的掌握了解，且制定和设施使用操作有关的规范以及规章，降低由于操作人员的失误导致出现设施坏损的概率。说到底，施工部门必须加强施工设施管理工作，才可以确保水利枢纽项目能够如期完工，确保工程施工的质量，这样市场竞争再激烈也能够占据有利地位。

3. 健全水利枢纽项目施工建设规章制度的意见

规章制度能够确保水利枢纽项目顺利的施工建设，与此同时也能够确保水利枢纽项目的施工质量。对此对水利枢纽项目进行施工之时，一定要不断健全水利工程各个施工阶段的制度，使工程施工管理的水平有效提升，推动工程管理朝着规范化以及科学化的方向发展。

（1）健全工程施工阶段的用人机制

人属于水利枢纽工程建设施工过程中非常关键的因素，而为了确保施工质量，加强管理工作，就一定要注重人的选用，这就必须依靠健全用人制度实现此目标。施工部门可以制定多样的考核方法，评估工作人员素养，与此同时也能够借助培训工作使工作人员素质有效提升，进而确保工程施工建设能够顺利进行。

（2）完善健全工程施工中的自检体系

查缺补漏属于健全工程施工的关键措施，作者将这种措施称作持续优化。水利枢纽项目有着多样化职能，所以施工质量一定要有所保证，这样才可以实现相应职能。自检就是针对施工过程中存在问题，将问题原因找出来，且及时进行调整且制定出处理方案，依靠整改使问题得到处理，针对这种类型问题有效进行防范，依靠持续性检验措施确保工程施工能够顺利地进行，进而使施工质量得到保障。

（3）加强水利枢纽的区域水文气候保护

伴随水利行业的不断发展，在水利枢纽管理工作中必须逐渐加强地区气候以及气象水文之类综合环境因素的研究，使稳定性水库得到有效运用，使得水利枢纽资源能够实现稳定利用，且最大程度的对水资源进行有效治理。同时水利单位也需要对水资源统一进行相关制度的调整，依照相关原则开展工作，使水利生态环境得到有效运用。对水利枢纽建设进行管理之时，水利单位也要强化和地区政府单位的协调工作，科学保护库区的资源。

（三）水利枢纽运行管理

1.水利枢纽运行管理问题

为保证水利枢纽工程顺利开展，必须按照规定的程序实施水利枢纽运行管理工作，全面提升水利枢纽工程施工水平。但是当前在实施水利枢纽运行管理时还存在一些问题，主要表现在管理制度不完善、水资源污染、水土流失和水库环境质量恶劣等方面上。

（1）缺乏完善的水利枢纽运行管理制度

就目前来看，在实施水利枢纽运行管理还缺乏合理的法律规章，管理体系相对模糊，这不仅仅影响水利枢纽运行管理水平，对于相应管理工作实施效果也有很大的影响。而且水利枢纽运输管理制度不完善，还会导致水利工程在实施过程中出现问题的可能性大大提升，直接影响我国水利行业发展水平。

（2）水资源污染过于严峻

众所周知，在工业生产和人们日常生活中会产生诸多废水，如果没有按照规定的程序进行废水处理，直接将废水排放到周边河道中。长此以往，必然工业区和居民区周边水资源污染，这对于社会生态可持续发展也有很大的影响。而且废水中含有大量有害物质，整体稳定性较差。这不仅仅影响水利枢纽运行效果，还会影响水利工程环保性能，阻碍水利工程可持续发展。

（3）水土流失现象愈演愈烈

由于水利枢纽运行管理过于复杂，在实施相应管理工作时需要投入大量资金，借以保证水利枢纽运行管理工作顺利开展。但是当前在开展水利枢纽运行管理工作时所投入的资金不足，而且水利工程施工现场地质条件相对复杂，在开展水利工程时经常出现水土流失现象，影响水利枢纽管理效果。不仅如此，因为水利工程而出现的水土流失现象还会导致当地生态环境变差。影响各项作物种植效果，这对于水利枢纽工程实施效果和当地农业发展水平等方面均有严重的影响。

（4）水库环境质量变差

多数水利枢纽工程是在工程罐区周边实施的，如果没有按照罐区周边地质条件和其他方面要求实施水利枢纽运行管理，必然导致水利枢纽工程出现问题，工程灌区有害水质超标的现象大大提升。这种现象不仅仅影响当地生态环境，还会导致水利枢纽运行管理出现问题，干扰水利枢纽工程顺利开展，这对于我国现有水资源利用效率有很大的影响。一旦放任这种现象不管，必然导致当地循环出现污染问题，直接影响当地各项工程项目实施效果和水质安全。

2. 水利枢纽运行管理问题的解决措施

（1）向工作人员灌输相关法律政策

为保证水利枢纽运行管理顺利开展，必须保证相关人员对水利枢纽运行模式和各项法律政策有所了解，严格控制实施水利枢纽管理时出现问题，为提升水利枢纽运行管理效果提供有效参考依据。但是大多数工作人员对我国水利枢纽管理法律政策不够了解，影响相应管理项目实施效果。这就需要参与对水利枢纽工程的工作人员传授相应法律政策，并结合水利枢纽工程现状制定合理的管理方案。在推进水利枢纽工程顺利开展的同时，实施生态化建设。这一举措不仅仅能保证水利枢纽区域的水资源得到有效开发，还能够彰显水利枢纽工程的社会效益和生态效益，这对于推进我国社会生态可持续发展也起到非常重要的作用。

（2）控制水资源污染

在开展水利枢纽管理工作时，需要相关人员对实施水利枢纽工程的现场环境实施有效分析，并采取适当措施控制水利枢纽工程在实施过程中产生水资源污染，在提升水利枢纽工程的社会效益和经济效益的同时，推进水利枢纽工程向着可持续方向发展。而且应用合理的管理模式还能够在一定程度上减少水利枢纽运行管理成本，有效提升水利枢纽工程施工单位整体经济效益。与此同时，还应按照规定的程序处理好水利枢纽运行管理中各项全责问题，彰显出水利枢纽运行管理责任，尽可能保证水利枢纽运行管理与我国社会发展趋势处于相互统一的状态。

（3）实现水利枢纽区域水土保护

受多方面外在因素的干扰，在实施水利枢纽工程时经常出现水土流失现象。这不仅仅影响水利枢纽工程实施效果，对于工程项目实施区域的环境状态和生态平衡等方面均有很大的影响。在这个过程中就需要对水利枢纽区域水土流失现象综合分析，并将水土流失治理提到日程上来，按照水利枢纽运行管理要求进行水土流失治理，彰显水利枢纽运行管理的实用性价值。不仅如此，在这个过程中还应对水利枢纽区域的气候条件和水文气象等因素实施有效分析，构建稳定的水库结构，有效治理水利枢纽工程中潜藏的问题。为保证水利枢纽运行管理在相应工程中发挥自身最大的作用。必须保证水利部门按照水资源统一制度进行水利枢纽管理调节。这一举措不仅仅能够提升水利工程实施稳定性，还能够保证水利枢纽运行管理在各项水利工程中发挥自身最大的作用。一般来说，在实施水利枢纽工程时，应保证水利枢纽区域与周边生态环境处于相互协调的状态，对水利枢纽区域实施有效保护。在控制水土流失现象的同时，顺利开展水利枢纽工程。全面保障水利枢纽区域的生态资源，进一步为我国水利工程可持续发展提供有效参考依据。

（4）推进水库管理政策

众所周知，在实施水利枢纽工程时，周边水库会遭受一系列破坏，直接影响水利枢纽工程实施效果。在这个过程中应按照水利枢纽工程建设要求推进水库保护政策。尽可能保证水利枢纽运行管理与水库管理政策处于相互协调的状态。另外，在实施水利枢纽工程时，还应构建水域岸线等级保护制度，明确各阶层工作人员的职责权限。一旦水利枢纽工程在实施过程中出现问题，上级管理人机构能够在短时间内找到相应负责人。在及时有效解决相应问题的同时，确保水利枢纽工程顺利开展。而且在这个过程中，还应保证参与水利枢纽工程的工作人员对各项法律政策全面掌握。有效控制水利枢纽工程在实施过程中出现问题，为提升水利枢纽运行管理效果奠定坚实基础。

（四）水利枢纽工程扩建的重要意义

通过对水利枢纽工程进行合理的改扩建，能有效保证水利枢纽的各项功能得到更好的发挥，从而满足人们的各项需求。为有效保证水利枢纽工程能够更加稳定的运行，需要选择合理的修建位置，进一步提高水利枢纽工程的抗洪能力与可靠性。

对建筑要求比较高的水利枢纽工程，设计人员需要结合工程修建情况，制订合理的改扩建设计方案，并定期与施工人员进行沟通，针对改扩建设计方案中存在的问题，采取合理的解决措施，保证工程的经济效益。

由于水利枢纽工程的规模不同，对社会经济的影响也不尽相同。为满足生产生活需要，对水利枢纽工程进行合理的改扩建具有非常重要的意义。通过对水利枢纽工程进行合理的改建与扩建，能够保证各项施工材料得到良好的利用，减少资源的浪费。

由于水利枢纽工程运行情况比较复杂，设计人员需要结合各个子工程的运行情况采用合理的改扩建设计方案，有效提高水资源的利用率。

为保证水利枢纽工程得到更好的改扩建，设计人员需要进行可行性研究，并做好初步设计工作，合理布置各个枢纽，有效提高水利枢纽工程的运行效率。

当水工建筑物中的水流条件较好时，水利枢纽工程上下游的水流与淤泥冲击量不同，在一定程度上会影响水利枢纽工程的正常运行。

因此，为保证水利枢纽工程能够更加稳定的运行，设计人员需要制订合理的改扩建设计方案，充分发挥水利枢纽工程的各项功能，提高资金的流动率。

在大型水利枢纽工程中，因其各项功能比较齐全，通过对其进行合理的改扩建，能够保证水资源得到有效利用。水利枢纽工程结构比较复杂，设计人员在实际工作中，需要结合工程的运行情况，采用合理的研究方法，在保证水利枢纽工程稳定运行的基础上，制订合理的改扩建方案，进一步提高工程的经济效益。另外，通过对水利枢纽工程进行合理的改扩建，能够帮助工程中的设计人员更好地了解水资源利用情况，针对水利枢纽工程运行中存在的问题，采取合理的解决措施，从根本上保证水利枢纽工程改扩建工作能够顺利进行。

（五）水利枢纽工程项目分标和管理

1. 水利枢纽工程项目分标

（1）含义

水利枢纽可以有效实现水患的治理，并完成涵养水资源，是实现水资源综合利用的有效途径，并为周边区域提供电力能源的重要基础设施。为了使水利枢纽工程顺利完成，项目分标是现代的水利工程建设的重要方法，所谓项目分标，就是按照工程项目的特点和相关计划，将水利枢纽工程项目分为多个单独的部分，并实现单独招标，可以采用同时招标和分批招标的方式，促使多个不同的承包商，完成对水利枢纽工程的建设，采用项目分标的方式，可以充分发挥不同承包商的长处，进而有效地明确分包责任，推动水利枢纽工程的建设质量和建设效率得到进一步的提升，达到降低成本缩短工期的目的。

（2）原则

在实际的水利枢纽工程建设过程中，为了完成水利枢纽工程项目分标，需要遵循相关原则，保障项目分标的质量提高，提高水利枢纽工程的建设质量。

1）根据水利枢纽的整体建设目标，按照进度要求，结合同类工程经验，对水利工程进行项目分段，并重视安全、质量和成本以及环境保护等内容，提高项目分标的有效性。

2）结合水利枢纽工期和项目需求，分标需要按照工程的技术要求和工期要求等内容进行分标，并避免项目分标出现交叉和干扰的情况，并保障标界的详细划分。

3）分标需要具有良好的整体性，每个项目分标需要具备一定的规格，避免零散和过小的情况，并保障每个分标段具有良好的竞争性。

4）在控制项目分标规模的同时，需要重视各个工程量能够得到保障，推动合同的有效管理和施工控制，推动水利枢纽工程资源的有效配置。

2. 水利枢纽工程项目分标的管理方式

水利枢纽工程项目分标的管理方式，对水利枢纽的建设质量和建设效率具有直接的影响，本工程采用 EPC 管理模式，通过对工程项目的总承包方式，由具有良好从业资质和社会信誉的承建商，完成对水利枢纽工程的勘测、设计和分包等内容。为了保障水利枢纽分标的质量和效率，业主需要积极地总承包商进行配合，完成设计和管理的基本任务，并重视多种投标方式，针对不同的分包商，给予公平的竞争环境，进而发挥分标的功能性。而且，业主在充分了解总承包商设计和建设的同时，通过有效地合同管理控制，结合合同评审制度，严格地对工程的造价进行控制，在维护双方利益的同时，有效地对工程造价进行控制，实现工程的总体效益。此外，结合 EPC 管理模式，科学地展开项目的整体规划，严格地对设计变更和现场签证进行控制，进而有效地使得水利枢纽工程的分标质量得到有效提升，并及时掌握工程的施工情况，为工程结算做相关准备工作，保障自身利益，并积极推动水利枢纽项目的最终完成。

二、水工建筑物

（一）水工建筑物的特点

首先，水工建筑物受自然条件的影响较大，地质、气象、水文、地形等都会对水工建筑物的施工、选址、投资等产生巨大影响；其次，水工建筑物的工作条件比较复杂，需要承受较大的水压力。同时，水渗透过程中产生的渗透压会影响水工建筑物的强度和稳定性；再次，水工建筑物的施工难度较大，需要妥善安排施工截流、施工导流、工期度汛等工作。同时，水工建筑物的地基处理需要复杂的地下水工程施工技术和地下工程技术；最后，水工建筑物具有较高的安全要求，如果挡水建筑物失事将会导致下游的洪水灾害。

（二）水工建筑物结构设计

1. 水工建筑物结构设计的意义

水工建筑物结构设计是水工建设的重要因素，是整个水工建设的关键，直接关系着水工建筑物的建设质量。水工建筑物结构设计是一项复杂系统的工作，需要工作人员全面进行建筑结构的设计规划工作，重视长远规划，水工建筑物结构设计对技术的要求比较高，在总体研究设计的基础上，通过对基础设施的不断完善，在设计的过程中严格按照国家标准进行规范操作，并且，水工建筑物结构设计在实施的过程中需要进行全方位的统筹工作，要全面考虑水工建筑项目和工程的实际情况，确保完善的水工建筑物结构设计，有效提升水工建设的施工质量，在充分保证施工效率和质量的基础上尽可能降低建筑物的施工成本，完善结构设计中存在的问题，发挥水工建筑物结构设计的优势，在城市发展中凸显优势，促进水工建设的质量提高，完善水工建筑物结构设计的管理。

2. 水工建筑物结构设计存在的问题

（1）相关部门对水利工程建筑工程的勘查工作不彻底

在水工建筑物施工之前要对建工建筑物的施工特点和周边环境进行全面细致的勘查工作，找出施工准备中存在的不足并及时进行修正和完善，要优化水工建设的施工环境和施工条件，加强基础设施的完善。然而在实际的施工过程中，很多建筑单位为了追求短期的高效率，缺乏对工程施工的勘查工作，或者对施工环境及条件的勘查程度不够。勘查力度不足，勘查效果不明显，使得一些工作无法在后期工作中顺利开展，严重影响整个工程施工的进度，也无法有效控制工程施工的成本预算，造成后期施工中的资金不足等现象的发生，极大地影响整体施工的质量。

（2）水工建筑物结构设计的等级不明确

水工建筑物的结构设计需要按照相应的标准规范操作，设计等级不明确会在不同程度上造成施工质量的下降和施工成本的增加。水工建筑物的结构设计工作需要保持在相应的标准范围内，过高或过低都会对工程施工产生影响。如果结构设计标准过高，结构设计就会与水工建筑的实际施工标准不相符合，从而提高成本，导致资源和资金的严重浪费。相反，如果结构设计标准过低，设计效果就无法满足工程的质量要求，这种情况下，工程质量得不到满足，甚至会危及工人的生命财产安全，给工程施工带来严重的负面影响。因此，无论过高还是过低的等级标准都会影响到工程施工的质量。

（3）水工建筑物结构设计中缺少足够的数据资料支持

在水工建筑物结构设计的过程中，设计人员需要在实际施工之前参考相应的数据资料作为结构设计的依据，在某些地质资料、气候资料和水文资料等方面，需要足够的参考资料才能做出准确的判断。但在实际的施工设计环境下，有些水工建筑物的地理位置比较偏僻，资料的收集具有一定的难度，无法及时准确地收集到全部的资料，有时会由于各方面的因素影响，收集到错误的信息，这会严重影响结构设计的正确性和有效性。

（4）水工建筑物结构的设计较少着眼于长远

水工建筑物的结构设计是一项复杂且高专业性的工作，在设计的过程中需要根据各方面的影响因素进行全面长远的规划工作，设计要求比较高，长远的规划是必需的。但在实际的施工设计环节中，有些施工单位为了追求短期的利益，缺乏对工程规划的长远考虑，忽视了水工建筑物结构设计的长远发展，在设计理念和安全性方面无法真正做到长远的规划，这在一定程度上会影响水工建筑物设计的效率和质量，无法充分保障结构设计的质量，导致后期工作无法顺利开展，还会带来不必要的麻烦。

3. 完善水工建筑物结构设计的对策

（1）做好相应的招标投标工作

水工建筑物结构设计是一项十分复杂的工作，要求专业性极强，专业程度比较高，系统的工作要求需要相关施工单位和负责部门加强相关的准备工作，因此，在进行招标投标的工作中，需要严格按照国家规定的标准进行，按照国家的相关招标程序严格执行，要经过相关各部门的层层审核制度，按照工程施工的实际需要，找出符合工程施工的最佳方案，避免在招标过程中出现任何暗箱操作的不良现象，严重影响工程施工的后续工作。

（2）明确结构设计的等级标准

明确等级结构设计工作是水工建筑物结构设计工作的关键，等级标准是结构设计的前提，过高或者过低的设计都会对工程施工造成一定的影响。因此，在进行水工建筑物结构设计的过程中，要充分考虑工程的规模、工程建成产生的效益、建筑物的相应类别等因素，在进行科学设计的基础上保证等级标准设置符合工程的实际施工和标准规范，充分把握结构设计的等级标准，避免出现过高或过低的设计等级，才能有效降低施工成本，提高水工建筑物的施工质量，保证整个工程的后期工作顺利开展。

（3）加强结构设计的施工图的审查工作，完善数据资料

对设计图纸进行审查时充分保障水工建筑物结构设计的基础，图纸审查也是确保水工建筑物质量的重要手段，从我国目前水工建筑物结构设计的发展态势来看，我国水工建筑物结构设计还处于初步阶段，图纸审查的技术水平也相对较低，审查工作不规范，图纸审查力度严重不足。针对当前这种情况，水工建筑单位应该积极完善图纸的审查工作，加强图纸审查的系统性、规范性审查活动，积累图纸经验，不断完善图纸审查的方法和技巧，提高图纸审查的技术水平，科学地选择审查方式对水工建筑物结构设计进行恰当的审查，

制定相应的审查制度并严格执行，从而增强图纸审查的有效性和准确性。还要注重相关数据资料的收集和整理工作，不断完善数据资料，及时记录相关工作数据，积累数据经验，为后期工作提供足够的参考。

（4）加强对水工结构的节能设计和项目管理

从当前我国整体的发展态势来看，节能设计是水工建筑物结构设计的重要发展趋势，国家倡导生态节能发展理念，水工建筑结构设计人员在设计的过程中应该加强节能理念的渗透，从用电设备、工程设计等方面进行节能设计的加强，要严格根据国家技术标准，依照工作实际施工要求，合理分析水工建筑的节能效果，确保水工节能措施的加强。此外，还需要加大项目管理力度，工程管理人员要加强项目管理工作，充分了解水工建筑物的相关影响因素，严格按照国家标准进行项目管理和结构的设计工作，从而保障设计质量，提高水工建筑物结构设计的效果，进一步满足工程设计的要求，强化设计理念，提升结构设计的层次和水平。

4. 结构设计的关键问题

（1）整体设计

1）总平面设计

总平面设计主要包括水工建筑物的配套设施设计和主体建筑物设计。其中，主体建筑物主要包括大坝、水闸等。配套设施主要包括管理用房、生活用房、工程绿化等。以泵站设计为例，泵站设计主要包括泵房、办公楼、配电房、车库、员工宿舍等建筑物设计。传统的水工结构设计仅仅对工程位置图进行设计，缺乏对工程环境和配套建筑的相关设计，忽视了对水工建筑物的全局布置。现代化的结构设计不仅能够有效满足水利设备的功能需求，而且能够合理搭配建筑物的功能，增强水工建筑工程结构设计的整体性。

2）建筑平面设计

建筑平面设计是水工建筑结构设计的重要组成部分，设计人员应积极明确平面设计的形式，确保平面设计能够满足施工规范和总体布置。具体来讲，水工建筑平面设计需要按照设计规范进行，并对水工建筑的多方面要求进行探讨，得出最优的布置方案。建筑艺术与水工结构设计是相互促进、相互提高的过程，只有确保结构设计与建筑艺术的协调性，才能够优化水工建筑结构设计效果，确保水工建筑质量。

3）造型设计

造型设计是水工建筑结构设计的重要内容，反映了水工建筑文化内涵与建筑风格。在实际造型设计的过程中，设计人员应对水工建筑的周边环境进行全面考察，并将传统设计方式与现代化的设计方式相结合。同时，在结构设计的过程中，设计人员应避免为追求时尚而造成低级趣味的设计。另外，水工建筑结构设计应注重个性的打造，避免千篇一律的建筑造型。

4）建筑材料

建筑材料直接影响着水工建筑结构的色彩与感官效果，在水工建筑过程中不能仅仅考虑建筑效果而忽视建筑质量。水工建筑多处于空旷的位置，很容易受到风沙的侵蚀而出现脱落、坑洼、干化等现象。水工建筑结构设计需要充分考虑水工建筑物的耐风程度和耐水性，应选择耐风性和耐水性较强的建筑材料。

（2）混凝土结构设计

1）确定混凝土结构极限

混凝土结构极限主要包括正常使用和承载能力。承载能力主要指混凝土强度超过破坏的承载力。水工建筑物混凝土设计必须确保混凝土的承载力，根据混凝土的承载力来进行建筑结构设计，确保建筑结构压力在混凝土承载范围之内，不能突破混凝土结构的极限，否则，混凝土结构会产生裂缝，严重影响水工建筑物的质量。

2）控制裂缝

裂缝控制是混凝土结构设计的重要问题，很多水工建筑物的裂缝是由于混凝土结构设计不合理导致的。针对这种情况，设计人员应加强裂缝控制，杜绝裂缝产生的根源。具体来讲，设计人员应综合考虑水工建筑的所处环境、混凝土的荷载性质、建筑构件受力性质、钢筋种类、混凝土结构等。尤其是在冬季进行混凝土施工时，如果环境气温不低于零度，做好混凝土的常规保温即可；如在负温下的环境条件下进行混凝土浇筑施工，应重视混凝土的早期防冻防裂。此外，不同安全等级的混凝土结构的耐久性指标也不相同。现阶段，水工建筑裂缝控制仅适用于弯拉构件，然而很多水工建筑物的结构都属于非杆件系统，混凝土裂缝控制难度较大。

（3）水闸设计

1）消力池排水孔

消力池排水是水闸设计的重要环节，为了降低消力池底部的渗透压力，设计人员可以在消力池水平护坦设置垂直排水孔，这样当水流出水闸之后，会平稳地流向消力池底板，减小消力池底板的渗透压力。排水孔应设计在底板的后半段，避免水流从排水孔中吸出而掏空地板。

2）止水伸缩缝

在水工建筑使用过程中，止水伸缩缝会因为建筑施工、建筑设计、建筑材料等因素的影响而出现渗漏现象。具体来讲，施工过程中经常出现止水片上的油渍、水泥渣等污物没有清理干净的现象，导致混凝土与止水片结合不好而引发渗漏。针对这种现象，水工建筑施工人员应在模板上涂抹脱模剂，彻底清理水晶片上的油渍、水泥渣等污物。另外，如果止水片上有针孔、砂眼等杂物会导致止水片与混凝土之间的接缝不牢固，伸缩缝渗漏。因此，在止水片采购过程中，采购人员应严格控制止水片的质量、性能、规格和品种，确保止水片能够满足工程要求。

（三）水工建筑物基础处理技术

基础结构是建筑工程项目的核心组成和关键部分，水工建筑物也不例外。要确保建筑工程整体施工质量，就必须做好建筑物基础处理工作，提升建筑物基础处理技术水平。水工建筑物具有一定的特殊性，其基础处理施工面临着较大差异的外界环境，施工条件较为复杂。因此，在进行水工建筑物基础施工时，必须全面分析水工建筑物基础处理技术，针对工程特点，科学合理地运用基础施工技术，以此实现水工建筑物基础施工质量的有效提升，增加施工企业的经济效益与社会效益，推动水电工程建设事业的健康、有序发展。

1. 水工建筑物基础处理技术主要特点

（1）施工环境恶劣

施工环境恶劣是水工建筑物基础处理技术的主要特点之一。由于水工建筑施工现场与水资源联系较为密切，特别是基础结构的施工，更是与水资源有着密不可分的联系。对于建筑物基础结构的稳定性而言，水资源是重要的影响因素，这就为水工建筑基础施工带来了很大的难度。因此，在水工建筑物基础施工过程中，施工人员必须对施工现场环境，特别是水资源的分布情况进行重点关注，采取合理的施工技术处理好这一问题，从而保障水工建筑基础结构的施工质量。

（2）施工技术复杂

水工建筑物与一般建筑物不同，其施工技术较为复杂。水工建筑施工过程受诸多因素影响，难以对各个施工环节进行全面、有效的控制，这也为水工建筑基础结构施工带来许多困扰，不利于基础结构施工质量和施工效率的提升。除此之外，基础施工大多位于水工建筑的地下部分，其地理位置比较特殊，这也对水工建筑物基础施工的可控性造成很大影响，难以实现整体施工质量的有效提升。同时，由于水工建筑物基础处理技术施工工序较为复杂、施工内容比较烦琐，需要对诸多施工要点进行注意和把握，使得水工建筑基础施工难以取得良好的效果。

（3）施工难度较大

与一般建筑工程相比，水工建筑物基础处理技术具有较高的难度。水工建筑物基础施工的难度不仅体现在复杂的施工工序中，更重要的是在施工前期的设计工作中体现。在水工建筑物基础施工的设计工作中，由于其设计方案较为复杂，设计难度较大，因此，设计人员需要重视水工建筑物基础设计的各个环节，做好前期的调查和研究工作，确保设计方案具有较高的科学性、合理性和可行性，为后续施工工作提供良好的指导，在一定程度上减少施工难度。

（4）沉降问题突出

与其他建筑物相比，水工建筑物基础结构具有比较特殊的地理位置，因此，沉降问题在水工建筑物基础施工中发生的频率更高。水分含量较高是水工建筑物基础施工环境的主要特征，因此，水分不仅会干扰基础结构的施工过程，还会对基础工程最终的稳定性造成影响。在后续使用过程中，水分会不断侵蚀和干扰基础结构强度、稳定性与荷载能力，沉降问题也就不可避免会产生。因此，水工建筑物基础施工必须对沉降问题进行重点关注，采取科学合理的施工技术对这一问题进行有效处理。

2. 水工建筑物基础处理技术的具体应用

（1）加强对地基的勘察与分析

1）杂填土地基

杂填土地基在水工建筑物施工过程中较为普遍，对整体施工质量有着较大的影响，并且，杂填土地基处理技术较为复杂，难度较大。内部填料较为复杂是杂填土地基的主要结构特征，它是由于生活垃圾的不断堆放而形成的，随着垃圾堆放量的不断增加，杂填土地基的内部结构也越来越复杂，对水工建筑物基础施工的影响和干扰越来越大。因此，在进行水工建筑物基础施工过程中，必须对杂填土地基进行有效处理，确保其处理效果满足施工需求，保障整体工程质量。

2）软土地基

在水工建筑物施工过程中，软土地基的出现频率最高，这是由于水工建筑物施工区域水资源含量比较丰富，这就必然造成施工范围内土壤含水量较大，软土地基也就不可避免地产生量。软土地基强度低、稳定性差，很容易造成地基沉陷，进而导致建筑物失稳，不利于各类建筑物构建，对水工建筑物的施工质量有着较大影响。因此，在软土地基上开展水工建筑物基础施工工作时，必须对软土地基进行严格加固，坚决禁止直接在软土地基上开展作业。在软土地基的处理工作中，排水工作的开展也是不可忽视的，施工人员必须设置排水通道，排出软土地基内部多余的水分和空气。

3）膨胀土地基

膨胀土地基与软土地基具有一定的相似性，其含水量都非常高。相较于软土地基的处理工作，膨胀土地基处理难度更大，因此，施工人员需要高度关注膨胀土地基的处理工作，根据施工区域的实际情况和工程特点，采取有效措施，对膨胀土的强度、稳定性进行全面提升，减少膨胀土地基内部空隙，增加其荷载能力，便于后续水工建筑物施工工作的顺利开展。

（2）基础加固处理技术

确保水工建筑物基础结构的稳定性，是实施水工建筑物基础处理技术的主要目的。要实现基础结构稳定性的有效提升，在对基础结构进行加固处理时，就必须采取合适的施工技术，进行有针对性的处理。现阶段，灌浆法是水工建筑物基础加固处理工作中最为普遍的方式。利用灌浆法对水工建筑物基础结构进行处理，可以实现整体基础结构稳定性和坚固性的有效提升，在建筑后期使用过程中，也能确保建筑工程质量和使用功能的正常发挥。一般来说，水工建筑物需要长期使用，因此，灌浆法对提升水工建筑工程的投资效益具有积极作用。在灌浆施工过程中，主要使用水泥砂浆作为浆液，采用钢管结构将水泥砂浆对需要加固的部位进行灌注，从而实现基础结构施工质量的有效提升。因此，基础加固技术是水工建筑物基础处理技术的重要内容和关键组成，特别是当水工建筑物基础结构施工中出现裂缝现象时，基础关键技术能够起到良好的改善作用。

（3）防渗处理技术

1）岩基灌浆技术应用

岩基灌浆技术就是利用机械设备施加压力，将一部分具备流动性和胶凝性的浆液按照相关比例灌注到岩层之中，随着时间的增加，浆液会不断凝结硬化，最终形成稳定性和坚固性较强的物质，从而实现对地基的防渗处理。岩基灌浆技术包含多种形式，如帷幕灌浆技术、固结灌浆技术、接触灌浆技术、黏土灌浆技术和化学灌浆技术等，在具体施工过程中，应当按照实际情况选择合适的关键技术。水泥灌浆是目前主要的灌浆手段，利用水泥灌浆可以实现岩层的凝结，进而形成高强度填充物，提升地基施工的稳固性和防渗性能。水泥灌浆一般应用于水工建筑物的重力坝设计中。

２）破碎带技术应用

破碎带技术应用范围较窄，因为它对于建筑稳固性和受力状况具有较大影响，因此，在实际施工过程中，破损带技术对施工范围和施工深度有着较高的要求，在一定深度的范围内开展破碎层的清理工作，将其置于较为完整的基岩地基上，然后再利用水泥砂浆开展找平工作。破碎带技术通常应用于截水槽的施工和截水墙的施工过程中，在实施破碎带处理技术后，一般还要采取灌浆技术作为辅助工作。

３）断层裂隙的技术应用

当水工建筑物地基施工过程中存在断层裂隙问题时，如果使用的填充物质凝结性较好，能够实现断层的有效凝结时，无须采取其他措施进行处理。然而，如果填充物具有孔隙率高、密实度低等特点，或产生破损现象时，则需要另外采取措施，对断层裂隙进行处理。当断层深度不大时，一般先清除断层杂物，然后利用混凝土进行回填；当堤坝建筑水位差较大时，此时断层具有透水性高、宽度大的特点，因此，混凝土塞或者混凝土截水墙等是较好地处理手段。

（四）水工建筑物防渗堵漏施工技术

1.水工建筑物防渗堵漏的问题与现状

水工建筑的建设目的就是为了在面对自然灾害时有效地避免事故的发生，来保护人民群众的生命财产安全，水工建筑尤其对水涝灾害可以进行防范和预防，这就要求水工建筑物的防渗堵漏技术科学合理，要想做好这项工作，仅对技术进行要求是远不能及的，还需要对建筑材料进行严格的检查，采用高质量、高标准的建筑材料是保障施工安全最基础条件。但目前一些水工建筑施工企业为了增加自己的营业利润，其在建设过程中会采购一些廉价劣质材料来进行建设工作，这就直接导致了水工建筑物防渗堵漏工作质量急剧下降，严重威胁到人民群众的生命财产安全。

2.水工建筑物防渗堵漏施工技术运用

（1）施工技术

１）促凝灰浆

促凝灰浆工作是水工建筑物防渗堵漏工作中的核心工作之一，进行该项工作需要专业技术人员认真面对，因为这项工作会影响整个水工建筑物防渗堵漏工作的施工质量。完成该项工作的首要条件是采购合格的防水材料，比如说合格的堵漏灰浆、处凝剂等材料，将这些高质量材料运用科学的施工技术进行严格配比构建成高质量的防水添堵凝固剂。然后运用这些配比好的材料对大面积渗漏部位进行填堵工作，将这些大面积部位填土完成后，然后再寻找细小的缝隙进行查漏补缺，这样才能提高工作效率和施工质量。

２）高压灌浆

高压灌浆技术是利用机器设备的超高压力将防水材料注入渗水缝隙当中，该技术所适用的范围是隧道工程的防渗漏工作，可以保证建筑工程的整体质量。高压灌浆技术在施工过程中需要施工人员知道漏水的根源，并对漏水部分做好准备工作，为后续补救工作打基础。同时，该技术修补漏水部位需要具有专业知识和能力的施工人员进行完成，保证注浆的准确性。除此之外，在注浆时要确保浆液的严密性，防止出现二次漏水，而对于灌浆完成的部位做好检查和管理工作，一旦发现问题可以及时解决。

3）氰凝灌浆

氰凝灌浆是水工建筑物防渗堵漏施工技术常用技术之一，该技术对于灌浆的材料要求相比其他技术较高，一般多用于松散的混凝土结构中。该技术首先要对裂缝部位进行清洁处理，然后对漏水部位的灌浆孔进行确认和清洁，保证灌浆可以填补裂缝。最后是固定灌浆嘴和封闭漏水点，先进行试灌，再进行氢凝灌浆，完成灌浆后要及时清理灌浆设备，并对漏水部位进行监督管理。除此之外，在灌浆时还要注意顺序，要以水平方向的裂缝作为灌浆的基础，然后自上而下进行灌浆。加之氢凝具有一定的毒性，在使用该技术时要格外小心，防止出现意外事故。

（2）施工方法

1）直接堵塞

运用直接堵塞的方式来进行施工，这种方法适用的位置和条件有所限制，不能广泛地应用于各个施工地点，主要将这种方法应用于水压相对较小、水位相对较低的渗漏部位。找准渗漏位置，运用直接堵塞的方法在渗漏位置进行钻孔处理作业，钻孔处理的大小要严格按照深25cm、直径15cm的圆柱进行，然后将施工材料注入其中进行添堵，保证其防水效果。

2）下线堵漏

水工建筑物底部压力较大的部位出现渗漏现象，解决这种现象的方法一般采用下线堵漏的方式，这种方法的施工过程其实和直接堵塞的方法一样，不同之处在于这种方法有些进行确定渗漏位置，确定好渗漏位置以后，然后再进行沟槽开槽工作，沟槽的深度和宽度要比直接堵塞的方法更宽更深，而且还需要一段一段地进行，不可以采用整体式灌注，并且要在每一段之间留有2cm的空隙。在具体的堵漏施工过程中根据实际情况，漏水量的大小来确定堵漏的方法，一般施工过程中可以采用下管堵漏法和孔洞漏水下钉堵漏法将漏水空隙逐渐缩小。经过这种方法进行堵漏之后再无漏水现象，然后就能以外部抹灰的形式进行维护，将漏水之处彻底进行堵塞。

3）下半圆堵漏

下半圆堵漏这种方法一般用在水流湍急之处而且水压相对较大的地方。这种方法依然需要对漏水处进行剔沟槽处理，具体的沟槽大小需对渗漏处进行严格的测量后再确定。这种方法的主要特点是在沟槽底部每隔50~100cm之间相切一个呈半圆状的铁片，并在铁皮上钻孔，将胶管镶嵌到铁片当中，然后就可以进行直接堵漏，胶管的作用是可以将多余的漏水顺着胶管排出，这样就会使防漏效果更加显著。施工完成后需要对漏水现象进行检查，检查无误之后抹好防水层。

3. 水工建筑物防渗堵漏施工技术运用注意事项

（1）找准渗漏位置

目前我国科技快速发展，取得了很大的进步，在水工建筑物的查漏补缺工程中要合理运用当代科学技术的发展成果，用恰当合理的方式准确地找到出现渗漏的源头，然后精确地在渗漏处用填补材料进行修补。确定渗漏位置是进行精确填补的基础，这也可以极大地减少施工成本，提高施工质量。找准渗漏位置是避免技术人员进行盲目施工的有效方法，这样就可以节省人力资源成本，促进施工项目的快速进行。

（2）杜绝盲目施工

如果施工企业依照传统的施工方式对水工建筑物的防渗堵漏工作进行建筑和排查，这样会不断加剧施工难度，而且在修复过程中无法准确地找到渗漏根源所在，会产生盲目施工的现象，这样既加剧了施工难度和施工成本，而且施工质量并不可靠。因此，在进行施工过程中要杜绝盲目施工的现象，首先找准渗漏位置，然后再实施防渗堵漏工作。杜绝盲目施工要从施工人员的整体工作态度和综合素质入手，一旦发现工作人员不负责任、存在消极怠慢的情况，就需要对该工作人员进行惩罚和警告。水工建筑物防渗堵漏工作要严格按照具体规定进行，避免留下不必要的安全隐患。

（五）水工建筑物耐久性

1. 水工建筑物耐久性的常见影响因素

水工建筑物的种类很多，但是它的建筑施工材料主要是混凝土和砂石等材料。水工建筑物的耐久性主要是指建筑物的某些部位受到腐蚀或者是损坏之后还有着原来的功能和作用。在我国，水工建筑物中存在着一些问题，它会大大降低建筑物的耐用性，接下来，就对水工建筑物过程中，耐久性的常见影响因素进行分析。

（1）设计因素

水利工程在建设的时候存在一个设计标准，不同的水利工程所选用的设计标准是存在差异的。如果水利工程选择的设计标准比较低的话，它会使得水工建筑物施工过程中所采用的钢筋混凝土结构出现钢筋锈蚀、混凝土开裂、钢筋碳化和剥落等问题。钢筋混凝土结构出现问题后，工作人员没有及时处理，这会使得水工建筑物在使用的过程中结构耐久性慢慢降低，这对于水工建筑物的安全性和稳定性都有很大的影响。

（2）材料因素

材料是水工建筑的基础之一。一般来说，水工建筑物中的钢筋混凝土结构主要涉及钢筋和混凝土两部分。在水工建筑物施工过程中，如果钢筋或混凝土原材料出现性能和质量问题，其不仅会导致水工建筑物无法顺利进行，而且对于整个水工建筑物都有很大的影响。施工材料的质量不过关，那么水工建筑物的质量也是存在一定问题的，它在使用的过程中发生各种问题的概率会增加，从而使得水工建筑物的耐久性无法得到保证。

（3）施工因素

在开展水工建筑物施工时，施工条件、施工人员以及施工各环节的衔接都会对水工建筑物的耐久性产生或多或少的影响。这些都是由于施工人员在进行各个环节施工时，未严格按照施工规范和标准进行，不仅会对施工进度产生影响，而且还会对施工质量产生不利影响。同时，部分施工人员缺乏一定的责任心，在施工中没有严格按照相关的要求来进行施工，这可能在后期水工建筑物使用的过程中出现问题，这就会使得水工建筑物耐久性降低。工作人员要严格按照要求进行施工，避免出现给质量事故的发生埋下隐患的行为。

（4）环境因素

水工建筑物和其他建筑物所处的环境是很不一样的，故环境因素对于水工建筑物结构的耐久性有很大的影响。比如说，在一些污染比较严重的环境之中，会导致污水和钢筋混凝土结构发生一系列的物理、化学反应，其不仅会破坏钢筋保护层，而且还会在一定程度上降低钢筋结构的耐久性。

2. 水工建筑物耐久性的优化措施

（1）设计措施

在进行施工之前相关工作人员需要根据施工要求、施工现场环境、施工目标来开展水工建筑物设计工作，该阶段要求设计人员严格遵循国家的规范和标准，以确保水工建筑物的施工质量、性能满足国家要求。在设计阶段常见的设计措施如下：①弱化环境的不利影响。在进行水工建筑物设计过程中，可以借助粉刷或涂膜等措施，来避免混凝土与外界环境的接触，从而使混凝土的碳化速度降低；②适当增加钢筋的布置密度，其能够降低混凝土开裂现象的发生率，同时还需要对钢筋保护层的厚度给予科学、合理的设计，避免钢筋发生锈蚀现象。钢筋的保护层厚度需要适中，不能够过厚，对于保护层厚度的选择根据实际的施工情况来决定，这样可以保障施工的科学性和合理性；③对水工建筑物的施工缝、伸缩缝及沉降缝给予科学、合理的设计，避免由于结构设计尺寸不合格而诱发混凝土不均匀沉降。这3种技术措施可以使得水工建筑物的耐久性更加有保障。

（2）材料质量的控制

施工材料的质量对于水工建筑物的耐久性有着很大的影响，我们可以从选择质量好的原材料和严格控制水灰比和水泥用量这两个方面来保障水工建筑物的质量。第一个方面是选择质量好的原材料，同时也需要进行施工的材料进行检查，像钢筋这类的原材料需要妥善保管，避免他们因为雨水等而出现锈蚀的问题；第二个方面对水灰比和水泥用量按照要求给予科学、合理的控制，因为他们会对混凝土耐久性产生或多或少的不利影响，如果水灰比过大将会导致混凝土耐久性降低。通常情况下，水工建筑物混凝土施工阶段，水灰比和水泥用量都是有具体的规定的，就水泥类型而言有两种。第一种是火山灰水泥，它最大允许的水灰比是0.55，最小的水泥用量是270~345；第二种是普硅与矿渣水泥，它最大允许水灰比是0.6，最小水泥用量是250~320。

（3）强化施工质量

在进行水工建筑物施工过程中，各个环节的施工质量都需要满足国家及行业标准，以期更好地提高建筑物的耐久性。在实际施工阶段，监理部门和监理人员需要按照要求开展工程监理工作，并且按照竣工验收等制度来开展工作，这样可以保障耐久性专项质量检验工作的质量。针对一些施工人员素质较低的现象，企业需要对其定期进行培训和教育，以确保施工人员对水工建筑物施工技术和质量管理有个全面的了解和掌握，他们需要严格按照制度来开展工作。比如说在完成混凝土施工后，要按照要求开展养护工作，把控好养护的时间和养护流程。工作人员需要注意的是，对于钢筋混凝土结构进行养护的时候不能够选择海水，否则会使得钢筋混凝土结构发生变化。

（4）加强运行管理

要使得水工建筑物的结构耐久性进一步加强，这在一定程度上是延长了施工建筑物的使用寿命，这就要求相关工作人员做好水工建筑物运行管理工作，其主要从以下两个方面开展工作：①对现有的检测制度和维护制度给予补充和完善，并对其中存在的问题采取措施给予解决；②制订系统、完善的维护计划，将水工建筑物稳定性的影响因素处理解决好，从而更好地保障水工建筑物的耐久性。

（六）水工建筑物的维修和养护

1. 水工建筑物的养护工作

（1）对于土坝的养护工作

在开展水工建筑物养护工作的过程中，要着重对土坝开展养护工作。这种水工建筑类型在总体使用和运行的过程中会直接受到上游来水的侵蚀，因此在外地这种小事不容易产生破坏，影响到土坝的整体使用。土坝在运行的过程中十分容易受到老鼠、白蚁的损害。在进行养护的过程中应当对这些生物进行消灭，防止其对土坝自身产生影响，同时对于土坝表面产生的裂缝应当进行及时的修补，减少对水工建筑物的影响。在开展土坝养护工作的过程中要对土坝护坡的草皮进行养护，这样能够提升土坝的整体抗水冲击能力，提升土坝的整体强度和使用寿命。

（2）对于钢筋混凝土的养护工作

在进行水工建筑物建设的过程中主要使用的是钢筋混凝土结构，这种结构虽然有较好的强度，但是在使用的过程中十分容易受到外部环境、温度、湿度等条件的影响，导致水工建筑物的混凝土结构在后期使用的过程中十分容易产生裂缝。如果对方没有进行及时的修补就会导致裂缝的扩大，产生裂缝贯穿，对水建筑物的整体使用产生严重影响，因此在对钢筋混凝土进行养护的过程中，要对发现的裂缝进行及时修补工作。同时要对钢筋混凝土进行保温和保湿防护工作，应当对钢筋混凝土的总体使用情况进行定期的观察，对于发现的损坏和裂缝情况进行及时的上报处理。

（3）对于钢结构在水工建筑物中的养护

钢结构是水工建筑物建设过程中十分常见的一种建筑结构形式，在后期使用的过程中由于会直接受水的侵蚀，因此在使用的过程生锈，严重影响水工建筑的使用寿命和使用安全。因此在开展养护工作的过程中应当对出现生锈的地方进行及时的修补，用油漆进行防腐蚀保护。同时对遭受腐蚀严重的配件应当进行及时的更换工作，这样能够保证水工建筑物的强度和安全，提升水工建筑物的使用质量，发挥更好的效果。

（4）对于木结构在水工建筑物中的养护

目前在进行水工建筑物形成的过程中，还采用了木结构开展相应的建设工作，但是木结构在后续的运行过程中十分终于遭受到白蚁、老鼠等生物的影响，同时在后期使用的过程中十分容易受潮，影响到木结构的整体强度。因此应当在进行后期维护的过程中应当对白蚁、老鼠等生物进行杀灭，同时要在木结构表面涂抹相应的防潮涂料和防水材料，避免木结构遭到水的侵蚀提升木结构的整体强度。

2. 水工建筑物的维修工作

（1）对于土坝的维修

在对土坝进行后期维修工作的过程中主要采用的是干砌石护坡工作和浆砌块石护坡工作，这两种不同的维修手段在开展维修的过程中都能够达到很好的效果。在运用干砌石护坡技术进行维修工作的过程中主要是对风化严重和施工质量较差的问题进行维修。在采用浆砌块石护坡开展维系工作的过程中主要是对松动的石料进行拆除，同时对采用新的石块进行修补和维修工作，采用坐浆砌筑的方法开展响应的工作，这样能够达到更好的使用效果。

（2）对于护坡的维修和加固工作

对于护坡的维修和加固工作是后期维修工作十分中重要的组成部分，在开展工作的过程中主要是对石块尺寸不符合要求的情况以及施工中产生的问题进行修补工作，通过维修和加固工作能够提升护坡的整体强度防止在水侵蚀的情况下对护坡产生损害，这样能够达到更好的使用效果。

（3）对于钢筋混凝土建筑物的维修工作

在对钢筋混凝土开展维修工作的过程中主要是对产生裂缝的混凝土表面进行修补工作，在开展修补工作的过程中对于裂缝深度较浅的进行简单的涂抹保护工作，对于裂缝深度较深的情况开展修补工作主要是采用混凝土材料对裂缝进行修补工作。

（4）对于提防的维修工作

对于提防的维修工作主要是对已经产生损害的提防进行相应的维修工作，主要是对产生渗漏、管涌、崩坏的提防进行维修。在开展维修工作的过程中主要采用抛石、混凝土加固的方式进行维修。这样能够达到更高的维修效果，提升水工建筑物的使用质量和寿命。

（七）水工建筑物的破坏与防治

1. 水工建筑物施工作业中的基坑开挖

在水工建筑物的基坑开挖过程中，首先要对水工建筑物的整体进行设计，根据施工方案，在纵横两个方向设置好建设的轴线，以方便施工作业。同时，要在建筑物工程的周围设置两个以上的临时水准点，提高施工作业的精准度，保证工程质量。基坑开挖要根据施工要求进行，不能随意改变工程施工设计图。建筑物基坑开挖时，可按照1:1的比例放坡，以减缓建筑物的整体倾斜程度，减少施工难度。再者，由于基坑开挖会受到天气等因素的影响，如果停工之后要设置保护面，在返工之后，首先要清除基坑中的淤泥和杂物，才能继续施工。在机械开挖时，不能直接挖到工程设计的高程，基坑的底部应预留20cm的人工清除量。由于土壤中可能存在着地下水，因此要事先设置集水坑，方便架泵排水。

2. 水工建筑物的磨蚀破坏

（1）磨蚀破坏产生的原因

根据水工建筑物多年建造经验和对其损坏原因进行分析，在泥沙含量较大的高速水流中，水工建筑物大都存在着泥沙的磨损问题。再者，由于水工建筑物的磨损一般是在水下部位，维修施工作业更加困难，工程维修需要大量的时间和金钱投资，并影响了建设工程的日常使用。水工建筑的磨蚀破坏是由于含沙的水流在高速流淌时对水工建筑物的损坏，而水工建筑物自身的抗磨蚀能力就决定了其磨蚀损坏的程度。再者，由于水流的速度受到季节变化的影响，水流大小对水工建筑物的磨蚀破坏也会受到影响，其磨蚀破坏的程度会根据水流的变化产生一定的惯性作用。

（2）磨蚀破坏的防治措施

1）优化水工建筑物的工程设计。首先，要对水工建筑物的整体结构进行设计，在工程体型和布置上增强水工建筑物的抗磨蚀能力。尽量减少过流部分的建筑物长度，采用表孔泄洪的方式更为有效。其次，对消力池进行抗磨蚀设计，通过模型试验，选择合适的消力池。对消力池进行巩固设计，加厚消力池的厚度以增强其抗磨蚀能力。再者，对该水域的水电站设计进行改进，对引水管等引水排水设备进行设计加工，以增强其抗磨蚀能力。

2）要加强对水工建筑物的现场施工管理工作。水工建筑物的现场施工作业，可以总结出相关的经验和教训，对水工建筑物的磨蚀破坏情况进行分析，在施工作业环节予以充分注意。

3）对已破坏的水工建筑物，应及时进行维修，防止破坏扩大而耗费更多的人力、物力和财力。在水工建筑物的日常使用过程中，应做好日常的维修检查工作，及时发现水工建筑物的破坏情况，以减少更大破坏的产生。

3. 水工建筑物的空蚀破坏

（1）空蚀破坏产生的原因

空蚀指的是当空泡破灭时会产生很大的瞬间压强，而当破灭产生于水工建筑物的表面时，由于水流中的空泡有很大的压强，对水工建筑物形成了力的冲击，从而导致水工建筑物表面的破坏。

在多年的建设施工实践中，对水工建筑物的空蚀破坏原因逐渐有了更深的认识：空泡及微射流的共同作用所产生的结果。如前所述，空泡自身在水流的作用下可能产生很大的压强，在经过水工建筑物时作用于其表面，从而对水工建筑物形成了一个强有力的冲击作用。而微射流则通过连续的敲击作用于水工建筑物的表面，在连续不稳定的作用力之下，可能对水工建筑物产生不同程度的破坏。在空蚀冲击和微射流冲击两种力的相互作用下，水工建筑物的表面容易造成破坏。

（2）空蚀破坏的防治措施

如前所述，水工建筑物的空蚀破坏主要是由于建筑物本身与空泡、微射流之间的相互作用力而形成的，因此，在空蚀破坏的防治过程中，要注意建筑材料的抗空蚀破坏的能力、水流中的空泡的作用力及微射流的作用力的大小。空蚀破坏的防治措施有以下三点：

1）提高水流的空化数，减弱甚至消除其破坏程度。可以通过改善易受空蚀材料的性能特点，减少受空蚀的可能。合理规划过流壁面的体型，可以采取典型的消能工体型设计和有溢流堤面的体型设计，增强过流壁面分布压强值，以提高其抗空蚀破坏的能力。其次，对水工建筑物的表面进行处理，减少凹凸不平的现象，增加表面的平整度，以减少水流的冲击作用力。再者，应对水工建筑物不同型号的消能工进行分析，提高消能工的运行效果。同时，要加强对工程运行的管理，改善水工建筑物的运行条件，合理规划布局，避免不合理的工程运行状况。

2）削弱水流对工程过流壁面空蚀作用力。主要有两种方式：一是改变水流的物理性质和化学性质，通过人工掺气的方式，将不同成分的物质掺入水流中，降低水流的作用力；二是改变水工建筑物的工程设计结构，设置闸墩，以减少游移型空泡的破灭转移到过流壁面之外，降低水流对水工建筑物的空蚀破坏能力。

3）改变工程设计方法，增强水工建筑物的抗空蚀能力。水工建筑物空蚀破坏的防治不仅要求削弱水流对工程过流壁面的空蚀破坏，还要求不断通过技术创新，提高过流壁面自身的抗空蚀破坏能力。在过流壁面的材料选择上，应选择性能较高或者弹性较大的建筑材料来建造水工建筑物，以增强其抗空蚀破坏能力，减少水工建筑物的空蚀破坏。

4. 水工建筑物的冻融破坏

（1）冻融破坏产生的原因

水工建筑物的冻融破坏主要是外界的环境因素造成，气候的冷暖变化对水工建筑物的地基造成影响。地基在气候变化过程中的冷暖收缩与扩张，会产生很大的作用力，地基横向纵向收缩与扩张力的大小，对水工建筑物的表面也会造成不同程度的破坏。在长久的热胀冷缩作用力中，水工建筑物的破坏严重。

（2）冻融破坏的防治措施

冻融破坏的防治措施主要有结构措施和地基处理措施两种。

1）结构措施。如前所述，在冻土区的水工建筑物建造中，通常采用的是柱式、桩式、墩式的基础桥梁结构。从桥梁的安全性出发，保证水工建筑物在融沉或者冻胀作用下不至于发生变形。因此，在冻土区的地基建造上，可以将地基建造在冻土层以上，减少气候的冷暖变化对地基结构的影响，以消除建筑物底部的冻胀应力，有效防止建筑工程的冻融破坏。

2）地基增温与加固措施。可以采用保温法以及强夯压实法两种方法减少冻融破坏。在水工建筑物的工程施工中，可以在其周围设置一个隔热层，增强建筑物的保温效果，也可以减轻地基的冰冻危害程度，有效防止水工建筑物的冰冻破坏。强夯压实法的方法指的是通过对地基土壤的加固施压措施，将冻土区的地基土干密度压实至大于等于 1.7t/m，通过压实地基土地的干密度，加强土地自身的保温效果，有效控制地基热量的流失，减少冻融破坏对水工建筑物的破坏。

同时，水工建筑物的混凝土的冻融破坏，也可能对水工建筑物造成破坏。在混凝土的选择上，要根据建筑物的不同情况，选择不同性能和不同成分的骨料、水泥和外加剂，确保混凝土的抗水性和耐久性。对混凝土的制作应合理配置，降低混凝土中的水灰比，提高混凝土的抗冻性。再者，对混凝土冻害的治理，可以采取四种方法：一是针对轻微表层的破坏，可以采取水泥浆纱的修补方法；二是在高速水流区的混凝土表层破坏，可以采取预缩浆沙的修补，将拌好的干硬性砂浆堆放30~90min后再使用，保证混凝土的终凝，以提高混凝土的抗水性；三是对于混凝土冻害比较严重的地区，可以采用喷浆修补的方法，将经过高压的混凝土拌料以很快的速度注入修补的部位，高压的混凝土拌料在抗渗性和密度上都优于一般的混凝土；四是环氧材料的修补，可分为环氧混凝土、环氧砂浆和环氧基液等，其抗渗能力、抗腐蚀能力和强度都较高，与一般混凝土的结合性也较好，但由于施工较复杂且价格较贵，可与其他方法结合使用。

第二节 水 库

一、水利工程施工组织设计优化

（一）方案优化

水库工程施工组织设计的主要任务是编制施工方案，合理的施工方案能够对整个工程建设产生重大影响，缩短施工工期。在施工方案设计过程中，应该综合考虑两个设计要点：第一，对施工时间、施工技术可行性、工程建设复杂程度、施工人员、机械设备等进行综合考虑，判断是否符合工程建设实际需要，同时还需要考虑施工季节对于工程建设的影响；第二，对水库工程建设成本、工期标准、单位面积等进行综合比较分析，优化施工方案，保证施工质量，缩短工期，提升水库工程建设效益。

（二）进度优化

施工进度设计主要有两种方法：第一，依据施工横道图，施工横道图绘制便捷，各项工序清晰明了，但是在绘制过程中工作人员主观意识比较多，施工整体布局表述不完善，对于关键施工工序，无法明确显示，因此，应用难度比较高；第二，依据施工网络图，施工网络图能够明确各项施工节点和施工时间参数，而且在时间和资源方面转换便捷，有利于保证工期，减少施工成本。

（三）场地优化

在水库工程建设中，施工场地优化布局至关重要，如果施工场地布局混乱，则会直接影响整个工程建设的顺利进行，从而对工期造成不利影响。施工场地布局设计能够反映出施工单位技术人员和施工人员的职业素质，反映出施工企业的企业文化。对施工场地进行优化设计，保证布局合理，是文明施工的基本要求。

1. 施工设备布置顺序的优化

在水库工程施工中，需要使用大型机械设备，对此，应该充分考虑机械设备的使用性能，比如吊车，在选用吊车时，需要考虑回旋臂长问题，禁止将其他物品放置在回旋范围内。另外，如果需要采用垂直提升机进行施工，则应该结合施工现场实际情况合理布置。

2. 临时设施布置顺序的优化

对于水库工程施工中所需要的临时设施，需要对其布置顺序进行合理设计，尽量精简紧凑。工程建设规模必须符合主体工程工期，减少施工成本。另外，为了保证各类临时设施能够正常使用，还需要对临时用水、消防设备、临时用电等进行规划布局，合理布置各种施工管线走向，保证安全施工。

二、水库堤坝防渗施工技术

（一）我国水利工程在施工建设过程中水库堤坝防渗施工加固的主要意义

在我国水利工程建设过程中，每一项施工都有着非常重要的意义和作用。在水利水库施工建筑中，水库施工的主要作用有两个。首先是水库施工建设能够有效地起到储水的作用，其次是水库工程的施工建设能够实现拦水的作用。通过上述的两个作用和用途，水库工程能够有效地实现旱期的水分供应，能够有效地实现多雨季节的水量的存储，能够有效地调节和控制洪水带来的巨大冲击，能够在很大程度上对洪水进行有效拦截，通过上述功能的实现来达到水库建筑降低灾害的出现。我国水利工程中水库堤坝工程在我国对抗洪涝灾害的问题上贡献了大的作用。因此在水库施工的过程中，最主要的施工环节就是要有效的保障水库堤坝的施工质量和水库堤坝的使用效果。如果在水库堤坝施工的过程中出现了堤坝渗漏问题，对于整个水库施工具有非常大的影响，严重的威胁了人民群众的人身和财产安全，在水库施工中要格外的注意和重视。因此我们目前在水利工程施工中都会进行防渗墙的施工作业。在堤坝防渗墙施工中要对防渗施工技术进行严格的考察和监督，要保障水库堤坝防渗墙的具体施工质量和效果。虽然我国水库堤坝防渗的施工技术取得了一定成果和进步，但是在施工中还是要针对防渗施工以及加固施工进行针对性的创新和研究，要有效地处理水库建设过程中的渗漏问题，同时要在防渗施工中有效对实际施工情况进行结合，只有这样才能够有针对性地进行防渗施工。同时在水库堤坝防渗施工中要严格地按照施工顺序进行施工作业，这样也能够在很大程度上提升水库堤坝施工的防渗效果。

（二）我国水利工程在施工建设过程中水库堤坝防渗施工的主要施工技术

水库堤坝在施工的过程中如果出现了渗漏的问题对于水利工程的施工质量以及施工成本都是一种危害，同时还极大地浪费了我国宝贵的水资源。因此在施工中必须通过相应的防渗加固施工措施来提升水库堤坝的防渗效果和质量。在正常的防渗施工中，为了有效地释放施工中的渗透压力，确保堤坝的基础同工程建筑之间处在一种静态稳定的环境之下，我们在施工中就要针对防渗加固进行强化，保障水库堤坝的渗透稳定性和加固性。

1. 水库堤坝防渗施工中应用的劈裂灌浆防渗技术

在水库堤坝防渗施工中，应用较为广泛的一种防渗加固技术就是劈裂防渗施工技术。这种施工技术具有施工进度快，施工成本低的特点，因此在应用中较为广泛同时也能够取得较好的防渗加固效果。在具体的防渗加固实施中，我们首先要沿着堤坝轴线的位置进孔洞的布置，这样的施工布置主要就是由于堤坝上的应力大多集中在堤坝的轴线方向上。在劈裂灌浆防渗施工中，我们通过灌浆产生的压力将沿轴线位置的坝体进行压力劈裂，之后将泥浆灌入，使之形成较为有效的防渗帷幕。在防渗帷幕形成的过程中，还能够有效的消除堤坝中原有的施工裂缝以及施工坝体安全隐患。根据现场的防渗施工我们可以发现，防渗帷幕的施工不仅仅能够实现水库堤坝的防渗功能，同时还能够对水库堤坝进行一定程度上的加固处理。这种劈裂灌浆防渗施工技术由于经济快捷，能够有效地降低水库堤坝防渗的施工成本，同时在防渗施工中还能够有效地减少对于施工周边环境的污染。劈裂防渗施工最大的优点在于在进行防渗帷幕施工的过程中，对于原有的堤坝施工应力不需要针对性地进行释放，这样就导致了劈裂灌浆防渗施工技术能够大范围的应用在水库堤坝防渗施工中。

2. 水库堤坝防渗施工中应用的高压喷射防渗技术

出了上文提及的劈裂灌浆防渗施工技术之外，高压喷射防渗施工技术在水库堤坝防渗施工中应用也较为广泛。高压喷射防渗施工技术主要就是应用高压喷射产生的巨大冲击力来对堤坝的表面覆盖层进行破坏。通过高压喷射过程产生的高压泥浆会同被击散的坝体混凝土进行重新搅拌以及混合，重新形成一个高效的放射墙体，起到水库堤坝的防渗效果。高压喷射防渗施工技术在目前的水库防渗施工中应用也较为广泛，施工使用的设备较为简便同时还能够有效的结合其他的施工设备共同进行防渗施工祖业，是一项综合性能较好的防渗施工技术。

3. 水库堤坝防渗施工中应用的自凝灰防渗技术

目前在我国水库堤坝防渗施工中，很多的施工单位都在应用塑性混凝土墙的防渗施工技术，这种防渗施工技术就是专业上的自凝灰防渗墙施工技术。这种防渗施工技术在应用的过程中让水泥充分的同缓凝剂进行搅拌，使两者充分地进行相互融合，这种融合物就是自制的施工灰浆，这种自制的施工灰浆在防渗施工中能够有效地提升水库堤坝的防渗效果以及防渗稳定性，让水库堤坝的坝体稳定性提升。需要注意的是虽然这种防渗施工方法在实际的防渗施工中也在应用，但是其存在一定的施工缺陷，因此相关的部门和专家还在针对这缺陷进行分析和研究。

4. 水库堤坝防渗施工中应用的混凝土搅拌桩防渗技术

在水库堤坝工程施工中，使用深层搅拌机来对水泥浆进行拌制，然后对其进行搅拌，这样能够更好地将水泥和土融合成为一体，在这个过程中也是会出现一系列的反应，在这个过程中，水泥会出现水解反应，在经过一段时间以后会最终形成墙。在水库堤坝施工中，通常是在含有沙砾和土砂层的地基中应用这种施工技术，在施工中能够更好地通过施工方法将浆液进行更好的拌和，同时也能对出现的裂缝情况进行处理，对改善岩基的整体性和防渗性非常好的。

（三）我国水利工程水库堤坝防渗施工中防渗加固的主要预防以及治理方法

1. 在水库堤坝防渗加固预防的过程中采用背水侧压的方法

当背水侧地形条件允许时，采用封闭式垂直防渗幕墙，其造价高时，采用背水侧压渗盖重，可以避免在压盖范围内出现管涌。计算出的后盖宽度很长时，可在后盖末端设减压沟（井）以缩短后盖宽度。压盖在实际应用上比较广，施工简单，堤防稳固性好，工程投资少。这种防渗加固施工技术在实际的施工中具有很多的施工形式，我们需要在实际的施工中通过现场的实际情况进行施工形式的判断和选择。

2. 在水库堤坝防渗加固预防的过程中采用垂直防渗地基的方法

目前，我国已经研究开发出了射水法、锯槽法和两钻一抓等薄墙施工技术，而垂直防渗幕墙就可以采用这些成墙技术进行施工。垂直防渗特别适用于地基透水层较薄和隔水层较浅的情况，这种情况下可以做成封闭式的防渗幕墙，以达到堤基的渗流量和扬压力得到有效的控制，从根本上根治堤基渗透的破坏。但是实践中采用封闭式的垂直防渗墙的施工难度比较大，造价也高，所以要在充分勘察的基础上经过严密的论证后才能采用。

三、水库施工中灌浆施工技术

在水库施工中，通过应用合理的灌浆施工技术，能够保证水库坝体结构更加稳定，提升水库工程的总体效益。对于水库工程中的施工人员来讲，在实际施工过程中，要结合工程结构特点，不断优化灌浆施工流程，针对灌浆施工技术应用过程中出现的问题，制定妥善的解决对策，保证灌浆施工技术得到更好的应用。鉴于此，本书主要分析灌浆施工技术在水库施工中的应用要点，从而推动我国水库工程能够更好地发展。

（一）水库施工中应用灌浆施工技术的重要意义

将灌浆施工技术应用到水库施工中，能够保证水库地层缝隙得到有效的填充，浆液压入到堆石体内部后，能够有效提升地层的密实度，保证水流得到更好的截断。灌浆施工技术主要利用压力，将浆液压入到堆石体中，在压入的过程中，堆石体周围的地层会受到一定的挤压，浆液在挤压的作用下，能够注入更加细微的缝隙当中，有效提升地层结构的稳定性。

除此之外，由于浆液具有良好的黏结作用，能够保证工程中的裂缝得到更好的黏合，进一步提升水库坝体结构的承载能力。为了保证灌浆施工技术在水库施工中得到有效应用，施工人员要结合水库坝体结构特点，不断改进原有的灌浆施工技术，保证灌浆施工材料得到有效利用。在水库工程中，由于灌浆与水泥能够产生化学反应，生成新的岩体，这种岩体结构更加稳定，能够起到良好的加固作用。

（二）灌浆施工技术在水库施工中的应用要点

1. 工程概况

某水库工程位于山区，地形条件比较复杂，该地区年降雨量较大，在夏季，降雨比较频繁，如果采取合理的施工技术，很容易出现坍塌事故，降低水库工程的总体经济性效益。该水库工程占地面积为 123650m²，由于该水库工程占地面积较大，在一定程度上增加了工程施工难度，通过运用先进的灌浆施工技术，能够保证水库坝体结构稳定性得到更好地提升，减少水资源的损耗。

2. 高压灌浆技术应用要点

在该水库工程中，主要分为两种地段，分别是填充熔岩地段与无填充熔岩地段，其中，填充物熔岩地段施工条件比较复杂，施工难度较大，水库工程中的施工人员在实际工作当中，要根据填充物熔岩结构特点，运用妥善的灌浆施工技术，进一步提升填充物熔岩结构的安全性。将高压灌浆施工技术应用到水库工程中，能够保证水库基础形成良好的网格状，不断提升地基结构的可靠性。

在应用高压灌浆施工技术的过程中，施工人员可以按照以下施工流程进行施工：首先，选择合理的钻机设备，并准确确定土层钻进点；其次，结合水泥喷射土层的破坏情况，将钻机进行合理钻进，保证泥浆与土层有效融合；最后，搅拌，将泥浆与土层进行科学搅拌，保证泥浆与土层形成良好的混合物，待该混合物凝固后，形成一定强度的柱体，保证水库地基结构更加安全。

通过合理应用高压灌浆施工技术，不仅能够提高水库地基与坝体结构的稳定性，而且能够有效减少渗水现象的发生。水库施工人员要认真按照高压灌浆施工流程进行施工，针对高压灌浆施工过程中可能遇到的问题，提前制定相应的防范对策，减少灌浆风险的发生。

3. 漏水通道灌浆技术应用要点

在水库工程中，如果出现漏水现象，会浪费大量的水资源，降低水库工程的经济效益。为了防止水库工程出现大面积漏水现象，施工人员通过运用漏水通道灌浆施工技术，能够保证水库工程中的漏水结构得到有效处理，减少水资源的浪费。在该水库工程当中，施工人员可以采用爆破方式，对漏水结构进行有效处理，有效减少水库工程漏水现象的出现。但是，应用爆破处理方法，处理成本比较高，操作难度大，因此，施工人员可以采用膜袋灌浆技术，采用尼龙材料填补水库漏水部位。

研究表明，通过应用膜袋技术，能够有效减少水库工程漏水现象的发生。由于膜袋具有良好的变形能力，耐磨性能较好，针对不同形状的水库漏洞，均能够有效填补，起到良好的防渗作用。通过合理应用漏水通道灌浆技术，能够减少水库运行通道漏水现象的发生，提升水库通道的防渗能力。

4. 大吸浆灌浆技术应用要点

一般情况下，水库施工中的岩缝灌浆时间为 2h 左右，耗灰量基本上不会超过 210kg/m，但是，在实际施工过程中，受外界环境因素的影响，地层结构的稳定性不断下降，使得灌入的泥浆很容易涌出，在一定程度上增加了灌浆难度。因此，水库工程中的施工人员可以采用低压灌浆方法进行灌浆，并结合泥浆的流动速度，严格控制泥浆的使用量，保证泥浆得到更好的凝固。

除此之外，水库工程中的施工人员在应用大吸浆灌浆技术的过程中，还要结合泥浆的凝固情况，对泥浆的配合比进行相应调整，保证泥浆能够在规定的时间内凝固。通过合理运用大吸浆灌浆技术，能够保证水库工程中的裂缝得到更好的灌注，提升水库工程结构的可靠性。在坝基灌浆施工过程当中，由于水库坝体结构比较复杂，如果灌浆速度过快，坝体结构很容易出现裂缝，如果灌浆速度过慢，则会降低灌浆质量。因此，施工人员要结合坝体裂缝宽度，运用科学的灌浆方式，并严格控制灌浆速度，有效减少灌浆裂缝的产生。

四、水库建设中的混凝土技术

（一）工艺流程

1. 碾压混凝土施工工艺流程

（1）碾压混凝土试验

碾压混凝土试验是混凝土施工工艺中非常重要的一步，这主要是通过试验了解粗骨料和细骨料分别的物理性能，了解并确定是否能够满足混凝土施工的设计要求，满足一定强度。

首先是进行碾压混凝土试验，对搅拌站的粗骨料和细骨料进行配比，确定了粗骨料的粒径以及骨料的产地、可供货量等信息，然后开展碾压实验，了解初凝时间等关键参数，从而为后续混凝土搅拌工序做好准备工作。

（2）拌制

搅拌站是混凝土施工的重要设施，搅拌站的建设也需要安装混凝土的用量和使用周期，让设计单位提前进行设计，以满足现场水库建设中混凝土的用量。而且搅拌站应该配有一种快速测定砂子含水量的装置，具有调节浑水的相应补偿功能，这种测量装置能够及时检测含水量，从而使搅拌站运行人员及时调整混凝土的相关配比参数，确保搅拌出的混凝土满足标号和强度要求。搅拌站还应当配备有相关搅拌工作经验的操作人员，并按照既定好的搅拌方案进行施工。

（3）混凝土的运输

按国家相关规范对施工现场的要求，在混凝土运输车辆进入施工场地时，应当设置清洗装置，提前清理运输车辆上的尘土和其他污垢，同时要在明显的位置设置警示标志和张贴现场车辆管理要求。做好混凝土罐车的管理，做好出入库登记，以及确定每辆车辆的运量、混凝土型号等详细内容，并要做好登记记录的有效管理和保存。运输混凝土的车辆尽量不要剧烈晃动，防止对运输的混凝土造成不利影响。

（4）却料

由于棱角较薄的骨料容易压碎，一定要在边坡的平坦地段出坡。开放方向平行于坝轴线，避免下游方向的形成可能在软弱地带的重要位置。特别是在水库的表面，有两级和三级碾压混凝土，现场施工人员应注意运输车辆的类型，在混凝土上做好标记，以避免混淆。

（5）碾压

大型振动压路机直接压在模板的外围，小振动压路机要将模板和混凝土在岸上压实。轧制方向与水流方向垂直，可以避免轧制带与渗流通道接触不良。

（6）成缝

可以采用钻孔和锤击人工挖孔，孔内填充干砂，在混凝土中产生诱导孔。在施工和设计中，保证诱导孔的位置和间距与挂线一致，并用红漆的位置对孔上的线，利于成缝。

2. 堆石混凝土的施工工艺流程

（1）舱面处理，主要是指使用水枪、钢钉等一些施工器具对仓表面进行处理，对浇注水库可以通过堆石混凝土施工分布。（2）模块支撑，可用于模板支撑、牵引式或组合式垂直模板，可根据库区周围地形合理选择，西青山谷水库采用拉式固定模板。（3）石仓，选择适当的石头，保证岩石裂缝和岩石表面的完整性；确保结石直径不太大的情况下，一般选用150mm~300mm石块，不应超过1/4施工段，不超过1/2的结构厚度；确保泥浆石量不得超过0.5%，泥石必然要进行大冲洗量，确保石块的干净，能够与水泥保证紧密结合。（4）混凝土的生产、运输和浇筑。使用混合设备生产SCC材料后，需要RFC的位置。在施工过程中，要确定抽槽、提升机、反铲、浇注等方式和步骤。其中，泵送方式最为常见，泵可送至0m，且成本较低；天泵更灵活，活动范围更大。（5）混凝土养护。堆石混凝土一定要进行定期养护，以保持混凝土表面的温度，以保证水库建设的质量。

2 施工特点对比

（二）碾压混凝土的施工特点

1. 单位耗水量和水泥用量相对较小，含砂量大，没有流动性，密实性较好，具有较高的强度，辊式压实机可在其表面行走，而不会破坏混凝土的整体性和质量。

2. 在碾压混凝土施工过程中，将大型水库的薄层布置与地表自然结合，可以简化人工降温措施，也能起到了混凝土降温的作用，大大减少了施工工期。

3. 堆石混凝土的技术特点

（1）低用量、低水化热。在混凝土施工时，将堆石和其他矿渣等材料一起加入混凝土，这能够使得混凝土的用量大大减少，从而使混凝土中的水泥用量也将大大减少。

（2）性能好。堆石混凝土的本身固有的性能能够使水库具有很高的稳定性，运行安全性更高，质量标准更高，大大增强了水库的抵抗自然灾害和人为破坏的能力。

（3）抗剪性强。堆石混凝土使用了大量的天然石块加入混凝土，由于天然石块的抗剪性较强，因此使得混凝土具有非常强的抗剪性，从而保证了水库整体的抗剪性提高。

（4）密实度高。堆石混凝土使用了大量的石块，而且在石块之间加入足够的混凝土，确保不存在空隙。由于石块是天然形成的，它本身的密实度就很高，只是中间夹杂了少量的混凝土，因此使得整个堆石混凝土的密实性比常规混凝土的密实性高很多，也满足了水库的质量保证和设计要求。

（三）技术应用过程中需要注意的问题

水库施工过程中，虽然施工技术已经比较成熟，但仍然会存在施工质量差、管理水平差、对外通信不畅通等实际问题。因此，水库施工应当做好以下几个方面：

1. 提高施工质量：质量是施工永远的话题，加强质量管理不是一朝一夕能够实现的，应对加强对施工每个环节的质量控制，在细节上入手，加强质量管理是提高施工质量的有力保障，没有质量，就没有安全，同时也要加强对施工人员质量意识的学习，确保施工质量安全。

2. 提高管理水平：提高管理水平可以从组织机构、计划控制、投资控制等方面重点管理。建立合理有效的管理组织机构，能够减少人力资源成本，缩短审批手续和流程，能够直接实现领导者思想；制订合理科学的施工计划，不能无限度地延长施工时间，更不能不考虑质量安全而大幅度压缩工期；提前做好投资预算，保障资金及时到位，工程能够如期完成。

3. 保障对外通信：因为水库位置一般都比较偏远，通信不方便，应该加强通信方面的保障设施，可以考虑提前修建通信设施，确保与相关单位的通信畅通，当施工中出现问题时能够及时与相关单位或政府部门取得联系，保证施工正常运行。

五、水库施工体系质量控制

（一）水利水库施工质量影响因素及主要施工环节

1. 施工人员是水利水库施工的重要影响因素，通过提升施工人员的工作素质，有利于提升水库施工的工作效益。为了解决水库施工问题，必须提升水库施工人员技术水平，从而增强水库工程的整体质量。

通过健全施工材料及设备体系，有利于为水库施工提供一个良好的客观环节。材料模块是水库施工的重要组成环节，材料质量与水库施工质量密切相关。在水库实际施工过程中，材料模块主要包括半成品材料、原材料等。施工机械是水库施工的重要设备基础，施工机械设备质量对工程施工进度的影响广泛而深远，为了提升水库工程的整体施工质量，必须分阶段进行施工设备的应用，从而实现工程各个环节施工质量的提升。

水库工程属于隐蔽性工程，水库工程体系具备较难的工程系数，通过对施工监测环节的优化，有利于预防水库工程事故。施工监测模块是施工质量控制的重要模块。施工工序的差异性与水库施工进度密切相关。

2. 受到水利工程复杂性的影响，水库工程具备较差的施工环境，如果施工环境过于恶劣，则会严重影响到水库施工进度，环境因素主要涉及施工环境因素、水文环境因素、地质工程因素等，水库工程涉及的种类较多，施工程序过于复杂，需要具备较高的技术管理水平。

（二）水利水库施工控制方案的优化

1. 为了提升水库施工的整体质量，必须进行水库工程各个影响因素的分析，实现新型施工技术的应用，确保施工工程质量的改善，确保水利水库工程的健康可持续运作。在水库工程施工过程中，施工人员素质是重要的工程质量影响因素，施工人员承担着重要的施工及管理任务，这些影响因素与工程施工质量密切相关，通过对专业性水库施工队伍的建设，有利于提升水库施工的整体质量。在工程实践中，需要根据实践规模、工程性质、工程条件、施工人员素质等进行综合性分析。

在施工队伍建设过程中，进行施工人员技术水平及综合能力的提升是必要的，这需要遵循相关的水利施工原则，需要切实提升施工专业人员的技术素质，施工技术人员需要具备良好的从业资格。在工程监理单位的选择过程中，需要重点考虑监理单位的人员结构、监理单位资质等因素。

2. 施工材料是水库施工质量的重要保证，为了提升水库工程质量，必须要做好材料的筛选工作，必须遵循择优选取的原则，尽量选择本地材料。在材料进厂过程中，需要做好质量的检验工作，禁止不合格材料的使用。在施工材料质量控制阶段，需要做好材料监理工作，一旦出现进场材料问题，必须做好重新检验工作。

在材料质量监测过程中，监理方及承包方需要做好工作上的协调工作，如果出现差异较大的检验结果，需要及时做好施工材料的检验及补验工作，在这个过程中，如果承包单位不进行复验，则需要委托相关机构进行材料的检验工作。

在工程施工阶段，监理单位一旦发现承包方使用不合格材料，需要根据规定引导承包方进行施工整改工作。在工程施工过程中，粗集料是重要的应用材料，这需要按照材料标准进行施工环节的优化。通过对水库机械设备的合理性使用，有利于提升水库工程整体质量。这需要遵循工程施工的技术规范要求，进行水库工程施工结构的优化，进行水库机械设备综合性能的检验，优化工程施工方法，落实好工程施工的组织及管理工作。

水库施工设备的使用，需要具备性价比的原则，简单来说，施工设备并非越贵越好，也并非越紧密越好，施工机械设备的使用需要遵循因地制宜的原则，需要根据施工设备，进行适宜性施工设备的原则。水库设备需要遵循基本的施工规范原则。

为了确保水库工程的按期完成，监理单位需要落实好自身的工作责任，及时监督承包者按时完成工作任务，做好施工阶段的质量监督工作，做好施工设备的组织进场工作。这需要监理单位进行施工投标文件的审查工作，确保机械设备的及时进场工作，做好施工设备的评定及认可工作，避免不符合工程要求的材料及机械入场，一旦发现进场机械及材料不符合工程约定标准，需要承包者及时进行施工材料及设备的更换。随着施工时间的逐渐积累，机械设备会出现一系列的小故障问题，这需要监理人员做好督导工作，确保施工检修环节、维护环节的协调，满足水库施工的要求。

3. 在水库施工过程中，施工机械难免会出现损耗问题，如果损耗问题到达一定程度，就需要做好机械设备的检修及维护工作，这需要落实好施工机械设备的进场环节，做好设备资格鉴定及检修维护记录工作，得到监理机构的认可后，再做好材料的入场工作。在施工环节中，每一位施工人员需要认真负责所操作的机械设备，需要严格遵循施工制度规范，落实好自身的工作责任，规范好自身的工作行为。

水库工程属于隐蔽性工程，通过对施工监测效益的提升，有利于增强水库施工的整体安全系数，有利于水库整体施工质量的提升。在水库工程的监测过程中，需要建立健全相关的质量管理制度，监测部门，需要深入分析水库工程的施工难度、特点、质量目标及工作量，需要提升管理人员的质量保证意识，确保水库施工质量的整体性提升。

工程主任是水利质量控制活动的整体责任人，主任的主要工作职责是进行全水库项目的整体化质量管理及安全控制，进行技术实施方案的制定，制订相应的工作计划、成本计划，确保工程质量及安全效益的提升。在水库施工组织项目的工作过程中，落实好组织成果检验工作是必要的，这需要引起相关质量管理部门的重视，做好组织技术报告的编写工作，做好建设成果信息的归档工作，及时进行项目进展信息表的填表。

4.为了提升水库施工效益，需要进行监测人员质量意识的提升，按照质量管理观念，落实好施工质量控制工作。这需要进行监测人员综合素质的优化，树立质量管理意识，本着人性化的管理理念，进行水库工程整体质量管理效率的提升。施工方案与水库施工密切相关，不同的施工方案、施工技术产生的施工效益是不同的。为了确保水库工程质量的整体性提升，必须因地制宜地开展水库施工质量控制工作。这需要根据施工环境的水文因素、地质因素、施工技术要素等进行分析，进行科学化施工方案的选择，做好施工工艺的控制工作，进行施工各个步骤的质量控制，满足水库施工整体性工作的要求。

在水库施工过程中，自然环境及施工环境是施工环境的重要组成部分。施工环境主要包括施工水利条件，水运通航条件等，施工环境与水库施工水平密切相关，为了提升水库施工质量，必须健全施工准备体系，做好施工检测工作，实现考察分析工作效率的提升，实现对施工环境的有效性控制，进行合理性施工方案的选择，针对各种工程问题，进行紧急预案的制定，实现对施工进度的有效性控制，切实提升工程质量。

六、水库施工监理质量和进度控制

（一）水库工程施工中的质量监理

工程的施工阶段是最终实现工程设计的意图，完成工程实体的阶段，同时也是最终形成水库工程产品质量的决定阶段。因此，在施工阶段监理工作中的质量控制，是水库施工监理工作的重要内容，也是水库工程质量控制的关键阶段。监理人员在水库施工监理过程中对施工质量进行控制，就是根据合同中赋予的权利，对影响水库施工质量的众多因素进行管理，对水库工程的施工实行有效地管理和监督。

1.施工准备阶段的质量控制

在水库工程施工前，工程监理单位必须对承包单位现场施工管理机构的技术管理体系、质量保证体系、质量管理体系进行严格审查，确保在施工的过程中可以对水库工程的施工质量进行及时签认。对直接影响水库工程质量的施工设备和机械，要对承包单位出示的技术性能报告进行严格的审核，如果有达不到质量标准的必须立即更换，不能在水库工程施工中使用。必须要求承包单位提供在水库施工将要使用到的计量器和机器具的权威检测部门的鉴定证明，同时保证其有效期限。必须要求承包单位上报进场工程材料、设备和构配件的报审表及提供进场质量检验记录和质量证明资料，并对其进行审核签认。同时还要按照相关工程质量管理文件规定，和委托监理合同约定对进场的实物根据一定的比例采用见证取样或者平行检验方式进行抽检。项目监理人员验收不合格或者未经验收的工程设备、材料和构配件等必须拒绝签认，同时签发书面的监理通知单，通知承包单位必须把不合格的设备、构配件和工程材料在限期内撤出施工现场。项目监理部在设计图纸会审前，应该安排监理人员对设计文件及相关图纸进行详细熟悉。如果发现图纸中存在设计问题，应通过建设单位向设计单位提出书面建议和意见。图纸会审时，工程监理人员要认真参加，同时对会议的记录（纪要）现场进行签认。

2. 施工过程中的质量控制

在水库工程施工阶段，质量监理工作应以事前预防为辅、动态控制为主的管理办法。工作的重点是三个环节：事先指导，事中检查以及事后验收。一切以书面为根据，一切以数据说话，抓好提前预控工作。应该主动的从预控角度去发现问题，对关键工序和重点部位实行动态控制。在水库施工监理工作中，严格控制"重点部位"的质量，对水库工程施工实现全方位和全过程的质量监控，从而对水库工程的施工质量实现有效的全面质量控制。工程监理单位必须对承包单位的重要的原材料、半成品配件和计量设备的技术情况等这些直接影响工程质量因素定期检查。根据规定组织试验和检验，对各项隐蔽工程、重要的分项和分部工程，进行旁站检查验收和监理。对新技术、新工艺和新材料的现场评定（试验）报告进行审核，审查通过后经过签认后，才能在施工中使用。在施工过程中，如果承包单位调整、变动和补充已批准的施工组织设计时，必须要经过经监理工程师的审查，同时项目监理部要进行书面签认。对工程变更项目监理部进行处理时，如果是设计单位因为原设计存在缺陷而主张变更工程设计，应该提供详细的设计变更文件。如果是承包单位或者建设单位对工程提出变更，首先要提交给工程监理部，由工程监理部的监理工程师进行审查，通过审查后，设计单位以前的编制设计文件由建设单位转交。工程监理部应该主持召开定期的工地例会，分析和检查水库施工质量情况，并针对发现的质量问题提出改进措施，做出详细的会议纪要，并让与会各方代表在会议文件上签字。

3. 施工竣工验收阶段质量控制

工程监理部应根据国家标准（现行）《工程施工质量验收规范》中规定的质量评定办法和标准，对已完成的单位工程、分项、分部工程进行检查和验收。监理工程师要仔细地对承包单位提供的工程质量验评资料进行现场检查和审核，合格后才能签认。如果分项（电器、设备调试等）有使用要求，必须经过检测、运转或试验后，才能进行检查验收（评定）。工程监理部要组织监理人员审核和现场检查承包单位提供的单位工程质量验评和分项（检验批）工程资料，达到标准才能签认。同时监理部门要督促承包单位整编好竣工资料，对承包单位提交的工程质量报告和竣工资料进行审查。如果内业资料和工程质量存在问题，必须及时地提出整改要求，在完成整改后才能签署竣工报验。

（二）施工进度的控制

控制水库工程进度的目标是在合同工期内完成施工。监理施工进度的主要职责是实行有效的监理措施协助投资方对水库工程进度进行动态控制，以确保合同工期内完成工程建设。由于水库工程规模较大，因此要把工程的各标段、各部分衔接为有机的一个整体，保证整体工程工期目标的实现，不能只是简单的考虑部分工程的工期。因此，在工程管理合同中必须明确地指出这一问题，妥善处理好工期目标与费用目标、质量目标的总体关系。在实际工作中监理工程师必须把握好这一原则，对与本标段密切联系的其他标段施工进度的控制情境进行充分的考虑，从而实现整体投资效益。

监理方代表必须认真监督施工单位是否遵守合同工期组织施工，严格检查施工单位是否依照施工组织设计施工，对于检查中发现的问题必须及时提出并要求施工单位进行整改。如果施工单位根据施工设计进行施工，无法在合同规定的工期内完成所规定的部分，应及时的根据实际情况适当调整工程施工进度计划或要求施工单位加人加班完成施工进度，确保按时完工。要在施工合同中，订立详细的奖惩制度条款。从而可以保证对施工中的质量以及工期情况进行有效的管理。借助奖惩手段监理方代表可以把施工单位的积极性充分地调动起来，确保施工的良好质量以及适当的施工进度。

施工监理工作中的质量和进度控制，在工程施工监理工作中占有十分重要的地位。虽然我国的施工监理工作有了很大的发展，但我国施工监理起步较晚，特别是水库工程监理工作仍很不成熟，运作水平较低。同时由于我国的监理人员的理论水平和现场施工管理经验以及综合素质水平不高，因此在水库工程施工监理中面临着较大的工作难度。随着我国建设监理水平的不断提高，建设监理队伍素质的加强，水库施工监理中的质量和进度控制也会逐渐地趋于成熟和完善。

第三章　挡水建筑物施工

第一节　重力坝

一、重力坝的工作特点和类型

我国在公元以前就开始修建重力坝，前人积累了不少的经验。中华人民共和国建立以来，由于水利水电建设的蓬勃发展，修建了大量的混凝土或浆砌石重力坝，对重力坝的设计理论、模型试验研究、坝型革新和施工技术等方面都有所创新、有所发展。

重力坝的最主要缺点是由于利用本身重量维持稳定而致坝身庞大，耗用材料较多而材料的强度又未得到充分地利用。因而，在原来实体重力坝的基础上出现了一些改进的坝型，如宽缝重力坝、空腹重力坝和梯形重力坝等等。

重力坝的工作特点是由它的工作情况和工作条件决定的，设计施工中必须针对这些特点对可能遇到的各种问题做出正确的判断，并采取有效的措施做出认真的处理。

重力坝通常分成许多类型，一般按坝的高度、筑坝材料和泄水条件来分类，有的类型则是针对它的某些工作特点在断面结构上逐渐改善发展起来的。

（一）重力坝的工作特点

重力坝最主要的工作特点，是利用本身自重的作用来维持坝身的稳定。这样，坝体的断面必然较大，而坝内的应力则较低。即耗用较多的工程材料，而材料的强度又未得到充分的利用，成为重力坝的主要缺点。为此，对混凝土重力坝可以分区采用不同标号的混凝土或埋放大块石，对砌石重力坝也可分区采用不同标号的砂浆或采取其他措施，以降低单位水泥用量。另一方面，由于重力坝断面尺寸大、应力低且分布较均匀、与基岩的接触面积大，对于抵抗长期渗漏、意外荷载、震动或战争中的破坏，其安全性较高；由于坝基础面上的压应力不高，对地基的要求可以比轻型坝为低；施工上有利于采用机械化，放样、立模、浇捣砌筑也都比较简单。

重力坝的另一工作特点，是作用有较大的基础扬压力。重力坝挡水时，上下游水位存在着水位差，库内的水通过坝基和两岸坝头的岩层裂隙向下游渗透，形成了基础扬压力，它包括水头差引起的。渗透压力和下游水位引起的浮托力。由于重力坝与地基的接触面积大，作用的扬压力也较大，而扬压力是向上作用的，会抵销坝体的一部分重量，使坝体材料的自重得不到充分的利用。为此，要采取防渗、排水等各种可靠措施，来削弱扬压力的作用。另外，坝体内也有渗流，水从上游坝面渗入，在某一截面上产生的渗透压力对坝的稳定和应力将产生不利影响。对于混凝土重力坝而言，如果混凝土浇筑密实并在坝内设置排水管，问题是不大的；对于砌石重力坝，则由于块石的棱角多，块石间的空隙也不易为砂浆填满，库水渗入坝体产生扬压力并将溶蚀坝体材料，必须采取有效的坝面防渗措施和坝体排水设备。

重力坝的自重很大，它本身的重量加上所承受的水压力和其他荷载，最终要通过坝体传给地基。虽然基础面上的压应力不高，与其他混凝土轻型坝相比可适应更多不同的地质情况，但多数重力坝仍要建在岩基上，并应对地基进行认真有效的处理，保证基岩有适当的抗压和抗剪强度。

混凝土重力坝由于坝身体积庞大，各层混凝土的浇筑有先后，在同一时间内温度变化不均匀，加上气温的变化以及受到基岩和自身约束的影响，将产生温度应力。当温度应力超过混凝土的抗裂能力时，坝体就会产生温度裂缝，破坏坝体的整体性、防渗性和耐久性。因此，施工期的温度控制问题是很重要的，对于高度和规模较大的坝更应予以高度的重视。

（二）重力坝主要工程地质问题

1. 软弱结构面及其力学参数

岩体是岩石与结构面的结合体，结构面力学性质较差，是决定岩体结构类型、岩体质量、变形、透水性以及岩体稳定性的主要因素。其中软弱结构面和软弱夹层由于力学强度低，影响水工建筑物整体稳定、变形稳定及渗透稳定，因此要查明结构面及软弱夹层的分布、连通性、厚度、性状、起伏差、分带、上下游岩体的完整性，检测其强度、变形和渗透性参数等。不同类型的结构面及软弱夹层，工程性状有明显差别。

2. 坝基岩体工程地质分类

坝基岩体工程地质分类主要适用于高混凝土重力坝，用于评价坝基岩体的变形和抗滑稳定性能。坝基岩体工程地质分类对准确把握坝基岩体工程特性、合理选取岩体物理力学参数、客观评价坝基岩体稳定安全性以及对坝基开挖和地基处理设计等方面都起到了主要的指导作用。

3. 抗滑稳定性分析及安全评价

坝基抗滑稳定性是指大坝在各种设计工况下抵抗发生剪切破坏的可靠性，是重力坝的主要问题之一。由于坝基岩体地质结构不同，其滑动模式可归纳为 3 种类型：表面滑动、浅层滑动和深层滑动。具体到某一座大坝，哪一类型滑动模式最危险、起控制作用的，则要结合工程的具体地质条件来判断，通过计算分析加以确定。

4. 建基面选择

建基面位置的选择，应该考虑在经济可行的地基处理以后，能够满足大坝对地基的基本要求，即具有足够的力学强度、足够的抗滑稳定安全性、足够的抗变形性能和良好的抗渗性能，并有足够的耐久性，防止岩体性质在高压水的长期作用下发生恶化。就地质而言，影响建基面选择的主要因素包括岩性、岩体结构、岩体完整性、岩体风化和卸荷特征、水文地质条件和地应力等。

（三）重力坝的类型

重力坝通常根据坝的高度、筑坝材料、泄水条件和断面的结构形式来进行分类。

1.按坝的高度分类

重力坝按坝的高度，分为低坝、中坝、高坝三类。坝高 < 30m 的为低坝，坝高 30~70m 的为中坝，坝高 > 70m 的为高坝。坝高系指同一坝段的坝基最低面（不包括局部深槽或井、洞的最低面）至坝顶路面的高度。坝的高度越大，对设计和施工的要求也越高。因此，高坝和中、低坝的设计内容、要求不一定是相同的，某些问题在低坝中可能无关紧要，而高坝设计中却成为关键问题。

2.按筑坝材料分类

根据坝体的筑坝材料，分为混凝土重力坝和砌石重力坝。对于重要的和较高的重力坝，大都用混凝土建造。砌石重力坝的水泥用量少，砌石技术容易掌握，可用人工和简易机械施工，在我国的中小型工程中仍然被广泛采用。

我国目前已建成的刘家峡混凝土重力坝，坝高 148m；河南省辉县石门砌石重力坝，坝高 90.50m。国外已建成的最高混凝土重力坝为瑞士的大狄克桑斯坝，坝高 285m；最高的砌石重力坝为印度的纳加琼纳萨格坝，坝高 125m。

3.按泄水条件分类

重力坝顶部是否溢流，分为溢流重力坝与非溢流重力坝。一座重力坝往往是一段坝顶溢流，其余坝段不溢流，对溢流部分称为溢流坝段，不溢流部分则称为挡水坝段。

重力坝的断面大，创造了坝顶溢流的条件，也有利于坝内设置泄水管道，从而可以减少整个枢纽工程的工程量和造价。因此，不利用坝身泄水而另作溢洪道或放水设备的做法是少见的。如果坝身的过水能力不足时，则可以设置其他的泄水设备来辅助泄放洪水。

4.按断面结构分类

针对重力坝的某些工作特点，为了改善其工作条件，对坝体的断面结构作了一些改变，而发展成为宽缝重力坝、空腹重力坝、梯形重力坝，对原始的重力坝则称为实体重力坝。

国内一些地区还发展了硬壳坝、填碴坝等坝型，前者是用干砌石或堆石代替实体重力坝内低应力部分的坝体，外包以浆砌块石或条石、混凝土的硬壳，后者的作用原理与前者相同，在坝内留有宽缝或空格供填碴之用。

国内较高的宽缝重力坝，如新安江、丹江口分别高 105m、97m，较高的空腹重力坝，如枫树石泉、上犹江等分别高 93.30m、65m、67.50m，湖南镇梯形重力坝坝高 128m。目前硬壳坝的坝高大都在 25m 以下，可以坝顶溢流，单宽流量一般在 $10 \sim 15 m^3/s$ 范围内，湖南省麻阳县黄土溪砌石宽缝填碴坝，坝高 35.50m，缝宽 5m，内填河床砂砾石或石碴，坝体上游面及溢流面均用混凝土衬砌，据与实体坝比较，约可节省劳动力7%，降低造价5%，河北省滦县小龙潭砌石框架式填碴坝，坝高34.60m，上游面为浆砌块石，中间浇筑一层混凝土防渗墙，下游部分为浆砌石框架，内填河床砂卵石。

二、重力坝施工的地基处理

（一）当前重力坝施工中地基处理的问题分析

1.裂隙密集的问题

重力坝施工中受到地质的影响，不同地质的施工要求也有所不同，尤其是对地基的处理必须结合实际施工地质条件进行。但当前一些重力坝施工地基处理过程中经常遇见混合岩、变质岩、火成岩等地质带，多种产状的裂隙交汇，从而形成裂隙密集带，尤其是一些易碎裂、镶嵌碎裂结构的存在，使得地基岩体的完整性很差，透水性较强，在这类地质带下进行地基处理本身就存在一定的难度，如果处理稍有不合理势必会影响地基的整体施工质量。

2.断层破碎带处理问题

在断层破碎带处理过程中主要注意渗透稳定问题、坝基抗滑稳定问题等。渗透稳定性问题主要是土质结构以颗粒结构存在，很容易形成集中渗漏带，对重力坝地基的稳定性造成很大的影响。而坝基抗滑稳定问题主要是因坝基下存在缓倾角断层破碎带，缓倾角软弱夹层一样，不管其倾向上游或下游，与其他结构面组合，均能构成对深层抗滑稳定有不利影响的楔形块体的组合边界条件，从而影响到地基抗滑的稳定性。

（二）重力坝施工的地基处理要领分析

1.利用混凝土材料实施有效的处理

经大量的实践研究发现，重力坝施工过程中，地基处理如果不得当的话，将会对重力坝的稳定性、安全性构成极大的影响，因此，应做好重力坝地基处理工作。混凝土材料是重力坝施工中地基处理的主要应用材料之一，主要包括混凝土塞、混凝土拱、混凝土垫层等。其中混凝土塞的应用主要是在施工过程中，沿着断层破碎带挖出标准深度的倒梯形槽，并严格按照施工要求清楚软弱结构岩以及两侧破碎的岩体等，然后再将预先拌制好的混凝土材料回填到槽中，并且将坝体荷载传送至两岸的基岩上，在整个过程中混凝土起到一个传输荷载介质的作用。为了进一步提升重力坝地基的承载能力，不仅要在坝基内应用混凝土塞，同时应对顺河向的软弱带依照上下游的方向伸出坝外，以此达到提升重力坝地基的承载力。

重力坝地基处理中，如果遇到宽断层破碎带的话，应重点对其进行处理。可以利用混凝土拱对地基混凝土垫层进行合理的处理，实现将坝体应力传送至完整的岩体上，避免应力对地基的破坏，同时可以有效避免断层破碎而出现地基压缩变形的现象，进一步保证重力坝地基的稳定性和安全性。如果是在断层密集带施工的话，应考虑到重力坝地基承载力的要求，及时利用混凝土材料施工，并配合钢筋材料浇筑钢筋混凝土垫层，达到改善重力坝地基应力条件，为地基的稳定安全运行提供一定的保障。

2. 固结灌浆处理措施

地基是重力坝的基础，一旦地基出现问题整个重力坝将失去其作用，甚至会带来很多负面的影响。综合以往的研究发现，重力坝地基施工是最容易发生问题的环节，因此，要保证重力坝施工的可靠性，则必须保证重力坝地基施工的可靠性，应及时根据重力坝地基地质条件，对其采取有效的处理措施。以上所提到的混凝土材料应用是重力坝地基施工处理较为常用的处理方式之一，当然，地基处理方式不仅这一种，固结灌浆也是重力坝地基施工处理的主要方式之一，尤其是近些年在重力坝地基施工中更是被广泛应用，其应用效果较好。

所谓固结灌浆，主要是通过压力的调整将水泥浆液或化学固化材料等灌注到存在缺陷的地质部位，例如，软弱夹层、裂隙密集带、断层破碎带、深风化槽等，是一种加固大坝基础的主要措施。固结灌浆在重力坝地基施工处理中的应用，能够保障地基的完整性，同时对减少重力坝地基沉陷以及提高岩体弹性模量等有着重大作用，尤其是将其应用在防渗帷幕前，可以有效提高重力坝地基浅层的抗渗性，有效增强帷幕的防渗性，对延长重力坝地基的使用寿命以及其性能有着重大意义。

3. 明挖、洞挖的地基处理措施

除了以上所提到的几种处理措施之外，还应重视重力坝地基施工的明挖、洞挖处理措施。通常在重力坝地基明挖施工中，要求施工人员结合缓倾角软弱夹层的埋藏深浅的分析来对其进行适当的处理，如果埋藏较浅的情况下，应将其全部挖除，为保证明挖施工的顺利进行打下基础，更有利于提高重力坝地基施工质量。另外，在重力坝地基洞挖过程中，要求施工人员应以缓倾角软弱夹层倾向作为参考标准，并在掌握平洞数量的基础上，再对其进行妥善布置和处理，保证施工中平洞保持纵横交错的状态，对提高重力坝地基荷载能力有着极大作用。另外，在洞挖施工完成之后，应做好后期的维护保养处理措施，如，将部分夹层挖出，并利用混凝土材料回填对其进行妥善处理，使其形成混凝土抗滑键，为地基后期的固结灌浆以及基础灌浆等方面的施工提供一定的便利条件，更能够保障重力坝平洞部位有着较高的摩擦系数，满足重力坝地基处理标准，从而保证重力坝地基的稳定性，延长其使用寿命。

第二节　土石坝

近年来，随着各地水利工程建设的不断深入，土石坝施工技术以其取材方便和结构简单以及成本较低的优点，在水利工程中被广泛地应用。随着我国工程机械技术水平的不断发展，在土石坝工程施工中引入了大型的机械设备，可将土石坝的防渗结构进行有效的优化，更加快了这项技术的不断完善和进步。采用土石坝施工技术，既可以提高施工速度，又可保证施工质量，且明显降低施工费用，对于水利工程的发展具有很大的促进作用。对土石坝施工技术进行更加深入的研究，有利于改进和完善土石坝施工技术，加快水利工程研究成果在水利建设中的应用，促进我国水利工程事业的快速发展。

一、土石坝施工的内涵

水利工程土石坝施工技术是在施工现场利用泥土和石料等原材料，利用抛填和碾压等各种方式，将挡水坝进行构建，这项施工技术可以有效地提高水利工程防渗结构的质量。施工单位在土石坝具体的施工过程中，对于土石坝的具体种类和优缺点要进行勘察了解，这样才可以以料场的规划和布置为基础，将土石料的加工和建筑施工的具体工作更好地完成。并且有可能在整体的施工过程中，将水利工程的土石坝施工技术进行改进和完善，提升土石坝施工技术水平。

从土石坝发挥作用的角度来看，施工单位在具体的水利工程中利用土石坝施工技术与其他的技术相比，突出特点是这项技术比较方便，而且可以在很大程度上节省建筑原材料，可以将运输成本有效地减少，还可以缩短水利工程的建设工期，保证工程质量。另一方面，土石坝本身结构比较简单，施工单位可以对其随时进行修建和扩建；土石坝具有较强的适应性，而且土石坝施工对地质条件没有太多的要求，土石坝施工技术因为其技术简单和施工工序少，因此，对于施工机械设备的要求标准并不高，而且在工程竣工后，土石坝工程也不容易发生变形，工程质量相对可靠。

由此可见，由于土石坝工程所具有的优点和优势，使得土石坝施工技术在水利工程中得到了广泛的应用。但是，从土石坝的结构性状上来看，由于土石坝的建筑材料主要是泥土和石料，很容易受到外界自然气候和天气所带来的影响，比如，土石坝的顶部没有溢洪的功能，而且水利工程的施工导流也不方便。鉴于此，水利工程在进行土石坝的施工过程中，应该将土石坝的优点和缺点进行综合考虑，统筹兼顾，扬长避短，对于土石坝自身的缺陷要采取合理的防范措施，确保水利工程的整体施工质量。

二、土石坝施工技术发展

土石坝施工技术的发展与土石坝设计理论、土石坝施工机械（具）、施工管理理论的发展密切相关的。早期土石坝的施工，一直沿用经验性土石坝设计、原始的人力组织及简易工具的施工方式。工业革命尤其是振动碾压设备的出现，带来了土石坝施工技术的革命性进步，使土石坝施工技术得到了迅猛的发展，也使得碾压式土石坝、面板堆石坝的发展成为主流。世界土石坝发展的高峰出现在 20 世纪 60、70 年代。这与振动碾的发明、生产、投放市场、开始使用等发展历程相一致；也与固结理论、击实原理、有效应力原理等的形成，以及运输方式、原位测试、地基防渗、施工工艺、水文学等应用密不可分。尤其是计算机网络技术、信息传输技术、全球卫星定位系统的发展，使得当代土石坝施工技术的发展产生了质的飞跃。

（一）土石坝综合施工技术

土石坝（碾压式土石坝、面板堆石坝）典型的施工流程都包括有：坝肩开挖与处理、施工导截流、坝基开挖与处理、料场复勘、料场开采规划、开采和加工、道路规划与设备选型、坝面作业规划、质量检测、变形观测等，形成了通用的综合施工技术。

1. 施工导流及高围堰快速施工技术

高围堰方案可大为减少导流隧道的规模、数量，缩短施工准备工期。其快速施工决定了能否在一个水文枯水期内完成从截流、深覆盖防渗墙施工到围堰加高、汛期挡水的工作，包含了截流时机的选择、防渗墙的施工、高围堰结构形式及施工资源配置、施工快速组织等。目前的高围堰相当于一座中型土石坝，如糯扎渡围堰高84m，江坪河围堰高83.4m，长河坝围堰高53.5m。在结构形式上，糯扎渡及江坪河都采用土工膜斜墙防渗，长河坝采用土工膜心墙防渗，土工膜采用机械化、标准化连接，快速检测以利于快速施工。

当高围堰施工经济性较差，过水风险可接受时，堆石坝采用土石过水围堰也是一种较好的选择方案。土石过水围堰挡水与过水标准、围堰结构与过流防护形式、消能保护等是土石过水围堰应重点考虑的关键因素。

2. 深覆盖层防渗墙及帷幕的地基处理

我国西部地区河流较多分布着深厚覆盖层，优先选用土石坝坝型可充分发挥其散粒结构适应变形能力强的特点。深厚覆盖层混凝土防渗墙施工设备除常用的冲击钻外，冲击反循环钻、抓斗挖槽机、液压铣槽机等先进设备得到推广应用。采用先进的清孔工艺、墙段接头技术，发展了纯钻法、钻抓法、纯抓法、铣抓法等造孔、出渣、泥浆处理以及拔管连接、双反弧边接、平板式接头等墙段连接工艺。深厚覆盖层上墙下幕防渗处理方法，充分发挥了两种方法的优势，使地基处理深度得到延伸。预灌浓浆和高压喷射灌浆也成为解决复杂地层漏浆塌孔的有力措施。深孔帷幕灌浆技术、深厚覆盖层振冲技术都在深覆盖层地基处理中得到了应用。

目前，154m防渗墙、190~201m深孔帷幕都是在原常规施工机具基础上加以改进达到的。国内旁多大坝防渗墙154m，试验段已达到201m深度；下坂地大坝防渗帷幕孔150m，秀山隘口水库防渗帷幕190~201m。

3. 合理的料源规划及土石方平衡

大型土石坝更注重料源规划和利用。科学合理规划料场、减少植被破坏，充分利用其他建筑物弃渣料及中转回采，并合理使用和分区规划含水率、含砾量、黏粒含量等物理力学指标不同的料场，使开采、运输更加安全、均衡、经济、合理。

防渗土料的拓展研究，已取得了许多工程的经验。多成因的砾石土料、土状、碎块状全风化或部分强风化土料的应用都具有工程实践。堆石料多元化应用研究方面，建筑物开挖料利用、河滩砂砾石料利用等已有许多建造工程经验。

土石坝筑坝材料的用量很大，一般是混凝土重力坝的4~6倍，少则数百万方，多则上千万甚至上亿米。料场的合理规划与使用，也是土石坝施工经济性的重要保证。土石方平衡研究方面也在设计层面进行了相关研究，施工过程中全工程范围内的土石方平衡还有待进一步协调。

4. 配套成龙的施工机械设备

施工机械的配套选型已从经验选型走向科学选型。以计算技术为基础的层次结构模型和配套评价指标体系正逐步得到应用。主导机械与辅助机械相互配套更加合理。国内的施工机械多选用挖掘机或装载机挖装、自卸汽车运输、推土机平料、振动碾压的机械化一条龙施工方式，也有工程采用皮带机运输砾石土料。

5. 广泛采用大型、重型设备

高土石坝施工具有坝体体积庞大、底部横向宽度长、一枯度汛填筑强度大、料场初期出料能力低的特点。选择重型、大型设备可在最短时间内完成施工节点任务，能以较低的费用获得最大生产率，以最好的质量、较快地完成工程建设，为提前蓄水发电奠定基础。

我国现普遍使用 20t、26t 的单钢轮振动碾。目前，陕西中大机械集团、三一集团都研制成功了 32t 单钢轮振动碾压设备，已有工程成功运用案例。有的工程对冲击碾压设备进行了碾压试验研究，如洪家渡、江坪河面板堆石坝堆石体冲击碾压，瀑布沟也进行了砾石土心墙的冲击碾压试验。

重型振动设备的使用，提高了各种坝料的压实度，加快了填筑速度，使得工期更短，施工效率更高。

6. 注重机械设备的维修与保养

机械化施工的优点是充分发挥了机械的效率；而机械设备的完好率是效率保证的前提，定期检修、及时修理又是设备完好率的保证。注重设备管理，定期进厂检修、设置流动服务车、自动化检测设备、充分的备件（一般达设备原值的30%），可确保施工机械完好率和施工机械日利用时间。

7. 科学的循环流水作业

流水作业是一种科学的施工组织方法。土石坝填筑施工按照流水作业组织施工，从料场规划到坝面作业，以钻孔、爆破、挖运以及铺料、洒水、碾压、待检等工序分区进行作业场地规划，使整个施工作业形成循环流水作业线，使得整体效率发挥最佳。

8. 基于 GPS 的数字化大坝系统

以糯扎渡、长河坝水电站大坝工程为代表的基于 GPS 的数字化大坝填筑监控系统，按设定的参数对施工设备安装卫星定位芯片，全程、全天候监控其施工对应的材料种类与重量、行驶的位置与速度，以及碾压轨迹、遍数、状态等，控制大坝施工进度与质量，从而为大坝工程验收、安全鉴定和施工期、运行期安全评价提供强大的信息服务平台。

9. 快速试验手段与质量检测

鉴于坑检法在压实度、含水率等指标检测方面存在的诸多问题，多个工程对不同的检测方法进行了探索实践。三点击实法、最大干密度法、红外线含水率测试、附加质量法、瑞雷波法与车载压实度仪等方法都在实际应用中得到了不断的改进。

在心墙砾石土控制与检测方面，探索了以细料为主、全料复核为理念的质量控制标准及以三点击实现场快速检测为主、全料室内平行复核为辅的检测方法。

糯扎渡水电站工程研发了直径600mm的击实仪；长河坝水电站工程为满足最大粒径150mm砾石土压实度要求，研发了直径800mm的超大型击实仪，用于碾压试验阶段全料压实度检验和复合填筑体细料压实度检验成果。击实仪的全自动升级改造和最大干密度法及三点击实法应用软件的开发也为快速检测提供了支撑。

10. 特殊气候条件下土石坝施工

对在多雨季节土料场的防排水及作业面遮盖防水做了相关工作；对严寒负温条件下的心墙土料冬季施工技术也进行了相关研究。严寒条件下注重大体积土料的保温储备和小体积土料的暖棚保温。加强特殊气候条件下的相关研究，可有效利用施工时间，施工进度得到保障。

（二）碾压式土石坝施工技术

1. 防渗材料选择与拓展

防渗体是碾压式土石坝的重要结构，防渗材料选择、工艺试验及其施工是碾压式土石坝关键的施工技术。

（1）防渗土料。防渗土料目前已有不同土料在采取相应措施后得到应用的实例，包括砾石土、风化土料、分散性土、膨胀性土、红黏土、黄土类土以及团粒结构类土等。砾石土采用超径石剔除、不同P5含土掺配、含水率调整等措施；风化土料采用"薄层重碾"措施；分散性土采用石灰或水泥改性并做好反滤等措施；膨胀性土采用非膨胀性土在临界压力值附近约束使其保持压强等措施；黄土类土采用增大压实功能措施；红黏土多数含水量偏大，除进行调整外，可不把含水量、干密度作为主要指标；团粒结构类土干密度、含水率差别较大，可混掺使用等。

（2）沥青混凝土施工。根据配合比碾压试验及生产性试验采用相应的配合比进行施工；对于酸性骨料的应用和热施工工艺、厚层碾压施工等已有研究应用；沥青混凝土面板坡面卸料、摊铺及碾压机械化流水施工工艺研究也取得进展。

（3）土工合成材料施工。碾压式土石坝中已广泛应用土工膜防渗（心墙、斜墙、面板）、土工织物反滤、排水及土工织物防震抗震等。

2. 土料的含水量调整

土料在最优含水率状态下，可达到最佳的压实效果。当土料含水率低于最优含水率时，采用料场蓄水入渗、堆场加水畦灌、坝面喷雾洒水等方法加以改善；当土料固有含水率偏湿时，可采用深沟排水、分季分期开挖、堆土牛、翻晒、掺灰、红外线或热风干燥等措施加以改善。

3. 砾石土砾石级配及含量的调整

砾石土因其具有较好的抗变形能力和抗渗性能常被作为高心墙堆石坝的必选材料。砾石土级配调整包括超径石剔除（条筛、给料筛）、砾石掺配（平铺立采掺合法、机械掺配法）。在黏性土中掺入一定比例的砾石以改善土的抗变形能力，在粗粒含量较高的宽级配土料中掺入一定比例细粒含量多的土料以改善土的抗渗性能。

当砾石含量与含水率都与设计指标不符时，可考虑同一工序掺砾、加水一并解决。

4. 不同结合部位的质量控制

陡窄河谷地形条件下的碾压式土石坝，岸坡对坝体、堆石体对心墙都会因为变形差异产生拱效应，施工中需加强心墙与岸坡混凝土接触带高塑性黏土施工质量，加强心墙与反滤料、反滤料与反滤料、反滤料与过渡料、过渡料与堆石料结合部的施工质量。如，贴坡混凝土盖板基层泥浆喷涂设备、双料界限摊铺设备可有效提高结合面质量，减少因"弱面"存在而导致的心墙破坏。

（三）混凝土面板堆石坝施工技术

1. 堆石体变形协调及沉降控制

面板堆石坝尤其是高面板堆石坝，因堆石体变形过大、与刚性面板变形不协调以及面板应力集中、面板受压面积削弱、受压钢筋混凝土屈服破坏等原因，经常出现结构裂缝、面板脱空、面板挤压破坏和严重渗漏等问题。为使堆石体的弹性模量及变形性能与刚性的混凝土面板相接近，主要采取以下技术措施：

（1）提高堆石体压实标准和压实质量可减小堆石体变形等对面板的影响。目前，堆石体碾压已尝试采用重型振动碾、冲击振动碾进行；垫层料压实受挤压边墙、翻模固坡等技术对物料侧限影响和设备临边限制，压实度还有待提高。

（2）分区填筑的主堆石体尽量选用硬岩石料或砂卵石料，并充分压实。面板坝以坝体临时断面挡水度汛已被经常采用，先期面板施工后的后期堆石体填筑（如三期填筑抬高后侧），应使薄弱结合部及蓄水后坝体最大主应力垂直，以利于面板、堆石体受力变形协调。

（3）采用超载预压或留出一定时段，使得堆石体充分沉降变形后再进行混凝土面板施工，可减少面板施工后的堆石体变形。一般先期面板施工坝体超高不小于10m（水布垭水电站超高采用24m、三板溪水电站超高25m），沉降期一般选择3~6个月。

（4）用干硬性堆石混凝土对陡峻岩坡快速补齐，可实现快速施工，也减少了堆石体与岩坡弹模及变形性能差异。

2. 垫层料施工技术

目前，垫层料施工主要有斜坡碾压、挤压式边墙（切槽）、预制边墙、翻模固坡等技术。挤压式边墙已为许多工程所采用，水布垭工程采用沿面板垂直缝切槽10cm，回填小区料，以改善对面板约束。而斜坡碾压优点是密实度有保证，但需要超填、削坡，浪费材料及人工；挤压式边墙及翻模固坡技术是近年来发展起来的垫层料施工新技术，具有工序少、速度快、节约材料的优点，并能及时形成抵御冲刷的坡面用以防洪度汛；另外，也有在垫层料中掺入一定的水泥、石灰及粉煤灰等，以使其变形性能与面板更为接近。

3. 趾板混凝土及混凝土面板施工技术

目前，混凝土趾板及面板混凝土施工的主要技术有：（1）掺用微膨胀剂、引气剂、掺粉煤灰、聚丙纤维、钢纤维等，优化配合比，改善混凝土抗裂及施工性能；（2）趾板混凝土不设永久缝，两序施工，后浇块掺微膨胀剂；趾板上填筑粉细土，利于裂缝愈合；临近坝体混凝土建筑物与面板连接缝采用高趾墙进行连接；（3）设置面板加厚区、可变形的垂直压性缝和改善钢筋受力的箍筋方式；（4）趾板与覆盖层防渗墙的柔性连接；（5）混凝土面板无轨滑模施工；（6）收面压光机械化施工；（7）土工织物覆盖、洒水养护或涂表面养护剂的养护和保护；（8）利用帕斯卡堵漏剂进行裂缝缺陷处理技术，国内已有水布垭大坝成功应用的实例。

4. 止水系统施工技术

动态稳定的止水系统是混凝土面板堆石坝防渗体系的重要结构。止水系统施工方面主要技术有：（1）铜止水成型机铜带辊压成型工艺；（2）异型接头模制成型工艺；（3）面板分缝止水嵌缝材料"GB""SR"及机械化施工工艺；（4）表层粉煤灰、粉细土等自愈结构；⑤HDPE土工膜的应用。泰安抽水蓄能电站和溧阳抽水蓄能电站采用了HDPE土工膜库底防渗。

5. 施工期安全监测及分析

根据面板堆石坝的变形特性和沉降机理，结合堆石面板坝沉降过程明显的阶段性和各时期沉降规律的差异性，采用预测模型建立并分析堆石面板坝沉降历时关系曲线。根据拟合曲线，确定堆石体沉降基本稳定时段及选择面板施工时段。

目前，超长水平位移（500m级）检测技术、光栅测温渗流检测技术、光纤陀螺位移检测技术等新仪器、新工艺与普遍采用的引张线位移计、固定式测斜仪、渗压计、量水堰等先进的联合监测技术得到应用。

二、土石坝施工技术未来发展

土石坝以其就地取材，主要材料运输距离短；坝体散粒体结构适应变形性能强，对地基要求低；施工程序简便，利于机械快速施工等优点，成为未来坝工发展的优势坝型。

1. 在建及规划中的高土石坝特点

（1）工程项目多集中于金沙江、大渡河、澜沧江、怒江、黄河上游以及新疆、西藏、青海等偏远地区，相对经济发展水平低，环境差。

（2）项目多处于高原、高寒、高蒸发、缺氧地区，平均海拔3500m，空气中含氧量是平原地区的50%，施工期短，生产效率受到影响。

（3）项目多位于欧亚大陆板块与印度板块相交处的青藏高原，受板块移动影响，地震、坍塌、泥石流等地质灾害频发，生态环境脆弱。

（4）项目所在流域山高沟深、河流湍急、岸坡陡峻、河谷狭窄、覆盖层深厚。虽修建土石坝所需的冰碛土、冲积土、坡积土、堆石体、砂砾石等建筑材料丰富，但由于形成原因不同，物理力学指标差异很大，极不均匀。

2.土石坝施工技术发展的未来

（1）科学的施工整体规划及水流控制

1）我国未来高土石坝多建在西部崇山峻岭区域，这些区域内河流湍急、两岸陡峻、流量相对变小、河床库容少、临时围堰或永久大坝所形成的水库洪水期水位容易陡涨陡落；给高围堰挡水导流、水库初期蓄水、导流及泄水建筑物过流的时机选择带来了挑战。土石坝施工在导流规划及水流控制的基础上，如何正确选定整体施工进度、施工强度，并以此进行土石方平衡、资源配置、料场、渣场规划及施工道路布置、辅助生产系统布置等仍有广阔的发展空间。深覆盖层上的高土石坝坝基防渗体系工程量大、技术难题多，且底部断面和第一个枯期要求达到挡水度汛高程所面临的填筑工程量巨大，而大坝中、后期断面缩小，填筑强度相应减少。这一特点与大坝料源开采面前小后大、开采强度前低后高形成矛盾；因此，在变形协调条件下开展高堆石坝施工总进度和合理资源配置研究具有重要意义。

2）作为高土石坝主体部分的土工膜高土石围堰可能会成为其临时挡水建筑物的首选。快速截流，加快防渗墙施工速度，设计方便施工的围堰防渗结构，高围堰快速施工将成为发展方向。当一个枯水期不能实现围堰施工时，过流保护下的防渗墙度汛或过水围堰度汛也将成为今后的选择。

3）高土石坝一般都会遇到泄水建筑物布置较为困难的问题，如何将导流建筑物改造成为永久泄水建筑物的组成部分仍需不断进行尝试和研究。

（2）合理的料源规划及土石方平衡

1）"凡料皆可用"的理念将更加深入贯彻到工程管理中，更加精细、精准的管理及制备工艺将使坝区各种料得到充分利用。

2）大坝心墙料从底到顶各项指标始终如一的历史将有所改变，有限元计算结果可使心墙在不同的受力环境下分阶段采用不同的抗渗、抗剪等指标。

3）工程各建筑物的施工进度将基本遵循总体土石方平衡的成果进行控制。整个工程的弃料和弃料场占地将大为减少。

（3）高土石坝安全快速施工技术

1）料场是大坝的粮仓，勘测技术的进步，使得土料场不同类、不同含水量的土料在平面、立面、时间、储存等方面更为精确，坡面控制更趋安全，出现因前期勘测原因产生变更的概率小。

2）作为大坝防渗体系重要组成部分和关键结合点的基础垫层、灌浆廊道、刺墙、贴坡和防浪墙等辅助混凝土结构，防裂防渗要求高。其施工多占据关键线路；因而其施工工艺、进度、质量及出现裂缝后的处理措施至关重要。

3）施工道路规划与运输机械配置是高土石坝机械化快速施工的重要保证。施工运输方式规划（皮带洞、输料竖井）、施工道路的规划、成龙配套的机械化流水作业、机械设备的维修与保养、上坝道路规划、跨心墙技术、长交通隧道的通风排烟、长下坡路段的安全避险等尚需不断优化。

4）心墙填筑进度是大坝整体进度的控制项目，心墙料制备、堆存技术将是心墙均衡、快速填筑的重要保证。采用图像处理技术快速获取砾石土相关颗粒的图形分布曲线，即时确定掺配比例仍需进行应用研究。

5）分区填筑、快速施工的坝面施工将更为精细，流水作业效率将更高效。土工格栅等加筋结构、钉结护面板、坝顶缓坡等高土石坝抗震结构会广泛应用。

6）级配精良的面板坝垫层料生产系统，垫层料摊铺、振实、砂浆保护一体施工技术将得到发展应用。

7）混凝土面板坝面施工系统的不断改进，包括铜止水挤压成型、热熔焊接、护具保护、钢筋网片自动化焊接、钢筋整体运输安装、混凝土防雨、防晒、防蒸发、溜送系统面板滑模改进等；高效、可靠的新型坝面止水结构、新型的止水材料的应用；新型纵缝充填材料的研究，高分子材料的进一步应用，等等。

（4）坝体协调变形与施工控制技术

为有效控制高土石坝心墙与堆石体因相互间变形性能差异产生的变形不协调。施工中需：

1）对高堆石坝施工期进行分期、分区施工的有限元分析，要研究分期填筑高差、填筑超高、填筑上升速度与心墙体、堆石体沉降变形的关系，以指导和控制大坝心墙上升速度，减少心墙拱效应。

2）结合堆石坝不同分区坝料力学性能试验和现场施工期坝体沉降等监测成果，以大坝沉降观测数据为依据，建立大坝沉降预测变形模型，预测大坝堆石体及心墙体沉降变形趋势，实现施工期变形和施工质量的快速反演，以期对现场施工起到一定的指导作用。

3）在面板坝应力控制、裂缝防治方面仍有很大技术发展空间。如通过控制堆石体沉降降低面板不均匀应力；通过增加河床段面板顶部厚度，采取合理的分缝结构，改善面板柔度和面板应力分布。

（5）施工质量检测与控制及安全监测与分析

1）心墙料的含水率、压实度快速检测及堆石体快速、非破损性的实时密度检测需要与仪器生产厂家一起攻关。

2）心墙料上坝前含水率采用时域反射法 TDR、驻波比法 SWR 以及碾压后含水率采用微波、红外线快速检测需深入研究、推广应用。

3）建立大坝变形、沉降、渗流等安全监测布置的三维可视化模型（实体或透明），安全监测动态信息的可视化管理和监测点观测值的统计分析有待进一步发展；施工期沉降、变形、渗流观测的方法和适应高堆石坝的监测仪器及优化监测项目，基于高精度的 GPS 安全监测技术、基于光纤、光栅传感技术的应用等有待进一步研究。

（6）节能减排绿色施工技术

1）大孔径、宽孔距、耦合装药混装炸药车爆破技术，可有效减少钻爆孔数量，提高炸药爆破效能，加快施工效率和施工效益，是一种具有本质安全的施工技术。

2）运输车辆的混合动力化与天然气、工业乙醇运输车辆改造将成为选择项目；具有适合土石坝坝料运输特性的节能燃油添加剂和不同性能轮胎成为可能。

3）高海拔寒冷地区脆弱的生态环境、抗干扰能力低、系统结构易发生变化、功能极易被破坏，植物养护、乔木生长比较困难；因而，工程施工需在加强生态环境保护和环境绿化工作方面做一些积极探索。

4）爆破震动、施工和道路扬尘以及辅助生产系统的能源消耗、水循环利用、污水排放将得到更好的控制。

5）对施工影响区域的地质灾害采用工程措施进行处理及防治，工程开挖、弃渣及临时堆渣等施工需采取合理可靠的技术措施，防止形成新的地质灾害。

（7）信息化施工辅助决策支持系统

1）建立基于 GIS、GPS、BIM 等技术的高土石坝施工信息平台，如集成数字大坝模型、基于 GIS 的土石坝碾压质量监控与评价系统与基于 GPS 的土石坝碾压参数控制系统、大坝质量检测数据自动录入系统。

2）基于排队论、粒子群算法的仿真模型，赋予动态权重系数的时间—费用目标为评价函数，进行机械设备配置方案优化。

3）建立施工全过程动态模拟及生产调度指挥辅助系统，包括开挖子系统、交通运输子系统、填筑子系统、土石方调配子系统，通过时间、产量变量值的设置，实现作业时段完成的工程量、工程形象的预判，以此来进行施工资源的调配及对未来施工进度的预期。

4）建立基于"互联网＋"的智能施工系统。如，施工作业可视化、图像自动识别处理、车辆自动识别与计量、远程故障诊断、流动快速检测车、流动维修服务车等集成技术的施工信息管理系统。

第三节 拱 坝

一、高拱坝施工特点及难点

（一）高拱坝附近的山坡陡度过大，难以施工且在开挖土石方面存在很大困难；通常高拱坝位于高地应力地区，被挖除出来的基岩会出现明显的变形；高拱坝选址标准高，在地质状态繁杂地段处置困难。

（二）高拱坝坝型有很多种：对数螺线、统一二次曲线、椭圆、一般由抛物线、双曲线或其他曲度不要的拱圈坝，这些坝型主要都是曲状，这也加大额施工中对坝体形状的管控，因为尺寸的不断变换。

（三）高拱坝陡峭的地形给浇筑混凝土设备分布带来难度；由于拱坝仓位忽略了纵缝而扩大了仓面，加大了入仓强度，大仓面混凝土高强度快速浇筑技术问题有浮出水面。

（四）另一个需要攻克的技术难题就是在解决高拱坝快速挡水蓄洪中的高升层施工；

（五）裂缝在高拱坝坝体中时常发生，这是其受力要求和外界温度共同作用时容易引起的，温控防裂技术亟待更新；

（六）在拱坝施工中还要克服的另一问题就是使其满足夏天封拱灌浆要求而保证分期蓄水；

（七）严加控制灌浆工序工艺以减少帷幕灌浆和固结灌浆对拱坝混凝土施工的破坏也是个难题。随着研究中取得的各项突破，我国高拱坝施工已经不成问题；高拱坝保质保速施工技术已成功在溪洛渡、拉西瓦、小湾、锦屏一级等超高拱坝中落实并不断发展。

二、高拱坝施工技术

（一）高拱坝坝肩土石方开挖出渣施工技术

高拱坝周围陡峻的山体增加了施工难度，但是在施工过程中仍然要做到绿色环保的要求，如在山体中安设集渣平台、溜渣竖井，或凿隧道等方式确保坝肩周围的植物不受影响。在出渣上坝肩开挖中所应用的技术有：

1. 借助缆机平台开挖山体，巧妙运用山体内已有隧道或山顶道路出渣；

2. 合理使用坝顶进场公路或山体内的临时隧道促进缆机在其到坝顶间山体的开挖出渣；

3. 至于坝顶以下部分的开挖，采取的方法是设置集渣平台、进场公路、溜渣竖井和河床推渣以出渣。

这些出渣新技术的运用使开挖出渣不成问题，如山体临时隧道、溜井溜渣、集渣平台、永久道路、河床推渣等综合性查渣技术，这不仅达到了绿色施工的标准也节省了施工开支。

（二）高拱坝坝肩坝基高地应力开挖技术

另一项新施工技术是针对高拱坝高地应力坝基坝肩开挖中基岩卸荷变形而提出的，包括：

1. 光滑反弧形技术

边坡到河床以反弧型光滑过渡曲线实施开挖的技术称为光滑反弧形开挖技术。这项新技术的运用可以降低应力集中强度并缩减施工作业量，卸荷松动范围缩减且坝基回弹变位概率降低，大大提升了基岩质量。

这项施工技术成功运用于拉西瓦坝基上，此坝基地应力有 30~70MPa，观测数据显示，坝肩槽内卸荷回弹变位远远低于计算值，它也利于基岩质量从而使建基面攀升 2m，加快了坝基物探波速。

2. 坝肩应力释放孔和缓冲孔技术

高拱坝坝肩开挖后会引起很多问题，如加快岩性变化、大高边坡的落差和拉高地应力。在开挖过程中需不停对岩爆进行预测并钻设一定数量的注水的应力释放孔做防备，以提高高边坡开挖质量。另外，需在主爆孔与深孔预裂孔（深 20~25m）之间依据具体情况设置孔距为预裂孔的 2 倍的缓冲孔。为了降低孔壁的压力，需要选择合适的爆破参数并控制好钻孔质量，实现这一目的可以在孔内填充岩粉、黄土，这一举措还可以在爆破时为开挖边坡减震，借助爆破作用所释放应力在高边坡开挖过程中形成的简易支护，使之在边坡施工中可以稳当运行。边坡的形成可以创造平整的预裂面，半孔率在 90% 以上的中高边坡都可以很稳当。

3. 先锚后挖技术

先锚后挖技术的应用可以有效降低高地应力区域保护层开挖工作中建基面岩体卸荷松弛，这是通过预先埋入式锚杆或锚筋束对建基面岩体锚固在开挖来实现的。这项技术可以运用在锦屏坝肩开挖中需要用到的保护层（约 3~4cm）里。

（三）复杂地质条件下坝基处理技术

在一些地形地质条件简陋的西部地区建筑拱坝，往往可以使用抗剪洞处理技术和断层置换加固处理技术来削弱高山峡谷地应力的影响，降低破碎带和边坡断层出现，确保边坡安全。

运用断层置换加固处理技术处理电站右岸边坡的两条大断层。置换处理加固工程运输通道在处理大坝浇筑平行施工中的安全与边坡置换处理问题上发挥了很大的效力，这是通过利用灌浆平洞、排水平洞、设置溜渣井来实现的。

综合运用锚固洞、布置抗剪洞、灌浆、排水、锚索等方法加固边坡的技术有效解决了大岗山电站工程右岸边坡卸荷裂隙。

三、高拱坝的温控防裂施工技术

高拱坝会制约于坝体自由高度，底部虽然浇筑混凝土进行接缝灌浆形成了一个整体，但是封拱的坝体对上部影响很大，所以将其冠以高标准温控的约束区称号。对于坝基的温控要求也很高，因为坝基所处特殊地形，其坝体孔口和基岩约束区很多。其温控受难于高强度且水化热温升高坝体混凝土设计所需的大量胶凝材料。拱坝混凝土施工中一般使用通仓浇筑而放弃纵缝，增大仓面尺寸而导致混凝土只能慢慢降温，表面裂缝、甚至是贯穿裂缝易形成于这种内外温差约束时间长情况下，严重危及大坝安全。温控防裂在拱坝施工中是个难题。

温控措施必须贯穿于拱坝施工的全工程，从而为减少温度应力引发的拱坝裂缝。特别要注重高性能砼、冷却通水问题。

（一）拱坝高性能混凝土配合比

混凝土中拉应力超标或者拉伸变形系数超标就很容易引发混凝土的开裂。混凝土会受很多自身或外来因素的影响，如降温冷缩、干缩或自身体积收缩、周围环境的约束（限制约束），拉应力就会在混凝土内部产生从而可能导致裂缝出现。高性能混凝土的使用理所应当被重视。

在配置高性能混凝土时，要视具体情况优先选取不同的水泥、骨料、外加剂和掺合料等原材料，通过提高混凝土性能使拱坝混凝土具备"极限拉伸值、低水化热、高强度、低弹模、收缩小、温升慢"的性能。如果要求改善混凝土的性能则需要在耐久性、对力学、抗裂性、变形、温控等性能等高要求的拱坝混凝土里掺用优质的减水剂、粉煤灰和引气剂，严格控制混凝土中粉煤灰的掺量来控制温度值。这对混凝土防裂水平大有帮助。

（二）拱坝通水冷却技术

实现封拱要求最简便易行的方法就是通水冷却，这可以控制混凝土内部最大温升和将坝体温度。提高混凝土抗裂性能的另一个方法就是在不同阶段不停地变换通水策略，控制单个仓位降温速率，使坝体中所有仓位按照梯度要求缓慢均匀下降，从而使温控达标。

分布咋坝后的移动式冷水机组可以符合冷却通水的标准，通过适当布置冷却水管、调节通水流量等不同方法来保证冷却通水效果。通水一些主要控制手段有：

1. 冷水机组每天变换一次水流方向来保证冷却通水均匀。

2. 垂直水流方向上设置坝体内冷却水管。

3. 要保证上游优先进水防止大坝上下游温差过大，从而解决上游流量小于下游流量的难题。

4. 运用靠下游水温较高、靠上游水温较低的温差方式使坝体同一高程封拱温度场的等效温差得以形成。

5. 进水温度、通水流必须在比较每天降温幅度、升温幅度、降温速率等参数的基础上严加管控。为避免混凝土裂开，混凝土冷却通水不仅应对坝体进行温度梯度控制还要分期逐步冷却，使不同高程各区的降温幅度、温度满足适当的梯度要求，削弱梯度应力。

第四节 支墩坝

由一系列倾斜的面板和支承面板的支墩（扶壁）组成的坝。面板直接承受上游水压力和泥沙压力等荷载，通过支墩将荷载传给地基。面板和支墩连成整体，或用缝分开。

一、类型

根据面板的形式，支墩坝可分为三种类型。

（一）平板坝

由平板面板和支墩组成的支墩坝。自1903年修建了第一座有倾斜面板的安布生平板坝以后，世界各国修建了很多中、低高度的平板坝。阿根廷在1948年修建的埃斯卡巴平板坝，坝高83m，是世界上最高的平板坝。苏联修建了一些土基上的溢流平板坝。中国在1958及1973年分别建成高54m的金江平板坝和高42m的龙亭平板坝。

面板与支墩的连接有以下三种形式分类：

1.简支式：面板简支在支墩托肩（牛腿）上，接缝涂沥青玛蹄脂等柔性材料，并设置止水。简支式能适应地基和温度变形，采用最多。

2.连续板式：面板跨过支墩，每隔两三跨设一道伸缩缝。连续式可以减小板的跨中弯矩，但在跨过支墩处产生负弯矩，易在迎水面产生裂缝，所以较少采用。

3.悬臂式：面板与支墩刚性连接，在跨中设缝，要求变形小，以防接缝漏水，只能用于低坝。平板坝支墩有单支墩和双支墩两种形式，双支墩用于高坝。

（二）连拱坝

由拱形面板和支墩组成的支墩坝。

与其他形式的支墩坝比较，连拱坝有下列特点：

1.拱形面板为受压构件，承载能力强，可以做得较薄。支墩间距可以增大。混凝土用量最少，但钢筋用量较多。混凝土平均含钢筋量可达 $30\sim40kg/m^3$。施工模板也较复杂。混凝土单位体积的造价高。

2.面板与支墩整体连接，对地基变形和温度变化的反应比较灵敏，要求修建在气候温和地区，且地基比较坚固。

3.上游拱形面板与溢流面板的连接比较复杂，因此很少用作溢流坝。

（三）大头坝

面板由支墩上游部分扩宽形成，称为头部。相邻支墩的头部用伸缩缝分开，为大体积混凝土结构。对于高度不大的支墩坝，除平板坝的面板外，也可用浆砌石建造。

大头坝与宽缝重力坝结构体型相似，其区别为：

1.大头坝支墩间的空距一般大于支墩厚度，而宽缝重力坝则相反；

2.大头坝上游面的倾斜度一般较宽缝重力坝大；

3.大头坝支墩下游部分可以不扩宽，坝腔是开敞的，而宽缝重力坝则是封闭的。

大头坝头部有以下三种形式：

1.平板式：上游面为平面，施工简单。但在水压力作用下，上游面易产生拉应力，引起裂缝。

2.圆弧式：上游面为圆弧。作用于弧面上的水压力向头部中心辐集，应力条件好，但施工模板较复杂。

3.钻石式：上游面由三个折面组成，兼有平板式和圆弧式的优点，最常采用。大头坝支墩有单支墩和双支墩两种形式，高坝多采用双支墩以增强其侧向稳定性。为了提高支墩的侧向劲度或为了防寒，也可将下游部分扩宽，使坝腔封闭，这时在结构体形上接近宽缝重力坝。

二、特点

与其他坝型比较，支墩坝特点是：

1.面板是倾斜的，可利用其上的水重帮助坝体稳定；

2. 通过地基的渗流可以从支墩两侧敞开裸露的岩面溢出，作用于支墩底面的扬压力较小，有利于坝体稳定；

3. 地基中绕过面板底面的渗流，渗透途径短，水力坡降大，单位岩体承受的渗流体积力也大，要求面板与地基的连接以及防渗帷幕都必须做得十分可靠；

4. 面板和支墩的厚度小，内部应力大，可以充分利用材料的强度；

5. 施工期混凝土散热条件好，温度控制较重力坝简单；

6. 要求混凝土的标号高，施工模板复杂，平板坝和连拱坝的钢筋用量大，因而提高了混凝土单位体积的造价；

7. 支墩的侧向稳定性较差；在上游水压作用下，对于高支墩，还存在纵向弯曲稳定问题；

8. 平板坝和大头坝都设有伸缩缝，可适应地基变形，对地基条件的要求不是很高；连拱坝为整体结构，对地基变形的反应比较灵敏，要求修建在均匀坚固的岩基上；

9. 坝体比较单薄，受外界温度变化的影响较大，特别是作为整体结构的连拱坝，对温度变化的反应更为灵敏，所以支墩坝宜于修建在气候温和地区；

10. 可做成溢流坝，也可设置坝身式泄水管或输水管。

支墩坝是一种轻型坝，可较重力坝节省 20%~60% 的混凝土，宜于修建在气候温和、河谷较宽、地质条件较好、运输条件差、天然建筑材料缺乏的地区。平板坝适用于中、低坝，连拱坝和大头坝适用于中、高坝。

三、支墩的计算

包括：（1）抗滑稳定分析。可取一个坝段进行整体计算，见重力坝。复杂地基中的深层抗滑稳定分析，可采用非线性有限单元法，考虑软弱结构面的非线性特性，计算其失稳过程；（2）应力分析。可采用材料力学方法，也可采用二维或三维有限单元法，有限单元法可以更精确地反映结构的几何条件及地基特性对支墩应力的影响；（3）抗震分析。支墩的侧向劲度较小，所以除上、下游方向外，还应进行侧向抗震计算；（4）纵向弯曲稳定分析。一般假定支墩由互相独立的斜柱组成，采用欧拉法或能量法计算失稳的临界荷载。更精确的计算，应考虑支墩的整体作用。支墩的稳定和强度分析，必要时还可以采用模型试验方法：（1）光弹试验，包括普通光弹和激光全息光弹；（2）结构试验，包括脆性材料和相似材料。

第四章 泄水建筑物施工

第一节 泄水建筑物的分类

为宣泄水库、河道、渠道、涝区超过调蓄或承受能力的洪水或涝水，以及为泄放水库、渠道内的存水以利于安全防护或检查维修的水工建筑物。

泄水建筑物是保证水利枢纽和水工建筑物的安全、减免洪涝灾害的重要的水工建筑物。

一、常用泄水建筑物

常用的泄水建筑物有：（1）低水头水利枢纽的滚水坝、拦河闸和冲沙闸；（2）高水头水利枢纽的溢流坝、溢洪道、泄水孔、泄水涵管、泄水隧洞；（3）由河道分泄洪水的分洪闸、溢洪堤；（4）由渠道分泄入渠洪水或多余水量的泄水闸、退水闸；（5）由涝区排泄涝水的排水闸、排水泵站。

二、泄水建筑物的泄水方式

泄水建筑物的泄水方式有堰流和孔流两种。通过溢流坝、溢洪道、溢洪堤和全部开启的水闸的水流属于堰流；通过泄水隧洞、泄水涵管、泄水（底）孔和局部开启的水闸的水流属于孔流。

溢流坝、溢洪道、堰流堤、泄水闸等泄水建筑物的进口为不加控制的开敞式堰流孔或由闸门控制的开敞式闸孔。泄水隧洞、坝身泄水（底）孔、坝身泄水涵管等泄水建筑物的进口淹没在水下，需设置闸门，由井式、塔式、岸塔式或斜坡式的进口设施来控制启闭（参见取水建筑物）。

三、泄水建筑物设计原则

（一）泄水建筑物

所谓的泄水建筑物，是水利枢纽工程中主要用于排放多余水量、泥沙以及冰凌等杂物的水工建筑物，其发挥的主要作用在于泄洪和放空水库，设置于水库、江河渠道或前池等工程中，可起到太平门作用。

泄水建筑物根据其进口的高程可以选择表孔、中孔、深孔和底孔等不同形式。在选择上通常表孔具有较大泄洪能力，而且方便可靠，所在是溢洪道和溢流坝所主要采用的形式。而深孔或者隧洞通常不在大型的水利枢纽工程中进行单一使用；导流洞通常在施工过程中承担泄水的任务，而在竣工以后可以将其封堵，属于临时性的建筑物，通常设计成底孔。当泄洪道需要设计为底孔形式时，泄洪道与底孔具有同样的泄水功能。在水利枢纽工程中，设计时如果将两者结合起来，就可组成泄洪道兼导流的泄水建筑物形式。

（二）设计原则

根据草坪河水库工程的地形、地质、水文和枢纽布置特点，确定泄洪建筑物设计原则为：（1）确定水位和水流量、系统的组成、位置、轴线以及孔口的形式和尺寸等，满足枢纽安全、正常泄洪需要，具备一定超泄能力。总泄流量、水利枢纽各泄水建筑物所应该承担的泄流量、形式及尺寸可根据新疆当地水文情况、地质条件、地形特点等因素来设计和确定；（2）设计时要结合系统的水文条件分析和造价比较来考虑；表孔、中孔和深孔形式通常应用于多目标或者高水头、窄河谷、大流量的水利枢纽，也可选择坝身与坝体外泄流、坝与厂房顶泄流等联合的泄水建筑形式；（3）应该根据枢纽工程的具体任务来确定所需要的布置的泄水建筑物，比如发电任务、防洪任务等，对于导流建筑需要采用导流洞布置形式时，泄水建筑物可适当与导流洞结合起来布置；要按照枢纽工程的运行要求来确定出泄水建筑的布置方案，比如放空任务、排砂任务等，当导流建筑物需要采用导流洞布置形式时，泄水建筑物可适当与导流洞进行结合布置；根据地形、地质条件，合理选择消能防冲方式，尽量使下游流态平稳，避免对两岸过度冲刷，节省防护工程量；（4）运行安全、管理方便。

四、泄水建筑物的布置

泄水建筑物的布置、形式和轮廓设计等取决于水文、地形、地质以及泄水流量、泄水时间、上下游限制水位等任务和要求。设计时，一般先选定泄水形式，拟定若干个布置方案和轮廓尺寸，再进行水利和结构计算，与枢纽中其他建筑物进行综合分析，选用既满足泄水需要又经济合理、便于施工的最佳方案。必要时采用不同的泄水形式，进行方案优选。

五、泄水建筑物的施工

修建泄水建筑物，关键是要解决好消能防冲和防空蚀、抗磨损。对于较轻型建筑物或结构，还应防止泄水时的振动。泄水建筑物设计和运行实践的发展与结构力学和水力学的进展密切相关。近年来由于高水头窄河谷宣泄大流量、高速水流压力脉动、高含沙水流泄水、大流量施工导流、高水头闸门技术以及抗震、减振、掺气减蚀、高强度耐蚀耐磨材料的开发和进展，对泄水建筑物设计、施工、运行水平的提高起了很大的推动作用。

六、泄水建筑物破坏及防治

（一）磨蚀破坏机理

1. 悬移质破坏机理

以中、细沙为代表的悬移质一般在水流中以悬浮状态运动，当经过泄水建筑物时会与其表面产生摩擦造成磨蚀。这种磨蚀的特征是建筑物的表面磨蚀比较均匀，主要是对建筑物中胶结材料的磨蚀。磨蚀过程首先是建筑物表面较软弱的部位被磨掉，形成磨蚀坑，从而使泄水水流流态恶化，进一步加速蚀坑的发展，形成恶性循环，并逐步磨掉较硬的材料；对泄水建筑物主要构成部分混凝土的磨蚀过程首先是表面的砂浆层剥离，然后进一步淘磨细骨料露出粗骨料，如果粗骨料的硬度足够形成坚硬的保护层，那么磨蚀会相对稳定下来。悬移质对金属构建的磨蚀多发于硬度小、质地不均的金属表面，磨蚀破坏多以鱼鳞状坑洞为主。

2. 推移质破坏机理

以粗砂、砾卵石、块石为主的磨蚀物称为推移质，对泄水建筑物的磨蚀破坏作用更为明显，它不仅对建筑物有摩擦破坏，在高速水流的作用下还具有相当的撞击作用。因此推移质对水工建筑物的破坏作用主要取决于泄水水流的流速、流态等特征值以及推移质数量、粒径、形状、运动方式等。此外对建筑物造成的破坏程度还与过流时间以及建筑物的体型及抗冲蚀能力有关。由于推移质的粒径较大，因重力作用磨蚀部位一般分布在泄水建筑物的底部。

（二）影响磨蚀的因素

1. 影响推移质磨蚀的因素

混凝土抵抗推移质泥沙磨蚀的性能主要与下列因素有关。

（1）混凝土强度。随混凝土抗压强度的增加，其抵抗磨蚀的性能也随之增加，但当抗压强度大到一定程度后，继续增加强度已不能使抗磨蚀性能再有明显加大。目前的研究结果显示抗推移质的混凝土强度以 400 号～500 号为宜。

（2）外加剂。在水泥用量及坍落度不变的条件下，混凝土外加剂可有效改善混凝土抗磨蚀性能。

（3）骨料特性。不同骨料品种及骨料含量对混凝土的抗压强度影响不大，但对其抗磨蚀性能则影响明显，特别是粗骨料的力学性能对混凝土的抗磨蚀性能有显著影响。如石英、闪长岩、花岗岩具有硬度高、耐磨蚀性能好的特点，利用这些材料作为粗骨料的混凝土也具有较为理想的抗磨蚀性能。

（4）水灰比。试验表明，混凝土的水灰比对混凝土的抗磨蚀性能有一定影响。当水灰比小于 0.3 时，则浆体干稠，难于拌和均匀，混凝土的抗磨蚀性能下降。通常工程上常用的水灰比为 0.4 左右。但在某些小面积补蚀时，高强砂浆的水灰比可小到 0.3 或更小，但需加强拌和。

2. 影响抗悬移质磨蚀性能的因素

（1）含沙量。相关的室内试验结果显示，在水流的含沙量较大时，混凝土表面磨蚀与水流含沙量之间存在线性关系。

（2）流速。水流流速是影响混凝土抗悬移质磨蚀性能的主要因素之一。当流速较小时，即使水流的含沙量较大也不会对混凝土表面造成明显的磨蚀破坏；但是如果水流速度较大，即使水流的携沙量较小，也会对混凝土表面造成明显的磨蚀。据目前的研究显示这一界限约为 $10 \sim 12 \mathrm{m/s}$。

（3）泥沙粒径和形状。水流中泥沙的颗粒越小，对混凝土表面的磨蚀影响越小。泥沙颗粒的形状对磨蚀量的多少有明显影响，圆球形、棱角形、尖角形泥沙的磨蚀能力之比大体为 1∶2∶3。泥沙中硬矿物的含量愈多，硬度愈大，对过流混凝土壁面的磨蚀愈严重。

（4）混凝土的抗磨性能。混凝土的抗压强度愈高时，其壁面的磨蚀量应愈小。强度高的混凝土，骨料及砂浆将被均匀磨蚀；而强度低的混凝土，其砂浆将先被磨掉，致使粗骨料凸出裸露。

（三）磨蚀破坏的具体原因

1. 水流挟砂量大、流速高、过水历时长

含砂水流的磨蚀破坏作用主要与含沙水流的速度、含砂量、过水时长以及流面材料的抗磨强度等等几个因素有关。例如三门峡工程的泄流排砂钢管投入运行以后，由于当年汛期平均流速为 $25.9 \mathrm{m/s}$，且日平均含砂量为 $201 \mathrm{kg/m^3}$，在运行三个月后，钢管圆锥段中部至挑流鼻坎部位磨蚀严重，局部钢板被磨透。

2. 水流夹带砂石过坝（闸）造成冲磨

某些径流式电站由于没有拦洪蓄砂能力的调节库容，因此水流长时间挟带推移质过闸造成严重磨蚀。例如葛洲坝水电站由于此类磨蚀造成混凝土表面砂浆被磨蚀脱落，严重部位还形成一系列卵石坑或连片的长条形坑槽，磨蚀深度达到 3~5cm。

3. 施工残渣过水造成磨蚀

施工过程中产生的残渣如果没有及时清除或清除不彻底，在施工导流期过水或汛期泄洪过程中水流裹挟这些残渣下泄，就会对溢洪道的溢流面、消力池底板、消力墩及尾坎造成大面积冲磨。

4. 泄水建筑物设计不当

由于泄水建筑物设计不当，造成下泄流态恶化，产生的局部回流和旋涡会从下游堤岸卷入沙砾石对泄水建筑物造成磨损。例如，龚嘴水电站泄洪建筑物 1984 年进行例行检查时发现，由于泄水水流流态恶化造成地面厂房左端墙、尾水渠分水墙等部位大面积磨蚀破坏，最大冲磨深度达 4.7m。

5. 过流面材料抗冲磨强度低

例如石棉二级电站冲砂闸在建成当年的汛后检查过程中发现：钢筋混凝土铺盖磨蚀严重，最大磨深为 0.68m；闸室底板及护坦混凝土也被冲磨一条深 0.2～0.3m 的深沟；跌坎及边坡部位也受到不同程度的破坏，平均破坏深度为 0.43m。事后分析发现，严重磨蚀破坏的主要原因是在进行设计时由于没有推移质资料，造成过流面材料抗冲磨强度低，难以抵御含沙水流的磨蚀破坏。

（四）泄水建筑物空蚀破坏的防治措施

防治泄水建筑物的空蚀可采取掺气减蚀，合理控制和处理过水表面的不平整度，改善建筑物过流边壁轮廓形式，选用抗空蚀性能强的材料等措施。

1. 掺气减蚀

掺气减蚀设施具有形式简单、减蚀效果明显、经济适用等特点。掺气减蚀设施有掺气槽、掺气挑坎、底板突跌、侧墙突扩和分流墩等形式，或几种形式的组合。实践经验表明，近壁水流掺气量达 6%～7% 时，可以防止混凝土表面的空蚀破坏。掺气减蚀的应用条件：在混凝土过流面上流速在 30m/s 左右时，应按具体情况确定是否设置掺气减蚀设施。在流速大于 35m/s 时，要设置掺气减蚀设施。掺气减蚀设施要满足的基本条件是在其运用水头范围内保持一个稳定的通气空腔，以保证向下游水流供气，力求通过掺气设施的水流平顺。

2. 不平整度控制

建筑物表面施工残留的突起物及表面的不平整，可能造成局部压强降低而导致空蚀破坏，因此，要把突起物凿除或研磨成具有一定坡度的平面。控制过水表面的不平整度能减免空蚀。

3. 改善建筑物过流边壁轮廓形式

这种做法能提高过流边界的压强分布，加大水流空穴数，使之大于初生空穴数。水流边界越平顺，初生空穴数越小，越不容易出现空穴和空蚀。同时要防止在水流中发生局部低压区。所以，将建筑物边壁做成适宜的流线型可避免空蚀。压力洞（孔）进口顶部宜做成 1/4 的椭圆曲线。中高水头的矩形门槽可改为带错距和倒角的斜坡形门槽，把棱角圆化。压力管道或泄水孔可缩小出口断面以提高洞（孔）内压强，防止空蚀。

4. 采用抗空蚀性能的护面材料

采用某些护面材料，有利于消除或减缓空蚀破坏。提高护面材料抗水流冲击作用，在一定程度上能消除由于水流冲蚀使表面粗糙而引起的空蚀破坏。有资料证实，高强度的不透水混凝土，能承受 30mm 的高速水流而不损坏。护面材料的抗磨能力增加，能消除由泥沙磨损产生的粗糙表面，而造成空蚀的可能性。环氧树脂砂浆的抗磨能力，比普通水泥砂浆混凝土及岩石的抗磨能力高约 30 倍。护面材料本身的抗空蚀能力增加，能够直接消除空蚀破坏，或减缓空蚀破坏作用。水工混凝土的抗空蚀强度，随其抗压强度的增加而增加。所以，在有抗空蚀要求的部位，应选用高标号混凝土。

（五）泄水建筑物的冲刷破坏与防治措施

泄水建筑物可能出现局部冲刷破坏的部位有进水口、泄槽、消能工及其下游。破坏的原因有流态紊乱使局部流速加大，地基未处理或处理不彻底，护砌结构不满足要求，泄槽及消能工设计和施工上存在问题，以及运用不当等。防治措施主要是修复破坏部位，改善水流条件，改建护砌结构，改进消能防冲设施，根据操作规程进行施工与管理等。

1. 进水口冲刷破坏的防治措施

进水口由于山坡陡峻、岩石地质风化，在泄洪或遇暴雨时，可能出现冲刷滑坡塌方，这种情况会把山坡削至稳定边坡，需要时加以护砌。如由于流态不佳，局部流速加大而造成进水口冲刷时，应改善流态。如由于进水渠行进流速太大而造成冲刷，则要降低行近流速或予以砌护。

2. 泄槽冲刷破坏的防治措施

河岸式溢洪道连接控制段与泄槽间的过渡段及泄槽内的弯道段，水流条件复杂，可能造成冲刷，要把冲刷部位加以护砌加固或将边墙加高、抬高弯道外侧渠底，以改善弯道水流条件。

3. 底流消能工下游冲刷破坏防治措施

底流消力池内如发生远驱式水跃，会造成下游冲刷。如系消力池深度或长度不够，要加深或加长消力池，或在池内增建辅助消能工。如系下游尾水深度不足，则设法加深尾水或考虑在下游适宜地点增建壅水坝。平原土质河床的水闸过流多为低水头大流量，其闸下底流消能工要使水跃稳定地出现在消力池内，尾坎可向下加深形成防冲齿墙，池后设一定长度的防冲槽，并修建有扩散角的翼墙，使水流在平面上均匀扩散，避免冲刷。

4. 面流消能工下游冲刷破坏的防治措施

产生这种冲刷的主要原因是面流流态不稳定，短时间内发生底流流态，底部流速加大而冲刷，或是由于闸门开启运用不当，在闸门后形成平面横向回流淘刷鼻坎底脚。可在鼻坎末端设深齿墙，鼻坎下接短护坦以防冲，并被潜没式或敞露式短隔流墩，以稳定面流流态。合理控制闸门开启运用方式，要尽可能做到各孔闸门齐步均匀开启。

（六）泄水建筑物接触渗漏破坏的处理措施

1. 培厚加固边墙

培厚只能在枯水期从边墙背水面进行，以确保过水断面尺寸。处理好地基后，把原有混凝土边墙凿毛清洗干净，加做新断面，处理好新老接合面。在回填前要在边墙背面涂抹一层浓泥浆或水泥浆，再分层回填夯实。

2. 增建刺墙

对坝体与边墙之间出现接触集中渗漏，或边墙出现裂缝时，要把边墙拆除重做。同时，在墙背面加做一段剌墙伸入坝体，以避免渗漏破坏。

3. 充填灌浆处理墙后接触集中渗漏，在边墙较高，增厚或拆除重做工作量大时，要采用沿边墙 0.5~1.0m 范围内，布孔灌浆充填处理，这样也可以取得良好的效果。

第二节　溢流坝

溢流坝（overflow dam），坝顶可泄洪的坝，亦称滚水坝。溢流坝一般由混凝土或浆砌石筑成。按坝型有溢流重力坝、溢流拱坝、溢流支墩坝和溢流土石坝。后者仅限于溢流面和坝脚有可靠防护设施、单宽流量比较小的低坝。和厂房结合在一起，作为泄洪建筑物的坝内式厂房溢流坝、厂房顶溢流和挑越厂房顶泄流的厂坝联合泄洪方式，可用在高山峡谷地区，是宣泄大流量时，解决溢洪道和电站厂房布置位置不足的一种途径，也是从溢流坝发展起来的新形式。

一、过流形式

（1）坝顶溢流（跌流）；（2）坝面溢流；（3）大孔口坝面溢流。前两者属表面溢流，能顺利排放冰凌等漂浮物。堰顶可设或不设闸门。无闸门的溢流坝，蓄水位只能与堰顶齐平，泄洪时要靠壅高库水位形成水头，逐渐增加泄量，适用于较小水库或具有较长溢流前沿的溢流坝。设有闸门的溢流坝，能够调节水库蓄水位和下泄流量。其堰顶高程和溢流前沿长度需根据水库和枢纽建筑物功能、泄水要求经水库调洪计算确定。堰顶设有闸墩，用以支撑闸门，墩上架桥以装设闸门启闭设备或设置通道。坝顶溢流的闸门检修容易、操作方便可靠，是最常见的溢流坝形式。

二、设计要求

（1）有足够的溢流前沿长度和泄流能力以满足防洪要求；（3）水流平顺，坝面无不利的负压或振动；（2）下泄水流不造成危害性冲刷。高水头溢流坝泄水流速可达 30~40m/s 或更大，下游河床单宽消能功率可达几万甚至几十万千瓦。从溢流或泄水段到下游消能工设计要解决好：空蚀和磨蚀、掺气和雾化、轻型结构的振动、河床和岸坡的冲刷等一系列高速水流问题。要选择合适的坝顶和堰面曲线形式：既要有较大泄流能力，又要有稳定的水流形态和免遭空蚀破坏、容易施工的体型。较好的消能工形式和尺寸对枢纽各建筑物的安全运行具有重要意义。近期的高坝建设中，在新型消能工技术、通气减蚀措施等许多方面都获得了较大的进展。

三、代表举例

溢流重力坝是溢流坝中修建较多、运行经验丰富的坝型。巴西图库鲁伊水电站的重力坝，最大坝高 86m，23 个溢流孔，总泄流量 104400m³/s；中国河北省潘家口水利枢纽重力坝，坝高 107.5m，设计最大泄流量 56200m³/s，部分采用宽尾墩形式的新型消能工。它们都是世界上泄量较大的高水平的溢流重力坝，具有很好的消能防冲效果。支墩坝中溢流大头坝与溢流重力坝相近。高溢流平板坝，由于溢流面板较单薄，不利抗震，采用不多。连拱坝由于拱筒和溢流面、边墙连接结构复杂，很少作为溢流坝。溢流拱坝除坝体结构常较单薄外，由于平面呈拱形，泄流朝径向集中是明显不利的水力条件。早期的拱坝，担心下游冲刷和坝体振动，都不敢采用大流量坝身泄洪，而另辟坝外溢洪道。1950 年以来，中国修建了各种类型的溢流拱坝，如溢流跌坎式、挑坎式、溢流面板滑雪道式以及高低坎对冲、窄缝、转向挑坎等消能工形式，较好地解决了拱坝消能防冲、抗震减蚀等问题，使得溢流拱坝建设在中国有了较大的发展。湖南省凤滩水电站腹拱式溢流拱坝，设计泄洪流量达 32600m³/s，是世界上泄流量最大的溢流拱坝，采用独特的高低坎对冲消能，效果甚佳。

第三节 河岸溢洪道

一、水库溢洪道设计常见问题

（一）设计标准偏低

从水利工程等基础设施的建设实际情况来看，多数工程采取的是招投标方式，部分建设单位和施工单位为了获得更高的效益，盲目的压缩建设投资，严格控制工程造价，在溢洪道设计中，采取降低防洪标准的方式，包括降低整体设计等级、缩小溢洪道设计尺寸等，来实现成本把控，这使得溢洪道泄洪能力受到限制。

（二）溢洪道地址选择不当

正槽式溢洪道的选址，要结合施工现场的实际情况，从地形条件与开挖量等方面入手，做好综合分析，以制定工程方案。总体来说，若原底高程接近蓄水水位高程，要从两岸山坡相对稳定的区域，选择开挖量较小、引渠长度较短的地址，以便于洪水归流。但部分设计人员在设计阶段，未能做好全面的勘查工作，溢洪道地址选择不当，使得水利工程功能难以发挥。

（三）结构设计不合理

溢洪道选址多为垭口或者岸边，以此保证溢洪道地基的稳固性。在进行结构设计时，需要按照泄洪标准，来设计泄洪量，不断优化调整结构设计，将溢洪道的轴线尽量保持在一条直线上，若受到条件限制必须要转弯，那么尽量将转弯处设置在进水渠段或者出水渠段。这需要设计人员能够结合工程实际，来设计结构，不断优化结构设计，以确保水利工程的质量与功能。

二、水利工程河岸溢洪道的设计

基于溢洪道设计常见的问题，结合本工程实际情况，对水利工程溢洪道设计要点，做以下总结：

（一）设计标准

水利工程建设中，无论轻型水利工程，或者重型水利工程，河岸溢洪道均要具备 2 级建筑条件。在设计溢洪道防洪泄洪能力时，要按照可防御 50 年一遇的洪灾标准进行，通常要将溢洪道布设在水库区域右岸垭口位置处。若选择在靠近河湾附近，则需要将渠进口被设置在河湾的上游位置，将放空隧道给设置在河岸溢洪道旁，控制在溢洪道渠下方 45m 左右的位置。开展溢洪道设计，要注意结合水利工程的实际情况，综合设计，以确保溢洪道设置的合理性与科学性。溢洪道的地基处理设计应结合建筑物的结构和运用特点，满足各部位对承载能力、抗滑稳定、地基变形、渗流控制、抗冲及耐久性的要求。地基处理方案应根据工程重要性、地质条件等因素，通过技术经济比较，确定当地基为软弱岩石或存在规模较大性状差的断层破碎带软弱夹层岩溶等缺陷时，应进行专门处理设计。

（二）引水渠宽度与流速设计要点

水利工程功能中，最为重要的是泄洪能力，设置引水渠主要是为了最大限度上减少水头损失，将水库中蓄积的水，给引流到控制堰前，实现泄洪控制。基于此，在设计引流渠时，要注意保证水渠两侧不可以出现不对称回流以及立轴旋涡。在设计的过程中，要加强堰前的横向坡降控制，以确保流速平稳，减少水流冲击，以达到泄洪能力。基于相关资料，$B0/B$ 通常控制在 1.5～3.0 范围内，以确保水利工程的质量。考虑到引水渠内部水流速度给水头损失，所造成的影响较大，尽量将进水渠设计流速给控制在 4.0m/s 以下，最好控制在 1～2m/s 范围内。若建设地点的地势较高，加之山坡较陡，则河岸溢洪道的设计，其设计流速可适当地增加，科学的缩短进水渠长度，以减少水头损失。要将进水渠进口流速给控制在渠内流速以下，最好＜2.5m/s。

（三）溢洪道布置要点

水利工程溢洪道设计，可以按照 2 级河岸式溢洪道设计。在具体设计的过程中，需要综合考虑各种因素，包括施工条件与枢纽设计等，结合施工现场的实际情况，包括地质情况与地形因素等，选择地质与地形条件较为有利的地址。在布置溢洪道时，尽量要保持其轴线为直线。按照以下要点加以把控：

1. 进水渠段。在设计进水渠段时，要充分发挥坝体周围自然环境的优势，坚持因地制宜原则，实现水流平顺入渠。在溢洪道结构设计方面，要注重简化设计，断面要适当降低坡度，若地形限制较大，则可以采取阶梯式缓降形式。

2. 控制段。溢洪道设计中，控制段主要是由闸与建筑物等组成，要严格按照规范内容，来选定闸轴线。对于控制堰，则可以按照地形与地质等情况，从施工技术与经济角度来选择，以保证水流速度的均匀性，采取垂直处理的方式，来控制进水渠水流。按照控制断面宽度，来选择洪流值，当岩基单宽流量小于 50m³/s 时，则工基为 30m³/s。因为控制堰的堰口发挥着衔接上下游的作用，为发挥其作业，使得水流更加的平稳，则要将收缩角给控制在 < 12°，若断面较宽时，则将其布置间距给控制在 15m 以内，不要小于 10m。

3. 对于泄槽轴线的设置，要尽量保持平直，结合地形与地质等因素，来选择纵坡与平面。若泄槽设置弯道时，要进行水工模型试验，来设计相关参数。泄流段的洪水流速较快，设置岩基时，要增加砌护的宽度，对于泄槽底板，则需要设置结构缝，将纵横缝的间距给控制在 10~15m 范围内。

4. 消能防冲设施段。通常为能够降低水流冲击力，在泄流段尾部，要设置消能防冲基础设施，要依据地形与地质等情况，来确定各项参数。通常情况下，采取底流消能的方式，来实现非岩基消能，在最末端，则需要设置消能池。消能防冲设施的设计，要保证其结构的可靠性，具有防空蚀与抗磨损等效果。其具体布置。

5. 出水渠段。即便是消能防冲设施能够达到削弱水流动能的效果，但难以保证下泄水流能够直接泄入到设计河道内，会威胁着下游居民的生命财产安全，因此需要合理设置出水渠。在设计的过程中，要顺应河道流势，控制宽度，避免水流过于集中，给河道两岸，造成冲刷危害。

（四）合理选择堰型

在设计控制堰型时，要依据水力条件与运营要求等，综合考虑各项技术指标，来选择控制堰类型。通常开敞式溢流堰较为适合，其具有较强的泄流能力。对于控制段，其处于泄洪道的咽喉部位，多选择实用堰或者宽顶堰。对于岸坡较陡的水利工程，为降低开挖总量，可以选择实用堰。现阶段，溢洪道中应用较广的为 WES 堰与驼峰堰，若为软土地基，则可选择驼峰堰，其应力分布相对均匀，在便于施工，能够达到建设质量标准。WES 堰在流量控制方面具有优势，是常用的堰型。

（五）堰高与堰面坡度设计要点

通常控制段多使用低实用堰，为避免流量系数受到堰高的影响，要从堰高设计入手，做好设计质量的把控，以获得更大的流量系数。基于相关数据表明，低实用堰流量系数和相对堰高成正比，若相对堰高 < 0.5，流量系数会显著减少。按照设计规范标准，上游部分堰高要超出设计水头高度的 0.3 倍，考虑到混凝土用量与流量系数等，堰高设计要大于设计水头高度的 0.5 倍。除此之外，需要控制下游堰面坡度。若坡度 < 1∶1.4，会出现堰面长度不足的情况，影响溢洪道泄洪能力。基于此，下游堰面坡度要小于 1∶1。

第四节　水工隧洞

一、水工隧洞设计

水工隧洞设计方法的选择对保障工程施工安全和施工质量具有直接影响，水工隧洞结构主要由围岩及其加固措施构成的，在设计过程中需将洞室围岩的自稳能力和承载能力考虑在内，加强前期的地质条件和施工环境探测，充分发挥隧洞加固措施的作用。另外，随着水工隧洞建设规模的不断扩大，隧洞施工技术、地质勘探技术、岩石力学、计算机技术等多方面的发展，共同促进了隧洞的科学发展，因此，通过选择合理的支护结构来提高隧洞的设计水平，实现工程效益的最大化。

（一）水工隧洞设计方法的类型

水工隧洞的设计方法可分为结构力学法、有限元分析法、施工预期法和功能反馈法。

1. 结构力学设计方法

结构力学设计法主要是在充分利用水工隧洞实际力学相关理论的基础上，并结合水工隧洞的地形地质、水文条件等因素，以建立力学分析模型为主的设计手段。该设计方法的主要特点是设计目的明确、设计思路清晰，尤其适用于传输水工隧洞、排沙水工隧洞和施工水工隧洞，可有效保证水工隧洞施工方案的科学性，提高施工隧洞的施工效率。结构力学法是不考虑围岩弹性抗力最为常用和《水工隧洞设计规范》（SL279—2016）主要推荐使用的设计方法。

2. 有限元分析设计方法

有限元分析设计方法主要通过控制单一变量法的使用，通过分析对水工隧洞设计造成影响的内部因素和外部因素，来提高水工隧洞设计方案的合理性，该设计方法在实际应用过程中具有较强的实用性和匹配性。有限元分析设计方法在水工隧洞设计中的应用，主要是结合隧洞荷载的实际承受情况，对围岩、锚杆等部位的实际荷载承受能力进行计算，并根据计算结果对水工隧洞的弹性抗压能力、开挖厚度等进行适当调整。该设计方法适用于一些施工方案较为清晰的水工隧洞施工中，并结合水工隧洞的实际设计要求，提升设计方案的可行性与可控性。有限元分析方法是高压水工隧洞及重要隧洞设计主要采用的方法。

3. 施工预期设计方法

施工预期设计方法主要是结合水工隧洞施工方案而形成的设计方法，在水工隧洞施工前，对工程的施工成本、施工进度、施工质量等方面进行判断和预测，可确保选择符合工程施工要求的设计方法，以提升水工隧洞工程的施工效率。在工程预测和判断过程中，需注意施工现场整体布局合理性的问题，在确定水工隧洞半径的过程中，针对一些施工周期较长的工程，在控制旋转半径的同时，还应重视支洞和辅洞的设计和施工，以在有限的区间范围内实现工程效益最大化。

4. 功能反馈设计方法

功能反馈设计方法主要是利用先进的监测技术与设备，不断完善和调整水工隧洞功能要求的设计方法。常规的水工隧洞设计方法需建立在对水工施工状况具有系统性认知的基础上，该设计方法在水工隧洞设计中的应用，可大大提升隧洞工程后期设计方案的科学性，减少施工质量问题的出现，很大程度上扩大了水工隧洞工程设计方法的选择范围，可有效提升水工隧洞的设计效率。

（二）水工隧洞设计方法实际应用的注意事项

1. 水工隧洞的构造设计

水工隧洞设计方法的应用要求其可以满足常压下的无水渗透要求，因此，在设计过程中需对隧洞止水结构传感器进行完善，并利用石英制或铜制的传感器对止水带进行检测；在排水结构设计过程中，应加强对地形、水文与地质的数据分析、使用和计算，避免洪水期隧洞进出洞口出现积水漫洞现象；一般情况下，温度会对水工隧洞整体稳定性造成影响，因此，在缝隙结构设计过程中需将这一问题考虑在内，并结合地质条件、水文条件、隧洞结构等实际情况，选择合适的设计方法，确保设计方法应用价值的充分发挥。

2. 水工隧洞的灌浆设计

水工隧洞灌浆材料在很大程度上影响着水工隧洞施工整体效果，因此，在选择设计方法时需结合工程灌浆设计的目的进行选择，根据灌浆方式的不同，水工隧洞的灌浆设计可分为固结式灌浆设计和回填式灌浆设计。在对隧洞洞身进行灌浆施工的过程中，应重视周围岩石的处理分析，对固结式灌浆隧洞的相关参数进行控制。另外，在工程灌浆过程中，灌浆材料多采用水泥浆液，根据工程实际，水泥浆液中可加入水玻璃、氯化钙、硫酸钠等速凝剂，木质碳酸盐、萘系、聚羧酸类高效减水剂，膨润土、高塑性黏土等稳定剂和其他外加剂。

3. 水工隧洞的结构布置设计

水工隧洞结构布置设计主要包括隧洞进出口处、洞身和洞顶的布置设计。通常情况下，针对具有输送水流或泥沙功能的水工隧洞，多将其进出口上部分和下部分分别设计成半圆拱形、矩形，以减少隧洞上端岩石对洞身造成的压力；而隧洞洞身的布置主要考虑直接影响传输效率和排沙效率，进而会影响到工程的整体运行效果和施工进度。因此，需针对工程的实际地质条件，将设计方法在水工隧洞工程中的应用效果进行记录和整理，明确在同一工程地质条件下，不同设计方法所具备的优势和劣势，以获得良好的设计效果。

二、水工隧洞施工技术

（一）水工隧道施工方法

施工测量、钻孔、爆破和清除危石这四个部分就是水工隧洞的技术关键。

1. 施工测量

在进行洞内导线控制网的测量工作时一般使用全站仪。采用光电测距仪配水准仪进行施工测量。在进行工程作业的测量工作时需要由专业的技术施工人员实施，依据爆破设计的工程参数要求进行点布孔位。开挖断面的测量工作需要在喷混凝土之前进行，测量间距需在 5~10m 之间。定期对洞轴线进行全面测量、检查，同时复测也是必不可少的，多次测量以确保测量控制工序质量。此外，随洞室开挖以及支护进度，在两侧洞壁及洞顶间隔20m 之处设桩号标志。

2. 钻孔

施工技术人员需要严格按照测量定出的腰线、中线、测量布孔以及开挖轮廓线进行钻孔作业。湿式风钻钻孔时，首先进行卡套、机身、螺栓、弹簧和支架的检查，以确保其正常完好运行。若出现钻杆不直、带伤，供水异常，钻孔堵塞等现象，需对其进行及时修理或更换。为了避免出现超挖现象，须将周边孔的外偏角严格控制在设备所能达到的最小角度内。掏槽孔以及光爆孔的偏差应在 5cm 以内，其他炮孔孔位偏差不应大于 10cm。

3. 爆破施工要点

（1）在进行隧洞开挖工作之前，首先要设计详细的爆破方案，周边全部依据光面爆破方法实施，必须确保开挖断面以及洞壁保持平整性。严格控制单响炸药的使用量，尽可能地降低爆破对围岩的干扰。

（2）爆破试验。在进行施工过程中，根据岩石出覆状况，制定初步爆破设计方案并上报，待监理工程师审批后，方可实施爆破试验。观测现场爆破效果从而选择合理的爆破参数，并结合现场岩石性质与级别的变化程度对设计方案进行调整。

（3）爆破关键点。针对不同的围岩以及开挖断面，选择适宜的爆破设计，钻孔直径在 38~42mm 之间，依据钻孔设备以及围岩类别来确定炮孔深度。一般情况下使用防水乳化炸药。孔内利用非电导爆管进行起爆，导爆管由雷管引爆，这样可避免杂散电流引爆电雷管。为保障周边光面爆破效果，同时减少爆破震动而引发的对围岩的振动，周边孔最好使用不耦合装药，以线性布置方式在周边孔布置炸药。采用毫秒微差起爆控制，引爆周边孔以及内圈炮孔。按操作规程进行钻孔作业，严格依据设计要求确定炮孔的深度、角度以及间距，确保除掏槽孔外的所有炮孔孔底都位于同一垂直面上。

4. 清除危石

爆破工作完成之后，应及时清除爆破产生的危石，同时对已开挖洞段的围岩稳定情况进行多次检测，对可能塌落的松动岩块进行清除。施工时，边顶拱以及掌子面上残留的危石及碎块需使用反铲清除，确保施工人员以及现场设备的安全，安全处理岩面破碎洞段后，可在隧洞上先喷一层厚度为 5cm 的混凝土，完成出渣工作后，再次进行安全检查及相应处理。

（二）支护施工要点

支护工程具有种类繁多、工程量大、工序之间干扰强的特点，会影响施工安全与进度的关键工序环节，因此支护工作对施工人员提出了更高的要求。为了安全、高效地顺利完成此项工程，施工管理上要求技术人员做到科学有效地组织支护施工。

通常情况下，应按照"早进晚出"不刷坡、尽可能少刷坡的原则，利用隧洞进口边坡支护以及隧洞出口边坡支护施工技术，从而进行隧洞的进口设计和出口，在设计之前，需要尽力为洞门设计提供有利条件。进行设计时要先考虑无洞门设计，必须开设洞门的情况下，优先考虑非挡墙洞门或者斜洞门设计等简易型洞门设计。这样一来，可以更加有力地保护洞口和洞口处的山体坡积层，从而减少对周边环境不利影响，还能方便施工过程中人员设备的维修。通常采用开边挖边进行支护的施工方式进行边坡支护。开挖岩石时，首先检查环境，如存在不稳定的岩体，使用锚杆实施支护预防，保障边坡岩体的安全及稳定性，锚杆的选用，需根据实际规格大小进行选择，除此之外，还可利用混凝土喷施的计划加强其支护的可靠性从而防止支护难度过大。

1. 质量控制措施

（1）支护工作在施工前，应先检查围岩的参数，然后确定所支护的参数及支护的类型。紧跟开挖工作面及洞内喷锚支护同时进行，从而保证围岩的稳定性。

（2）必须严格按照施工规范、规程进行支护作业。随机锚杆、超前锚杆以及系统锚杆的安装方法，其中，有钻孔和注浆等相关工艺，都需要经过监理工程师的审批。系统锚杆和钢支撑必须依据施工图纸标注的要求实施。

2. 支护施工的几种施工方式

（1）系统砂浆锚杆施工。系统砂浆锚杆长度约为 4.0m，锚杆需要严格依照施工图纸要求在工厂进行加工。在进行施工时，必须精确测量锚杆钻孔位置与钻孔深度，将锚杆上的杂质、铁锈以及油污除去。使用锚杆台车依据相关设计参数进行钻凿锚杆孔眼，接着使用高压风将孔内岩屑清除，最后利用锚杆台车注浆相关设备将配制完成的砂浆从中空锚杆注入孔内，注浆过程中须将孔口封堵，这样才能使得孔内注浆达到饱和。

（2）挂钢筋网。挂钢筋网在喷砼施工分区之前进行，挂网之前首先要喷一层 3~5cm 之间的厚砼。采用光面钢筋，通常钢筋间距为 20cm×20cm，先在场外进行编焊，完成之后运至工作面，将焊接完成的钢筋在隧道作业平台车上沿岩面铺设，使用锚杆头进行点焊固定，利用膨胀螺栓加密固定中间部位，受喷面与钢筋网之间的间隙应小于 3cm，混凝土保护层要大于 2cm。

三、水工隧洞线路布置技术

（一）水工隧洞线路布置的重要内容及施工要求

1. 重要内容。从水工隧洞本身性质可知，其线路一般不会在环境条件很好的空旷地区布置，而是要深入到水下和地下洞内布置，因此也就不可避免地会受到各种内部和外部因素影响，也就导致了其必须涉及多个方面的关键技术，目前水工隧洞线路布置中几个最重要的关键技术有隧洞埋深布置技术、隧洞支洞设置技术、冲沟问题布置技术、隧洞的平面转弯点布置技术以及隧洞周边建筑物布置技术。这几个关键技术一同支撑水工隧洞线路布置工程形成，是保障整个水利水电工程顺利完成使用和运行的关键环节。

2. 施工要求。由于水工隧洞直接关系到整个工程的造价和运行问题，因此对其进行科学合理施工，充分利用各种力学之间的作用，保证整个线路布置能够最大限度地满足工程运行的要求，是水工隧洞线路布置的出发点和目的。研究显示，水工隧洞线路布置必须要符合以下几个要求，如此才能够真正满足实际施工要求：线路必须要与地质结构相交，且要成为一个大的交角；线路布置的地方水流条件一定要优越且线路布置不会对水头产生较大影响；线路布置中，最短的线应该为轴线部分；线路布置位置应该能够确保具有有利于支洞施工的条件；线路布置时应该最大限度地减少对周边建筑物的损害。

（二）水工隧洞线路主要需要处理的问题

1. 隧洞埋深布置。隧洞埋深指的是隧洞的整个开挖断面的最顶部到地面的最短距离。一般而言隧洞埋深越大，那么也就意味着该地段的地质条件比较好，开挖会遇到的绕沟线过程的问题也可以得到解决。但是，不是隧洞埋深越大越好，埋深越大也就意味着需要承受的内水压力越大，需要进行更高强度的通风或者排水等工作，因此也就会要加大工程投入，若埋深较大取得的优势小于需要付出的投入力度，那么将会得不偿失。所以，实际的埋深应该是在确保隧洞具有最小盖层厚度的基础上的一个比较合理的值。由于隧洞深埋过程中有可能出现一些危险现象，如岩石爆炸，因此，在进行实际深埋之前需要对地质情况进行全面详细的勘察，并在掌握整个地质概况的基础上采取有效的防爆和治理措施，确保在爆炸出现后能够及时地采取有效措施进行处理。有研究显示，目前最适合在各个地形中使用的隧洞埋深布置方式为变纵坡处理方式，也就是指隧洞的不同的施工支洞使用不同的纵坡度。使用该方式能够解决地下水自流、斜洞出渣、雪山准侧等问题。比较典型的有云南普度河的某水电站工程。该工程将整个隧洞分为三个不同的纵坡，三个依次为 0.4%、1.1%、7.7%。该布置方式能够同时满足降低施工难度和具备最小盖层厚度的要求，符合水利工程最大经济效益的要求。

2. 隧洞施工支洞设置。隧洞施工支洞指的是为了更好更快地完成隧道施工而从地面合适部位向主隧洞施工的开挖的辅助隧洞。由于隧洞施工支洞是作为主隧洞的一个辅助通道，因此其设置必须是能够在不影响整个隧洞施工的前提下顺利进行。通常情况下，隧洞支洞数量和位置的确定需要在充分了解整个隧洞性质的前提下才能够确定，大型的隧洞需要布置的支洞数量也越多，支洞位置对于施工的重要性也越来越明显，所以，所有的支洞布置均完全符合地质因素的要求。通常支洞的进洞口位置多选择在一些比较容易开挖的地段，如山凹处，能够减少开挖时间且难度也比较小。由于开挖过程中会有存在残渣物质，因此需要考虑到出渣的问题，每一个支洞的单头掘进长度应该要＜2km，如某水电站设置有6个施工支洞，从第一个支洞到第六个支洞间距分别有均没有超过2km。另外，需要注意的是支洞施工应该与整个隧洞施工处在同一时间段，也就是支洞施工必须紧追整体隧洞施工之后。一般而言，进水口处需不需要设置施工支洞时按照实际的隧洞施工设计要求而定，有些水电工程不需要设置，有些工程却需要设置，如虎牙河某水电站则需要设置。

3. 冲沟问题布置。冲沟指的是间断性的流水长期不断冲刷地表而形成的沟槽，这种沟槽属于自然作用的结果，相对比较少见。水工隧洞线路布置过程中通常情况下都会遇见一些冲沟，冲沟的危害有大有小。有些冲沟由于内部还含有断层或者蚀变带等地段，若在这些地方施工将非常有可能造成施工无法顺利完成，甚至存在安全威胁，因此，在碰见有冲沟问题的地段时必须要对做好跨沟处理，通过对冲沟的性质，有可能出现的危害等进行全面的了解，然后进行跨沟布置。目前，解决冲沟问题主要是使用平面转弯然后绕开、利用管桥避开、通过增加埋深方式避开冲沟的方式来处理。如云南某一处水电站在进行水工隧洞线路布置时遇见一条冲沟，该冲沟的坡度比较小，设计人员根据这个特点设计出几种解决方法：一是通过增加埋深的方式，但是若要避开整个冲沟那么埋深的增加的幅度比较大，这种情况下会延长施工周期和加大成本投入，相对不可行。二是将隧洞进行增长，然后在隧洞中设置一个支洞辅助施工，但是该方式操作起来比较复杂，投入也比较多，所以不可行。三是使用跨沟方案，即在冲沟部位开挖，然后将准备好的钢管埋到河床以内作为支撑，钢管全场有250m左右距离。通过该方式即避免了大动工带来的大成本投入，还起到了稳定隧洞地基的作用。

4. 隧洞的平面转弯点布置。由于水工隧洞线路设计需要，一般均会需要进行平面转弯，因此也就不可避免的需要对平面转弯点进行布置。由丁受地质条件的影响，隧洞进行平面转弯时其施工难度要远远大于正常的施工，若施工过程中不小心碰见断层或者冲沟时就会严重影响整个工程施工，施工难度加大直接导致成本和风险增加。因此，在进行平面转弯点设置时需要对转弯点需要在充分分析当地地质结构的基础上才能够开始设计，且所有的平面转弯点应该与地质结构形成一个适度交角，如此才能够保证线路布置与地质构造一致，防止冲突出现。如四川某水电站在进行水工隧洞施工中，需要进行平面转弯施工，转弯点总计有7个，每一个转弯点具有不同的作用，具体为第一个转弯点主要是作为进出口使用、第二和第四个转弯点作为跨越冲沟的主要结构、第三和第五个转弯点是作为布置六个支洞的据点，第六个转弯点则是在最小盖层厚度要求下进行设置的一个点，最后一个转弯点是作为布置调压井的主要据点，在这几个转弯点中间还需要进行6个支洞的施工。技术人员通过分析该隧洞的具体位置确定该隧洞的平面弯角角度应该要＜60°，整个弯角的半径必须要大于洞泾的5倍以上。这样设计主要是考虑到断层、冲沟、支洞以及调压井等施工需要。当所有设计完成，且施工人员在地质勘查人员确定无危险后根据设计图纸进行施工，能够最大限度地保证平面转弯点的安全。

5.隧洞周边建筑物布置。一般而言，水工隧洞线路布置不可避免地会与一些建筑物接触，由于很多建筑物均有其存在的价值，因此在实际布置过程中需要充分了解线路通过地区的建筑物，想尽各种办法尽量不要与建筑物相碰触或者避开建筑物布置。主要是因为若线路布置过程中与周边建筑物产生联系，势必要与当地的政府和居民进行大幅度的调试，增加工程成本投入的同时有可能还会引起居民的不满，发生纠纷，影响线路布置工作。但是如果一定需要通过建筑物，那么就要最好各个方面的协调工作，如浙江某电站在进行水工隧洞线路布置时碰见当地一座寺庙，需要在寺庙下方开发隧洞，但是居民认为该寺庙是一个重要风水宝地，不允许挖开，所以针对这种情况隧洞工程队只能够另寻方案，通过绕道附近另外的地方进行开挖。可见，水工隧洞线路布置过程中需要充分考虑到周边建筑布置的处理问题，只有协调好各方关系，才能够保障隧洞线路布置工作的顺利进行。

第五章　取水建筑物施工

第一节　水　闸

　　水闸由闸室、上游连接段和下游连接段组成，主要修建在河坝和渠道的中心位置，一般是整个水域压力最大的地方，主要作用是控制和调节水位，多建于河道、渠系、水库、湖泊及滨海地区。水闸通过水位的调节可以根据具体情况的需要对水资源进行有效控制，开启闸门，可以宣泄洪水、涝水、弃水或废水，还可以解决下游农作物灌溉的问题；关闭闸门可以拦洪、挡潮或抬高上游水位，以减少下游由于水流入的过多造成水灾，以满足上游取水或通航的需要。水闸有很多种类，有其各自的特点，按闸室的结构形式可分为：开敞式、涵洞式和胸墙式；根据水闸承担的不同任务可以分为：进水闸、节制闸、分洪闸、排水闸、冲沙闸、挡潮闸等。

一、水闸设计要点方法

（一）水闸设计的现实意义及理论基础

　　通常情况下，水闸建设在河道、渠道、湖泊岸边，在关闭的时候，能够有效地确保上游取水，也能够给通行和航运带来很大的方便；在开启的时候，可以有效地调节下游水流量的供给和需求。所以作为水闸设计单位一定要制定出科学合理的方案，这样就可以保证水闸施工越来越规范。

　　水闸主要在由闸室、上游连接段和下游连接段组成的。其中闸室是整个水闸结构主体，它主要是有底板、闸门、闸墩几个部分组成，可以能够的连接上下游和两岸。但是闸室的各个结构的作用有很大的不同，底板主要是将闸室上部结构的重量以及荷载传送到地基，这样就可以很大的防止渗漏和冲击现象的产生；闸门主要是用来阻拦水流，这样就能够有效的控制过闸流量；闸墩主要是用来分隔闸孔，并且起到支承其他结构的作用。上游连接段主要是由冲槽、护坡、翼墙等几个部分组成的，它主要是用来指引水流和延长水流的流径，这样就能够保证两岸和闸基之间的渗透水流的抗渗稳定性。对于下流连接段，它主要是由护坡、翼墙、护坦等几个部分组成的，其目的是用来减少出闸水流，从而有效地避免水流过度，继而冲刷河床和岸坡。

（二）水闸的选址原则

在水利工程中，对水闸进行设计时，选择水闸地址是否正确对于施工的质量具有非常重要的意义。对于已经完工的水闸工程，倘若其发生了质量和安全事故，主要是因为水闸地质的条件不够合理，或者在进行人工处理时，没有处理好，从而就造成水闸出现了渗透破坏、冲刷破坏的情况。所以在建设水闸的时候，对于地址的选择必须要安全、稳定，并且还要能够很好地满足水闸的使用要求、造价经济等条件。再次，水闸地址还要严格地按照水闸的地质、水文条件，选择比较好的天然地基，在一定的条件下，可以选择比较新鲜、完整的岩石地基。

二、水闸地基处理方法

（一）木桩加固法

在对水闸地基进行处理的时候，木桩加固法是一种比较常用的方法，主要是因为木桩加固设计具有施工方便、不受环境因的制约。例如，自20世纪60年代，在进行水闸地基处理的时候，受到技术和经济的影响，在我国水利工程中，由于软土闸基处理没有足够的手段和办法，所以木桩加固地基得到了广泛的应有，并且基本上成了唯一的选择。通常情况下，进行木桩的设置的方法主要有两种，其一，是将木桩桩头与闸底板进行浇筑，并且将他们连接在一起，这样就形成了桩顶铰接的深基础；其二，在木桩桩顶设置碎石垫层。

（二）换土垫层法

在水闸地基处理中，换土垫层法是一种置换法，并且它是一种使用时间比较长和成熟的处理方法，这是进行浅层地基处理的首要选择。在水利工程中，进行水闸地基处理的时候，要想有效地避免工程造价过高的情况，换填深度要控制在3m以下。倘若软弱土层的厚度在3m以下，下卧层地基承载力比较高的时候，要把软弱土层挖除干净在进行换填，在换填之后，一定要满足水闸对承载力和变形的要求。倘若软弱土层的厚度在3m以上，并且仅仅只能换上层软弱土的时候，就应该尽可能地避免采用换土垫层法进行闸基的处理，主要是因为尽管换填后可以很大程度的提高基底持力层的承载力，但是水闸地基的受力层面深度比较大，这样就使得下卧软弱土层在长时间的荷载下出现了很大的变形情况。但是根据实践证明，在用换土垫层法对地基进行处理之后，地基出现问题有了相应的减少，所以在处理水闸地基的时候，换土垫层法成了主要的方法。

（三）水闸施工过程中出现裂缝的原因及预防措施

1.水闸施工过程中出现裂缝的原因

首先在水闸施工中，进行底板混凝土浇筑之后，水泥发生了一定的水化反应，这样就释放出很大的热量。同时因为底板内部的温度基本上都比附近的温度高，这样就使得混凝土表面与内部出现了很大的温度差异。再次，在施工过程中，因为混凝土抗拉强度比较低，并且导热性能比较差，这样就使得很多水化热量堆积在混凝土的内部，从而就使得混凝土底板的表面出现了开裂的现象。然后，在对水闸进行施工的时候，由于底板混凝土的温度在不断地降低，这样就使得混凝土内部发生了一定的温缩变形。同时在地基的约束之下，温缩变形导致底板的中心发生了拉应力，从而就造成了裂缝问题的产生。

2. 水闸施工过程中预防裂缝出现的措施

首先，要不断地提高混凝土的抗拉强度，主要是降低水灰之间的比例，或者在混凝土中添加一些纤维材料，这样就可以大大地增加抗拉强度。然后，在施工的时候，如果水灰之间的比例符合的规定的要求，就可以适量的添加一些减水剂，这样就能够很大程度的减少水和水泥的使用含量，从而就能够有效地降低混凝土的温度，继而就能够防止混凝土出现裂缝的可能。同时，还可以适当的掺入膨胀剂，这样就可以很大的补偿混凝土的体积出现收缩变形的情况，要可以补偿混凝土出现温度变形的情况，也就可以防止混凝土出现裂缝。

最后在对水闸进行施工的过程中，为了降低混凝土在浇筑时候的温度，可以适当地降低骨料的温度、缩短运输的距离。同时还可以降低开始施工时，沪宁图的温度峰值，也可以减少施工结束之前的温度降低幅度，继而就能够防止裂缝问题出现在混凝土中。

三、水闸工程施工的技术要点

（一）水闸施工技术的重要性

水闸作为挡水泄水的重要建筑物，在水利水电工程中发挥重要的作用。水闸施工技术在电力领域应用的最为广泛，主要是通过在河流汛期进行蓄水，实现水能转换成电能，还能达到调节流量、泄洪和排涝的功能，是综合性很强的施工技术。要严格按照水闸施工技术要求进行施工，以保证施工质量，使水利水电工程能够很好地发挥效益。因此，在水利水电施工中，要重视水闸施工技术，深入研究，既要保证水闸施工技术的科学性，又要实现水利水电工程效用的最大化。

（二）水闸施工特点

水闸工程一般规模大、建设周期长、施工技术复杂、质量要求高等特点，比较其他建筑工程，水闸工程施工的工作环境一般都比较艰苦，而且不安全因素也相对较多，因此对水闸施工要求严格。水闸施工特点有以下几点：

1. 消能防冲

当水闸开门泄水时，闸室的总净宽度要能保证通过设计的流量。由于过闸的水流速度较大，而且水流形态复杂多变，闸室两岸及河床很容易被水流冲刷，因此水闸设计和施工时要采取有效的消能防冲措施。水闸孔径对于缓解消能防冲也有一定影响，因此闸孔径要根据使用要求、闸门形式及工程投资等因素进行选定。

2. 抗滑稳定性

当水闸关门挡水时，闸室就要承受上下游水位差所产生的水平推力，如果上下游落差大，水平推力就会大，这样就会使闸室受到巨大的推力而向下游滑动。因此闸室在设计时就要保证有足够的抗滑稳定性，施工时更要保证质量，提高闸室的抗滑稳定性能。

3. 抗渗透性

当水闸挡水的时候，由于上下游水位差的作用下，水就会从上游闸基边缘或绕过两侧建筑物向下游渗透，于是便产生了渗透压力。渗透压力会对闸基和两岸连接建筑物的稳定产生不利，尤其是那些建于土基上的水闸，可能产生渗透变形，因为土的抗渗稳定性差，所以抗渗透压力要比其他水闸弱，严重的还会危及水闸的安全。所以为确保水闸的抗渗透性，在闸室上下游位置要设计和施工完整的防渗和排水系统。

（三）水闸施工技术

水闸工程的施工过程与整个水利项目最终能否安全运行有很大的关系。只有确保水闸工程施工过程中的技术要点都能够准确无误地得以实现，才能够最终保证水利系统的正常运转。

1. 做好水闸工程施工前的准备工作

水闸工程的设计和建造是一项非常艰巨的工程，在工程开始之初，必须对工程当中的安全问题进行评估。所以，为保证工程进度，实现安全生产，建设企业应当成立对应各个生产部门，令其各司其职，有序开展工作。其次，对于预定的施工规划及任务要进行精确的审核，对于施工的设计图纸要进行认真检查，通过与施工现场的比对，务必达到协调一致。最后，施工方要对整个施工团队进行整理和完善，确保团队的稳定性和协调性，为后续施工的正常开展奠定基础。

2. 做好水闸工程施工导流技术控制

（1）导流方案

导流方案的选择取决于当地的施工现场环境。一般情况下，水闸在进行施工时都会选择在束窄滩建立围堰，但是围堰必须设置在河道的附近，与此同时，河道附近松散的地质条件也会对围堰的建设造成不利影响。所以，在修建围堰的过程中，应当建立结构致密，并且可以经受冲刷的浆砌石材质。有条件的情况下，还可以使用红黏土对围堰进行进一步的夯实加固。

（2）截留方法

在进行水利工程建设时，截流技术常会在工程当中用到。相较于世界其他国家，我国的截流技术还相对落后，因此，在进行截流时需要参考和借鉴国外的施工经验。通常来看，截流施工前首先要进行非常精密的测算，并且要建立一个参考模型对即将进行的截流工程进行模拟，获得理论上的参考。合龙方式大多采用平堵与立堵相结合的方式。值得注意的是，施工过程中必须预备足够的备料，因为施工所在的土质河床会在施工过程中慢慢下沉或者移位，这就使得原来计算好的用料量与实际的用料不符。所以，预备足够的备料可备不时之需。此外，在土质河床上施工还必须注意做好河床的护底工程，以保证水闸工程的质量合格。

3. 做好水闸工程施工的地基处理

在水闸工程的施工过程当中，水闸的地基处理非常重要，这是水闸在后期正常运作的关键。所以，在进行水闸修建之前必须对现场的土质进行详细的考察，看土质属于松软的还是硬实的。如果考察发现施工现场的土质属于松软的土层，或者土层完全是淤泥土层时，施工团队必须要对现场的土质进行更换和填筑，确保水闸的严密作用。原来的土还要不断地夯实，可以为整个地基分担一部分持力。

4. 做好水闸工程施工的岩基开挖工作

依据水闸所在岩基以及石方开挖的施工工作需要，根据岩石开挖的厚度确定水闸基础将开挖的整体情况。若岩石开挖厚度较大，则应采用钻孔钻削，从上到下逐渐分层。与此同时，在整个石方开挖的施工过程当中要严格确保爆破的力度和范围，因此需要提前控制好炸药的量。钻孔的深度也要严格掌握，避免深度不够或者深度过大，以确保岩基的工程质量。

四、水闸工程施工质量的控制

水闸的建设工程是保证其他水利项目得以顺利实施的前提，水闸的质量状况又是其使用寿命以及安全性的基础。在施工过程中，由于水闸的施工和设计比较复杂，最终的施工质量要求也比较严格，因此，对施工质量管理的研究是非常必要的。

（一）加强对施工团队的管理

要保证水闸施工过程的安全顺利，确保最终的水闸工程适量合格，那么，建立一支合格的施工技术团队是很有必要的。这样的团队需要进行合理的规划，各部门明确职责分工，实现对整个施工团队的精确化管理。所以，有必要建立一个管理小组，对整个水闸的施工进度进行实时管理。管理小组可以依据水闸工程的施工特点进行机构安排,成立技术、机电、施工和质量等小组，分别对施工情况进行分类管理。例如，技术组可以对施工团队的技术进行监督和改进，优化施工的技术方法；机电组负责对施工设备进行维护和检修；施工组负责抓好施工进度，稳步推进工程进展；质量组负责对完成的工程部分进行检查，确保工程的质量合格。物资组则负责提供施工所需的一切设备和生活所需，保证施工物资完备。

（二）控制好原材料的质量

水闸工程的施工质量取决于施工技术以及施工材料的选择。除去施工技术的选择因素外，原材料的选用直接关系到水闸最终的工程质量。因为原材料的情况决定了后续混凝土的配比及拌和情况，混凝土的配比及构成又直接影响了水闸的施工过程，进而影响到水闸最终的质量。因此，为保水闸的工程质量，必须对建设水闸的原材料进行严格把关。

（三）科学配置混凝土的比例

为了保证水闸工程的质量，必须严格控制混凝土施工的质量。混凝土的质量不仅取决于原材料的使用情况，而且还取决于混凝土的配比。合理的配置比例可以使混凝土达到最佳的使用状态，可有效保证水闸工程的工程质量。通过科学的换算可以获得准确的混凝土配置比例，但是在实际施工过程中还必须依据现场情况将其调整为合适的施工配合比。混凝土的配置比例必须同时满足施工工艺以及施工技术的要求。通过在混凝土中添加不同的添加剂，也可获得不同性能的混凝土。这种方法可以根据施工的实际需要对添加剂的种类和添加量进行调整，以改善混凝土的性能。

（四）施工后进行质量检查

水闸工程项目完工后，需要对工程质量进行系统的验收和检查。单元工程的质量可以由施工单位的质量监督部门进行审核，部分工程的关键位置也可以由施工团队先行自评。自评合格之后再由法人和监理、施工单位等联合进行质量审核，严格保证水闸建设的工程质量。

第二节　水　泵

一、水泵系统安装技术

随着社会的不断发展，技术日新月异，人们对生活水平的要求不断提高，对安装工程的质量要求也越来越高。机电工程在建筑工程领域具有举足轻重的作用，而设备安装又是重中之重，设备安装的正确与否，质量的可靠与否，直接影响着人们日常生活的舒适度。建筑是承载体，机电是功能的体现，两者有效结合，才能形成一个完美的建筑工程。

（一）水泵系统的组成

建筑内水泵泵组一般由水泵本体、水泵基座、减振设施、水泵进出口连接管、管道支架、水泵配电系统、水泵控制系统等组成。

（二）组成构件的制作及安装控制要点

1. 水泵基础的设计、施工

（1）基础的深化设计

水泵基础需要根据成排水泵型钢基础的长度、宽度，水泵组的重量，水箱的位置等条件，由厂家或施工单位深化设计完成图纸。图纸中需要标注地脚螺栓孔的位置及预留孔洞的大小、基础高度、配筋情况，并且要求地脚螺栓预留孔底与结构地面有 50mm 的距离。

对基础高度进行设计时一定要考虑建筑地面做法，保证基础的净高要求，一般基础的高度要求不小于 20cm，同时根据设备的要求，如体积、重量比较大，则需增加混凝土基础配筋。混凝土的强度等级通常采用 C30。

（2）基础的浇筑施工

先根据设备房平面图，按照墙线与基础的距离定位设备基础的具体位置，一般要定位四个点，即基础四角的位置，并在地面上弹出基础矩形外框线。矩形外框误差不大于 ±20mm，最后需根据建筑轴线复核基础的定位是否准确。

浇筑混凝土基础时需要振捣密实，同时保证 28 天养护期后才可以安装设备，基础的侧面和顶面用 1∶2.5 的水泥砂浆抹灰压光，保证基础表面的平整度每米不大于 5mm。

2. 水泵减振系统的安装

（1）惯性基座的制作

卧式水泵考虑惯性平衡的原因，需在水泵与弹簧减振之间增加混凝土惯性基座，基座的高度应为长度的 1/10~1/8，且不小于 150mm，减振台座的质量应不小于水泵机组的总质量，一般为水泵机组总质量的 1.0~1.5 倍。所以，制作卧式水泵基座时通常采用 20 号工字钢，根据水泵基座的大小尺寸，焊接成比水泵基座一边大 10cm 的矩形，在工字钢上侧面预留螺栓孔，供弹簧减振固定时使用，基座选用不下于 C20 的混凝土浇筑，并预留地脚螺栓孔，养护 28 天后，运至现场安装。

（2）弹簧减震的安装

根据计算书选好配套的弹簧减振，先将减振台座四角用千斤顶顶起，然后将减振器水平放在基础上，并用水平仪测量保证水平度，再用螺栓将减振器与基础及减振基座固定，要求减振器的数量和位置一定按照深化图纸的规定定位精确。减振基座四角处的减振器需要固定，中间部位的减振器不需固定，水平移动中间部位的减振器，使重心达到一致（即减振器压缩量一致）。

（3）橡胶减振器（垫）的安装

立式水泵通常选用橡胶减振器或橡胶减振垫，橡胶减振器（垫）安装前需要对基础表面找平，保证基础表面的平整度，再将其安装在混凝土基础上，然后安装水泵组的型钢基础，同样再次找平型钢基础的表面，需要注意橡胶减振器（垫）的均匀布置，并与地面和型钢基础固定。特别是橡胶减振垫，如果单层不能满足隔振要求，可以多层叠加布置。

3. 水泵的管道连接

（1）首先根据系统的压力要求合理选用相应的材料材质、

压力等级，如阀门压力的选择不小于管路系统工作压力的 1.5 倍，通常选用高于或等于管道压力等级。

（2）连接法兰宜选用与阀门压力等级一致，连接法兰螺丝的直径比法兰孔的直径小一号。

（3）工作压力超过 1.0MPa 的软接头，对抗振要求严格，使用年限长，系统工作压力比较高，高温高冷的系统，一般选用金属不锈钢软接，长度不小于 30cm，对一般需求的管路系统软接头可以选用橡胶软接头。

（4）主要控制阀门在安装前，必须逐一进行严密性试验。

（5）所有材料选择完成后开始安装水泵的进出水管路，进水口一端按照图纸的要求依次安装连接短管、控制阀门、过滤器、软接头、变径等配件，出水口依次安装变径、软接头、止回阀、控制阀门等配件，组装完成后如果进出口管道是水平安装的，需在水平安装的阀门两端处安装落地式减振支架，如果是垂直安装的阀门，需增加吊式减振支架。

4.进出口管道支架的安装

水泵进出口管道固定通常选用具有减振功能的支架，相应的减振支架需要经过计算确认型号，落地支架支撑杆中间采用 10cm×10cm×5cm 垫木块隔断，支撑杆与地面加弹簧减振器；吊式支架需要与顶板固定，根据管道重量选用顶板固定屋顶水箱内设置液位控制器，地下一层泵房的水箱内设置电子液位计。电动阀根据屋顶水箱内液位计水位的高低开启阀门，地下室水箱内电子液位计需要水泵联动，根据液位的高低来强制水泵的启停。屋顶水箱内液位计也需要与变频水泵联动，根据液位的高低来强制水泵的启停，需要注意的是，几个屋顶水箱内的液位计都要同时与地库水泵进行联动，控制启停。整个控制系统的运行需要对控制箱进行逻辑关系设置，地下室水泵房内设置一块显示屏，把屋顶水箱内的液位情况显示在泵房内，如水箱内液位实时高度以及超液位报警等。后期根据物业需要，甚至可以改进把信号同步传输到物业值班中心。

通过此次改造保证了供水的水压稳定，并设置报警信号传递，保证了漏水的及时修复，同时比较节约能源，也满足了住户对水压的稳定性要求。

二、水泵的安装运行

（一）水泵的安装要点及合理的运行过程

1.水泵的安装要点

在水泵进行安装施工前要做好相关的准备工作，首先，要根据水泵的安装尺寸将混凝土的基础做好。与此同时，还要将水泵在运行过程中会用到的脚螺栓进行预埋。其次，在水泵的安装施工前要对施工要用到的电机和泵进行一定的检查。保障了施工设备的完好就可以在很大程度上保证水泵安装施工的安全性和时效性。在水泵的安装施工过程中具体的施工工序为，将电机组放在基础上，这一施工工序的进行要注意底板和基础之间的位置摆放。可通过楔垫来调整水泵的水平位置，之后才可以拧脚螺栓。然后，对于水泵管路的吸入和排出要有支架，不能利用泵来直接进行支撑。水泵安装完成后，要用手盘动联轴器来检查在施工的过程中是否有擦碰的痕迹。

2.水泵的运行过程

水泵在启动运行前应将水泵内部灌满需要输送的液体，灌输液体完成后要把阀门的出口进行关闭，从而接好设备的电源。电源通电后，需要检查泵是否转向正确的方向。确认无误后，才能将出口阀门缓慢的开启运行，并将所需的性能点调整到所要应用的范围内。

（二）水泵常见的故障问题及解决方法

1. 水泵的故障和解决措施

虽然我国使用的水泵类型众多，使用的场所也大有不同，发生故障原因及表现形式也不一样。但总体来说，还存在着一定的共性。水泵都会出现不吸水的问题，其具体表现为水泵的压力表呈现剧烈的跳动以及水泵真空表的指示高度真空的现象。造成第一种不吸水现象的原因是水泵运行前没有将具有引水作用的容器灌满，水泵内部有了空气就会使得吸水管和表管出现漏气的问题。可在水泵运行前将液体灌满的方式进行解决，此外，还要注意排除水管的漏气问题。造成第二种不吸水现象的原因是水泵的底阀没有打开或者是发生了严重的堵塞问题。水泵的底阀停止工作会使得吸水管的运行阻力增大，吸上水的高度过高。对于这一问题可通过检查水泵底阀活门的灵活性来进行解决，如果发现有堵塞物应予以清除。此外，还要尽量保证吸水管的管路简单，这是降低水泵吸水高度的有效措施。

2. 实例

以某抽水泵站在应用立式轴流泵的过程中维修故障的方式为例，此泵站所采用的水泵是半调节立式轴流泵。使用的过程中泵站其主要的零部件进行年度维护和维修工作。对于半调节立式轴流泵内部的轴向轴瓦进行检修，需要检查其表面是否存在磨损或者是烧损的问题。此外，轴向轴瓦表面的鱼鳞状挑花是否被磨平是否还具有受力均匀的功能，这一检修内容可通过肉眼来进行判断。如果发现半调节立式轴流泵内部的轴向轴瓦表面存在磨平问题，这就意味着轴向的受力情况并不均匀，受力点出现了明显的偏移问题。针对这一问题检修人员就要将传动轴的水平位置进行一定的调整，调整到轴向轴瓦表面受力均匀为止。除此之外，还对水泵的盘根进行了检修。半调节立式轴流泵中的盘根是为了防止水泵在运行过程中，有水从轴承的交汇处渗出的问题发生。在检修的过程中，要把盘根的质材用手拆卸下来，对盘根进行检查时，应当将盘根的材质为主要检查内容，用手拉伸拆下来的盘根，然后将容易断裂的或者质地比较脆弱的盘根进行更换，这些盘根一般情况下，只能够使用一次。在对盘根进行更换的过程中，要注意这些盘根的长短，其长度以绕轴一周作为基准，并且将其全程一个圆圈，另外，还要对其添加一些润滑脂，以为了防止其漏水，放置 6~8 个圈，并且使每个圈的接口与接口之间相互错开，再利用压紧装置的轴向将其进行压紧，但是在压紧过程中，要注意不要太紧，最好的是两个人对其进行合理操作最好。

（三）水泵使用的日常维护和管理

一般在水泵停水后，要对其进行妥善的保管，避免其表面出现锈蚀方面的问题，导致其因为被锈蚀而无法使用。其保管和维护主要做到以下几点：

1. 配套动力的日常维护：当水泵停用后，要将其配套动力，包括柴油机或者电动机等拆卸下来，然后将这些配套设备放置在室内，对其进行一次较为彻底的检查和维修，令其始终保持在完好的状态，如果配备电动机，还应当对其做好防尘、防潮、以及防雷等工作。

2. 离心水泵方面的日常维护：在使用完毕后，应当将水泵和其中的胶管撤出作业区，将其中的净水放出后，对叶轮、轴承以及口杯等方面的磨损程度进行详细的检查，要将磨损较为严重的零件进行更换。同时，要利用汽油，对轴承进行清洗，然后再利用黄油均匀地涂于轴承的表面，最后对其进行安装。对泵的底阀以及铁铸部件部位要利用铁刷清理干净，同样要在其表面涂抹上一层黄油。

3. 管子的日常维护：在各种管子停用之后，要把其中余下的水放干净，其中的铁管子上要涂上一层油漆，以避免长期不使用的情况下出现锈蚀现象；其中的胶质管子，要注意不能与汽油接触；塑料管子要清洗干净，同时放置在干燥阴凉的地方存放，不能让其受到烈日的暴晒。

第三节 泵 站

一、泵站施工技术

（一）水利泵站的施工难点

1. 施工环境差

因为水利工程需要对水资源进行控制利用，包括在河流附近以及山涧内的水资源，所以施工环境直接地加大了水利泵站的施工难度，对施工技术也就有着更高的要求。特别是在水利工程建设场地存在较多的地下水，致使地质环境较为松软，没有较高的强度来承载建筑物等带来的压力，因此在泵站的基础建设上，就应做好相应的处理，避免施工环境给工程项目带来质量上以及安全问题上的隐患。

2. 施工难度高

水利泵站的建设包括水泵等机电设备的安装以及建筑物的建设等，因其功能性较强，所以在施工质量方面也就有着更高的要求。泵站的建设需要一定的专业性，所以要求的施工标准较为严格，具有一定的难度。水利泵站的建设标准高、施工环境相对较差，现有的施工技术仍存在一定缺陷，各部门之间做不好相应的配合，这些因素给泵站的施工建设增加了一定的难度。

（二）水利泵站施工技术分析

1. 围堰施工

水利工程是对自然水资源的控制利用，但是自然水资源分布较为分散，不方便直接控制，对泵站的建设有着不小的影响，所以在建设泵站之初，首要任务就是围堰施工。围堰的主要作用就是改善施工环境，为泵站施工提供一些方便，同时还能大幅度提高施工安全。围堰施工是泵站建设的基础，所以在施工流程以及堰体填筑施工方面就要格外加强。首先要根据水利工程的要求标准去进行施工设计，仔细勘察施工现场环境，考虑地势以及水面高度等问题，制定缜密的施工方案，做好围堰施工基础。其次是施工技术上的选择，必须严格按照工程标注去执行，确保围堰的强度，保证施工安全。在堰体填筑时，通过机械进行辅助，对填筑物进行分层压实，使其确保达到设计强度。

2. 基坑支护施工

因泵站施工现场地质相对较差，所以必须做好基坑支护工作。在基坑支护强度上，要保证起具有足够的承载能力，避免发生过多的下沉而造成泵站的质量问题。在实际施工中，可以采取钢板桩进行加固。在加固材料的选取上，要求钢板具有较高的强度，特别是承载能力上，必须达到或超过设计标准，避免缺少抗弯性而造成的施工危险事故的发展。现阶段的基坑支护工作多采取单桩打入的方式，利用工具对轴线进行测量，确定位置后进行打桩施工。

基坑支护中的拔桩工作也是一个重点项目，通常是在涵洞或者出水口挡土墙工作完成后进行，拔桩施工主要有以下技术控点：一是在利用打拔桩机夹住钢板桩的头部进行震动过程中，时间应控制在 1~2 分钟内，通过震动来松动钢板桩周围的土，以减小桩所造成的摩擦；二是拔桩过程应缓慢进行，如果出现上拔困难等情况，应马上停止拔桩操作。

3. 导流及降水施工

在泵站施工中，水文地质对施工质量有很大的影响。一般情况下，应在地下水位埋深达到 114~115m 的位置进行泵站排水闸设置，且所处位置的含水层区域应该水量较为充足，含沙量也较厚。其次，是对导流方式的选择。导流方法应结合泵站的强排流量、引水流量等进行选择。

4. 土方施工

在泵站的施工中，需要对基础土方进行开挖，按照泵站的实际需求，对土方体积以及施工计划等做出详细方案，在土方施工时要注意分层开挖，同时要对土方底部及时进行距离标注，减少不必要的超挖情况。同时要注意是挖出来后的土方运输问题上，要确保运输路线保持畅通，避免因运输问题造成的施工延误。此外就是土方的及时回填，主要是为了避免降雨等问题对建筑产生浸泡。土方回填时要严格控制每层厚度以及减少回填物的含水量，确保泵站的基础具有足够的强度。

5. 混凝土施工

混凝土作为建筑常用材料，在确保工程质量上起着至关重要的作用，特别是在泵站的建设中，进行混凝土施工是提升泵站强度的关键。泵站工程对混凝土的要求也是较为严格的，在混凝土材料的配比上，应按照水利工程的实际需求，对混凝土配比进行调整，在保证强度的同时减少成本上的投资。在实际施工时，需要对施工现场进行清理，避免一些杂物等混杂在混凝土中，如果杂物过多则会导致混凝土达不到应有的强度。此外要注意的就是施工场地的积水问题，包括降雨以及模板内串流过来的积水。现阶段主要采用的施工技术是分层连续浇筑，在施工时要保证各层进度保持一致，通常控制在 1 米范围内，每层的施工时间间隔要控制在两个小时内完成。在混凝土浇筑时，要配合振捣棒进行辅助，确保混凝土的均匀以及强度。最重要的一项工作是对模板以及钢筋结构的检查，这些结构出现松动时，会严重地影响工程是质量，同时还会给施工带来安全隐患。

二、泵站施工管理

（一）泵站施工管理的重要性

施工管理是指管理人员在施工过程中执行施工组织设计和协调现场关系的一种管理，包括施工人员管理、施工监督管理、质量管理、安全管理、处理现场问题等。由于泵站施工过程复杂，对施工技术有较高的要求，且在施工过程中容易受到多种因素影响，如果没有做好施工管理工作，将会影响施工的顺利开展，甚至对泵站施工质量产生影响。泵站建设中涉及诸多设备、人员、技术、工艺，且泵站建设投资较大、周期较长，通过合理有效的施工管理，能够更好地促进泵站施工顺利、有效的开展，从而保证泵站工程施工质量。施工管理不仅是促进施工有序开展的重要途径，同时也是控制施工成本，提高建设效益的重要方法。因此，水利工程泵站建设单位应加强对施工的管理，充分认识到施工管理的重要性和必要性，并切实对施工管理观念、管理方法进行创新和优化，使得在科学有效的施工管理之下，泵站施工管理水平能够得到提高。

（二）泵站施工管理中存在的问题

1. 部分规划设计存在不合理

泵站施工是一项具有较高复杂性、系统性、技术性的施工项目，要做好泵站施工管理，就必须要做好泵站建设规划设计，就目前来看，很多单位都没能按照相关规划设计开展工作，从而导致规划设计与实际施工存在不相符的问题，给泵站施工管理工作带来了影响，容易产生施工过程中的安全隐患。

2. 施工管理效率不高

为了促进施工的顺利开展，很多施工单位都加强了施工管理，但就实际施工管理效率来看，并不十分理想。导致施工管理效率无法提高的主要原因与管理人员的技术水平和综合素质有关，很多管理人员并没有从思想上认识到其重要性，一些管理措施、管理制度流于形式，无法落到实处。还有部分管理人员的综合能力较弱，无法掌握有效的管理方法、管理策略，致使管理效率无法得到提高。

3. 管理制度不够完善

要提高施工管理质量和水平，就必须要依附于一套完善健全的制度体系，在制度规范的约束和引导下，施工管理工作才能更加有序地开展。但就目前来看，很多建设单位制定的管理制度都存在不完善、不合理的现象，管理制度缺乏适用性、可操作性，因此容易出现分工不明、责任不清等问题，进而影响泵站施工的有效管理。

（三）泵站施工管理改善措施

1. 加强泵站施工的整体规划设计

泵站建设是一个非常复杂、烦琐的施工项目，因此泵站施工的管理工作也相当复杂，如果没有做好整体的规划设计，管理工作也难以有序开展。泵站管理工作包括施工进度、资金、人员、质量、安全等多方面的管理，唯有一个良好的整体规划，才能保证施工的顺利开展，提高泵站建设效率。因此，建设单位在施工之前应做好泵站的整体规划，施工前对相关设计图纸、施工文件等进行审核，充分掌握施工环境、施工条件等，做好人员的统筹安排，对施工的每一个环节做好规划。按照相关规划实施设计，确保泵站施工的顺利开展，同时为泵站施工管理打下良好的基础。在正式施工之前，建设单位可组织相关设计人员、技术人员、管理人员、施工人员等开展交流讨论会，做好各层级人员之间的划分安排，协调好各部门之间的关系。

2. 提高管理人员综合素质

泵站施工管理人员不仅要具备良好的管理水平、管理能力，同时还需具备良好的职业素养、责任心等。管理人员应充分认识到施工管理的重要性和必要性，了解自身的职责和范围，切实做好自身工作，以保证管理质量和效率。工程建设单位应聘请一些具有管理经验、管理能力的精英人才，同时还要加强对现有管理人员的培训和教育，以提高管理人员的整体素质和能力。随着自动化、信息化程度的不断提高，建设单位也需构建信息化管理平台，从而实现对水利工程泵站建设施工相关信息资源的综合管理，提高管理效率。

3. 完善管理体制

完善健全的管理制度是泵站建设施工管理的基础和前提，因此，在改善和优化泵站施工管理过程中，要重视管理体制的完善和健全，加强对管理体制的改革和创新，使管理体制能够更好地在施工管理中发挥作用，促进施工管理的有效开展。首先，要制定明确、详细的管理制度条例，管理制度条例必须具有操作性和实用性。重视施工的成本管理、质量管理、安全管理、机械设备管理、人员管理等，以提高施工管理质量。其次，管理体制可以实行责任制，即责任落实到个人，使每一个管理人员、施工人员、技术人员都承担相应的责任。不仅能够督促每个工作人员完成自身的工作，起一定的约束作用，还能在施工发生任何问题时，第一时间追究责任。最后，应制定完善的激励机制，以此来促进管理效率的提高。对工作表现好的人员可以给予一定的鼓励或奖励，而对在施工中出现失误的人员应给予警告和处罚。

三、泵站施工的质量管理

（一）提高泵站质量管理水平的重要性

泵站在我国水利工程中发挥着极为重要的作用，而且泵站工程的建设具有施工要求低，对环境的破坏小，施工成本低，施工周期短等优点，所以是水利工程施工单位的首选。目前我国泵站建设过程中，还存在一些亟待解决的质量管理问题，例如，泵站施工材料和设备的选择不当，施工技术不到位，施工人员的专业性和综合素质缺乏等，这些都制约着泵站建设质量水准地提高。泵站施工的质量管理水平要想提高，就必须从全方位入手，泵站地施工要符合我国相关行业的基本质量标准，不能够随着使用者的意愿进行违规建设，对于国家明令禁止的影响工程质量的施工行为要严格予以制止，管理者要将泵站工程施工视为一个整体，各项管理环节和管理行为要系统开展，在质量管理前要制定明确的管理方案和具体目标，根据实际工程施工情况选择适合的管理方案，在管理过程结束后要及时进行管理效果记录和反馈，以保证管理的科学化和系统化。

（二）如何提高泵站施工质量管理水平

泵站施工质量的好坏对于工程投入资本和总体施工质量有较大的影响。泵站施工质量管理有一套系统管理方案，首先要做好施工前的质量管理准备工作，其次，是施工过程中的质量控制和监督，最后在进行管理效果的综合评价，在此过程中，还要借助政府部门的全程监督以保证实现更为理想的管理效果。以下将对施工质量管理过程中的操作要点进行一一列举。

1. 施工材料的选择。施工材料的质量是工程质量的基础和关键，所以在选择时要依据工程施工的标准而定，同时要符合国家法律法规明文规定的材料标准，对于不达标的施工材料一律要禁止流入施工环节。

2. 质量管理目标的设计和制定。质量管理部门和人员要在施工前做好质量管理控制预案，并制定各施工程序的质量控制标准，使之达到工程要求的标准。

3. 施工过程中的质量管理。在施工时，管理者尤其要注意泵站施工主体的结构是否符合质量标准要求，一旦泵站主体结构出现质量问题，将直接对泵站使用人员和财产构成安全性威胁。

4. 工程主体完工后，要注意各项细节和配套设施地完善，后期装饰工作的质量也不能忽视，除了要追求施工质量之外还要力图使工程外形更加美观。

5. 做好施工前的工程质量实验工作。可以通过先期建设实验范例来进行工程结构最优化选择，以避免造成资源浪费或中途返工的情况。

6. 对一些经常出现质量问题的施工位置要实行重点质量管理，例如棚顶，地下结构，墙体等位置，尤其要注意检查这些位置的密闭性和防渗漏性能是否施工到位。

7. 管理者要在施工过程中大力引进新型技术和施工材料，新型技术和材料的使用有助于提高工程施工质量和效率，还可以大幅度压缩施工成本意的。

8. 要注是施工人员专业技术和综合素质地培训和考核。对于新录用的施工人员要做好岗位培训工作，对于原有的施工人员要定期进行技能考核，不达标的人员要重新培训。要树立施工人员的安全意识，强调工程施工质量的重要性，最大限度避免施工人员的操作失误。

9. 工程施工分工要明确，施工责任要落实到人，一旦发生质量问题好从源头查明和补救。

10. 监理和验收工作要到位。对于工程收尾阶段的质量控制工作要进行系统总结，以备后续问题参考之用。

施工过程中还要强化试验检测工作，把好材料质量关。工程开工后，作者单位制定了材料试验计划，施工中砂、石、钢材、水泥等原材料，混凝土配合比，混凝土试块抗压、抗渗强度等均委托某市市政工程质量检测中心检测。在工程施工中，对每个分部分项工程的施工，加强对过程和工序的质量控制，从施工方案和施工程序、机械和劳动力的配备、材料和设备的质量等施工技术和施工组织方面，做到精心组织，规范施工；施工质量管理中还包括加强商品混凝土的质量控制，确保混凝土施工质量。与商品混凝土公司签订合同后，应根据施工方制定、监理部审定的混凝土配合比的质量指标，由施工方设计初步的混凝土配合比，经建设处、监理部和施工方审定后进行试验，经试验该配合比符合设计要求。

还可以采取季节性施工措施，保证混凝土冬季施工质量。采用蓄热法和掺外加剂并用的方法，商品混凝土中掺用外加剂选择早强、防冻型减水剂，采用铺聚乙烯薄膜、麻袋片覆盖保温等措施，较好地防止冬季混凝土施工冻害的发生。质量监控对施工现场来说一般有事前监控、施工中监控和加强过程中地监控。如对原材料、半成品、成品的控制，应在有关分项施工前进行，这样能更好地实现事前控制。在施工过程中应着重抓好以下几项工作：（1）技术符合：重点在于定位、引测标高、轴线及成品、半成品的选用方面；（2）隐蔽工程验收：此为监控的主要手段。凡属隐蔽项目必须进行全程监控，如地基验槽、桩基、钢筋、地下混凝土、暗埋、管线等等，且隐蔽工程验收须按有关规程进行；（3）材料试验：对钢材、水泥等原材料及一些成品、半成品，除检查出厂合格证外，尚需按规定抽样检验；（4）抽检：不定时的随机检查，便于及时发现及时整改，这是施工过程中监控的一个有力手段。

还需要设置质量管理点：质量管理点可用于多种环节，如推广新技术、质量难点、薄弱环节，要求达到高质量的分项等，在质量控制的关键部位、薄弱环节上设置质量管理点，采取事前控制，对质量保证有直观的监控作用。最后是对施工管理的经验与建议包括：为工程实施营造一个良好的施工环境，是工程顺利实施地根本保证。在施工管理上狠抓关键线路的施工，在保证人员、资金和设备投入的同时，通过优化施工方法和改进施工措施等手段保证了合同工期的实现。泵站施工质量管理是一个从始到终的系统工程。提高泵站施工过程中的整体施工质量的管理水平，不但要依靠各专业人员本身的施工水平，同时在很大程度上取决于各专业人员之间的相互配合。工程的施工阶段，应制定完整的、详细的、符合实际的质量控制目标，通过各种途径和手段，以质量控制为中心，进行全过程和全方位的控制管理，只有这样，才能保证工程质量管理目标的最终实现。

四、泵站施工过程中裂缝处理

（一）泵站施工过程中裂缝的成因

1. 施工因素

施工因素主要表现在以下三个方面。其一，施工工艺不合理。在具体施工时，普遍存在着搅拌不均、搅拌时间过长或过短、水量和用水泥量比例不科学、钢筋锚固不良和分布不均、模板漏水、模板拆除过早、硬化前承受载重等因素都会导致混凝土裂缝现象的产生；其二，温度控制因素。在浇筑之前，技术人员未对原材料实施遮阳和降温的保护措施，忽视了混凝土出机口温度的控制和监管，浇筑后的温度和湿度没有得到有效控制，同时，养护初期的暴晒和大风也会导致混凝土裂缝现象的产生；其三，施工工序不科学。混凝土搅拌完成与正式浇筑的时间间隔过长，浇筑次序不符合施工技术要求，接缝处理不合理。此外，混凝土分块分层不科学也是导致混凝土裂缝现象出现的重要因素。

2. 原材料与技术因素

水泥存放环境的温度和湿度过高，导致水泥发生不同程度的凝结现象，水泥中的含碱量与 CaO 等游离物质含量较高，促进了混凝土发生膨胀的不良状况，水泥的强度过高也会影响混凝土的裂缝现象。与此同时，选用的骨料不合理，甚至使用碱性骨料和风化岩石，大大降低了混凝土的强度与抗裂性。另外，混凝土配比不科学，水量、水泥量、砂率和水胶的配比不科学，同样会在很大程度上降低混凝土的抗裂性。

3. 环境因素

环境同样是导致泵站施工过程中产生裂缝的一大因素，温度和湿度都会影响混凝土的应力松弛，浇筑后的混凝土依然需要养护，尽可能地避免长时间暴露，在泵站施工过程中，技术人员要注意关注天气变化，避免恶劣天气影响混凝土的质量和施工效果。

（二）防范对策

1. 优化施工工艺

施工工艺是影响泵站产生裂缝的关键因素，技术人员要尽可能地保障混凝土浇筑的连贯性，科学地选择施工工具和浇筑方式，不断优化钢筋配置，并严格监管混凝土的质量和施工过程，一旦发现异常情况，要及时采取有效措施给予处理。其次，合理安排施工，努力保证浇筑强度的连续性，避免发生漏振和过振的不良现象，可以采取快插慢拔的模式，要注重检查已浇筑成型的混凝土，运用抹面技术尽量避免混凝土出现裂纹，要在混凝土完全凝固且符合施工要求的情况下再拆除模板。再次，不断创新泵送混凝土施工工艺，努力增强混凝土的抗裂性，尽可能地采购优质混凝土材料，严格监督和控制混凝土的出机和浇筑温度。同时，也可以采取二次投料的方式，充分发挥净浆裹石和砂浆裹石技术优势，有效避免水分凝结在砂浆和石子上，有效提升混凝土过渡层结构的细密黏结力。在混凝土尚未凝固时，利用二次震动的方法增强混凝土的黏结强度与抗拉性能，以此来减少裂纹与气孔。

2. 合理控制混凝土温度

温度始终是影响混凝土凝固效果的重要因素，技术人员要根据具体情况合理控制泵口的混凝土出机温度，如在白天施工过程中，可以利用遮阳棚为沙石的存放创造良好的环境，在温度较高时要给骨料洒水，尽可能地将水泥温度控制在 60℃以下。与此同时，还要加强混凝土表面的养护与保护，如利用外包编织袋促使混凝土降温，利用竹胶模板覆盖混凝土墙体，适当情况下可以加上防水薄膜，从而提升混凝土的抗裂性。

3. 加强工程质量管理

工程质量管理是避免泵站施工出现裂缝的必要条件，技术人员要不定期地检查混凝土的质量和施工工艺，一旦发现问题要及时给予改进，要注重检查混凝土的分缝分块是否合理，浇筑间隔是否符合施工要求与技术标准，为混凝土的热量散出创造良好的条件，全面保障泵站的施工质量。

第六章　水电站施工

第一节　水电站施工技术

一、截流技术

现阶段，在水电站的发展过程中，截流技术得到了广泛的推广与应用，可以说是水电站的重要施工技术。具体说来，截流技术主要应用在水电站的修建过程中。尤其是在大型的河流上修建水电站，利用这种技术，可以充分满足人们的施工要求。通过拦截技术将水流蓄积起来，充分利用蓄积后所形成的势能与动能，将这种能源转化为电能。除此之外，这种技术还可以在农田的灌溉方面发挥作用，成为农田灌溉的基础设施，为农业的发展提供水源支持。在应用这种技术之前，必须要对水流的情况和地质特点进行详细的调查分析。在经过严密的科学论证之后再进行施工，使施工的过程能够因地制宜，符合当地的实际情况。

二、引水发电技术

引水发电工作是水电站最重要的工作之一，也是施工过程中的核心环节。为此，要高度重视这种技术的研发与改进，不断完善这一技术，提高水电站的发电效率与技术水平。在应用这一技术之前，需要了解当地水资源的情况，对水流的速度、流量等情况做到详尽的了解，并能够考虑到当地用户对电能的需求。还要考虑到水电站施工是否会对环境造成负面影响，防止破坏生态环境的现象发生。在应用这一技术的过程中。需要做到以下几个方面一是要根据施工计划和当地水资源的实际情况，制订出具体的施工方案与计划，合理地对施工过程进行设计，并确保施工方案具备合理性、可行性与安全性，重点要对引水和支洞施工的环节进行合理的规划二是要结合当地的实际情况，包括地形、地势、地质等地理环境，详细把握当地地理环境方面的特点，详细说明在水电站施工的优势三是要结合当地的施工条件，包括当地的经济发展水平与施工的投入力度，以及政策是否支持等相关因素，只有在满足当地施工条件的基础上开展施工，才能够保证水电站施工的可行性与可操作性，提高水电站的施工质量与水平。总而言之，引水发电是水电站的核心环节，必须予以充分的重视。确保技术在应用过程中的合理性，取得良好的施工效果。此外，要对引水发电环节相关的施工进行监督与管理，定期对施工的情况进行检查，提高施工人员的积极性与责任意识，确保这个环节的施工质量达到相关标准的要求。

三、防渗墙技术

在利用水电站进行发电之前，需要保证水库中有足够的积水，水电站中的含水量达到发电工作的要求，这是蓄水环节的重要工作内容。为了避免积水泄漏等意外情况的发生，可以充分地利用防渗墙技术，使水库具有较强的防渗性能，提高水库蓄水的能力。现阶段，防渗墙技术主要是在水库内部涂上水泥，利用水泥墙的防渗作用，来达到防止积水泄漏的目的。但是运用水泥进行防渗有一定的局限性，这种防渗技术经常会出现质量上的问题，防渗的效果不是十分理想。现阶段，随着我国水电站施工技术的不断提高，新型的混凝土防渗技术得到了应用与推广。这种技术与传统的水泥防渗技术相比有很大的优越性，可以保持防渗墙具有一定的强度，防渗效果较好，可以有效提高水库的防渗能力。此外，这种技术与传统的防渗技术相比，有着很强的耐久性，可以长期发挥作用。这大大减少了在水电站施工方面的投入，提高了水电站的效益。在应用这种技术之前，需要结合当地的施工条件和地理环境，合理地选择施工的方案，使施工技术的应用能够符合当地的实际情况。例如在设计施工方案的过程中，如果施工区域的下方存在球块状的岩石时，应当在岩层的表面覆盖一层粉状的细沙，这样才能提高施工区域地质的强度，确保施工过程得到顺利地开展。除此之外，还需要注意一个方面，那就是尽量选择在枯水期进行施工，避免水流过大对施工过程造成负面影响，使防渗墙工程的施工遭到破坏，影响工程施工的质量。因此，在制定施工方案时，要结合水流的情况，以提高防渗墙技术施工的质量。

四、拦河坝消力池的施工技术

在修建水电站的过程中，需要确保拦河坝的安全性。在调查了解地质情况的前提下，使拦河坝能够建立在安全的地质基础上。因此，需要在施工开展之前调查坝址的地质情况。地质条件在安全性方面是否存在问题，是否能够满足水电站拦河坝的施工要求，以避免垮坝等意外事故的发生。在水电站中，消力池与拦河坝在地质安全方面有很大的关联，消力池的质量将会对拦河坝的质量产生很大的影响。只有确保消力池得到科学、规范的施工，才能保证拦河坝在质量上不会出现问题。在消力池的施工过程中，由于地质条件的影响，容易导致消力池的施工不符合施工设计的要求。此时，可以选择使用两极消能施工技术进行施工，以使消力池充分发挥效用，具有足够的消力能力。这种施工技术还能够减少开挖量，有效节省施工成本。另外，也要为消力池构建完善的排水系统，这也是施工过程中的重要环节。

第二节　水电站施工技术管理

一、施工阶段管理

在水电站施工技术管理过程中，必须要做好施工阶段的管理工作，为水电站施工质量控制打下良好的基础。也就是说，在水电站施工阶段管理过程中，必须要充分做好施工前的准备工作，全面把握水电站施工条件，包括地质特征、水文条件等，获取可靠的数据资料，据此制定科学合理的水电站施工技术方案，以引水渠道、蓄水能力以及施工放样等作为审核要素，对水电站施工方案进行审核，保证其合理性，以推进整个水电站施工的顺利进行。在施工阶段管理中必须要做好施工技术方案校对工作，就水电站施工预算开展科学管理，以切实提高水电站施工阶段管理成效。

二、健全施工管理体系

为全面提高水电站施工技术管理成效，有必要建立健全施工管理体系，为水电站施工操作的规范化开展提供可靠支持。也就是说，要结合水电站施工的整体情况，科学建立水电站施工技术管理责任制度，将管理责任严格落实，以推进整个水电站施工的顺利开展。在此基础上，细化水电站施工管理考核机制与激励机制，充分激发管理人员的工作积极性，以改善水电站施工管理成效。

三、加强施工现场管理

施工现场管理是水电站施工技术管理中的关键环节，由于其涉及内容多样，且施工环节复杂，因而水电站施工现场管理难度较大。因此在实际施工现场管理中，必须要采取科学的方法加大监督与管理力度，一旦在水电站施工现场管理过程中发现问题，必须要立即采取有效措施进行解决，以提高水电站施工现场管理的实效性，从而加强水电站施工质量控制。

四、拦河坝施工技术的应用

水电站施工过程中，拦河坝施工技术具有良好的应用价值，为降低安全风险，必须要正式施工之前全面勘测地形与地质条件，确保其满足水电站施工要求。拦河坝施工技术在水电站施工中的应用，必须要注重大坝安全性，加强消力池施工质量控制，以免给拦河坝施工质量造成不利影响。消力池施工过程中，应适当提高其消力能力，以有效应对外界影响因素，通过消力池作用的发挥来加强水电站施工质量控制。

五、引水发电工艺的应用

引水发电工艺的应用，对水电站施工技术水平的要求较高，并且要充分发挥引水技术价值，随着现代施工技术水平的不断提升，对引水技术加以更新和完善。在发电之前，全面把握水源特征及水流速度等重要因素，科学运用引水发电工艺开展水电站施工，坚决不可牺牲环境利益。引水发电工艺的应用，为电力事业发展提供可靠的支持。

第三节　水电站运行管理

一、水电站运行技术管理

为维护整个水电站的安全稳定运行，必须要加强水电站运行技术管理，这是水电站管理工作中的关键内容，为水电站的持续健康发展提供先决条件。由于水电站运行技术管理内容复杂，因此在实际管理过程中，要科学运用现代信息技术，对水电站运行设备开展实时化、动态化的监督管理，及时准确做好水电站运行记录，确保运行监督所获取的相关数据准确可靠，以便全面把握水电站设备运行状态，为水电站运行管理工作的开展提供可靠的数据支持。在水电站运行技术管理过程中，必须要全面把握水电站设备状态，定期开展设备及线路的检修维护工作。在此基础上加强水电站运行技术设备管理，严格依照标准运行程序开展操作，并加大运行设备的监督与管理力度，结合水电站运行的实际情况来调整运行设备性能，以确保其能够保持稳定运行状态，即便是遇到紧急情况时，能够妥善处理，从而降低水电站运行安全隐患。

二、水电站设备故障处理的管理

在水电站运行管理过程中，设备故障处理是一项重要的工作，必须要受到管理人员的高度重视，以创建安全的水电站施工环境，降低安全隐患，为水电站施工人员的生命健康提供保障。因此在水电站设备故障处理的管理过程中，需要定期做好水电站运行设备的检修工作，在发现问题的第一时间进行处理，定期对运行设备检修问题汇总整理并上报给相关部门，以促进运行设备故障得到妥善解决。

三、水电站巡视管理

在水电站运行管理过程中，必须要做好水电站巡视管理工作，一旦发现水电站运行问题，必须要及时采取有效措施，降低安全隐患。在巡视管理过程中，要采取正确且合理的运行设备检查方法，以降低火灾隐患，为水电站的安全运行创造优良环境。

第四节　水电站机电安装

一、水电站机电安装施工的特点

水电站机电安装工程对于机电安装企业而言，一方面其是企业在市场化经济环境下的业务和工作，一方面却又是在市场化竞争环境下，企业综合实力的体现和象征。

机电安装施工质量帮助企业积累安装施工经验、培养安装人才、提升企业机电安装施工的水平和质量的同时，成了影响企业未来竞争的重要因素，也是企业最好的宣传名片。

从水电站机电安装工程所涉及的内容看，机电安装主要包括安装施工技术、施工工艺选择和使用以及施工设备和施工材料等内容。其中每一部分安装内容都需要严格安装行业标准以及企业标准对顾客提供标准化的施工操作。

从机电安装的施工过程的角度出发，包括机电安装设计图纸会审与变更、施工方案与技术措施的审批、施工材料、器械和设备的认定与保管等在内容的施工准备阶段和施工阶段质量控制，施工阶段质量控制包括尾水里衬安装、座环安装、电气管路安装以及接地安装。

无论是机电安装工程的内容抑或是安装涉及的过程，相对于其他建筑施工而言，水电站机电安装工程有其自身的特点，其中包括完善的售后服务、高昂的安装施工成本以及对设备与施工质量高规格的匹配性评估方法。

其中，最为突出的一点是水电站机电安装工程衔接了水电站结构施工与装饰施工，起到承上启下的作用，处于工程整体施工的中间环节，这对于水电站整体施工而言，机电安装贯穿于施工的整个过程，对于水电站施工的进度以及质量具有直接的影响。为此，严格、高效地把控水电站机电安装质量，做好机电安装质量控制工作将有助于水电站整体施工质量的控制。

二、机电安装质量控制的管理

水电站机电安装质量控制的管理措施将有助于企业更好的控制安装过程和质量，有助于企业形成现代化的安装施工工艺和管理水平，体现着企业综合实力，帮助企业获取更高的经济效益，在激烈的市场竞争环境中，能够处于不败之地。

（一）构建完善的质量保证体系是关键

质量保证体系是水电站机电安装工程质量控制的第一要素，完善的质量保证体系帮助企业构建标准化、科学化的设计、施工、维护等安装过程。为此，借助完善的机电安装质量保证体系，企业可以综合的、科学的调度各生产部门、各生产要素以及先关的组织和人员进行合理的搭配，更加科学的对水电站机电安装结构进行控制，做到施工目的、施工要求、施工责任等明确化，组织和人员协调化，成为有机的整体，从而将水电站机电安装工程控制在高规格、高要求的工作约束范围之内，为安装工艺、方法和思路的提升提供了途径。

同时完善的质量控制体系涵盖质量控制领导机构、质量负责部门、质量监察部门以及施工班组和相关的职能部门等。

（二）构建完善的检查制度是保障

现代化水电站机电安装工程变得更加的复杂、技术含量也更为突出，其检查手段和侧重点以及相关的仪器设备等都较之于传统的检查方法也有所不同。

为此，构建完善的现代化水电站机电安装工程质量检测体系是保障，即构建完善的、可执行的三级审查制度。

所谓的三级审查制度是指机电安装施工班组的自检和复检、质量监督部门的抽检与终检指导质量管理领导机构进行工程最后的验收。三级审查监督制度明确了机电安装施工质量控制的关键点，相关人员和部门能够层层监督，各层级之间的责任和目标更为明晰，从而促进了水电站机安装工程的质量细化和量化。

机电安装施工班组负责施工技术、工艺、设备等具体的操作，质量初检的开始；施工质量监督部门对机电施工进行抽检，最后交由质量管理部门进行终检和验收。

在这一检测过程中，对于发现的施工问题能够及时地解决，相关人员和部门的责任更加明晰化，从而有效地提高了机电安装施工效率以及机电安装的成本。

（三）做好过程质量控制是基础

水电站机电安装的过程质量控制就是一种动态的质量控制过程。即将水电站机电安装过程试作是一个动态的变化过程。

针对这一动态的变化过程，将每个阶段每个时期的机电安装过程中出现的质量问题进行汇总分析，严格地把控相似性工作重复出现问题的可能性，从而将机电安装工程的所有环节做到动态监测的过程。

这一动态过程也为企业积累了更多的质量控制和管理经验，从而为水电站机电安装工程提供更为科学和有效的解决方案，避免重大质量问题和隐患的出现。

（四）构建完善的质量奖惩制度是动力

完善的质量奖惩制度将是驱动员工更加细致复杂的工作的一个动力。完善的奖惩机制对有功之臣施加奖赏，对有过之人也有相应的惩罚措施，奖罚分明，奖罚有度。将机电安装工程的质量同员工的绩效考核以及效益挂钩，从而有效地提升员工的工作积极性和主动性，在潜移默化中增强员工的质量责任意识，如此一来既能够帮助减轻工程质量管理人员的工作载荷，同时也有助于杜绝质量安全隐患的发生。完善的质量奖惩机制也是帮助企业管理层与基层员工对工程质量问题进行有效沟通的关键性途径，帮助施工管理人员更好的认识、发现和解决工程机电安装过程中出现或者存在的质量问题，从而对机电安装质量进行有效的汇总和交流，将质量问题控制在可控范围之内。

三、施工人员素质提升和设备施工环境控制

工程施工人员素质的提升和设备施工环境的控制分析主要有 3 个方面：做好工程施工人员的素质培养工作、加强施工材料和设备的管理和做好施工环境管理。

（一）做好工程施工人员的素质培养工作

人才是一切工作的基本保障。水电站机电安装工程随着现代化程度不断地提升，对于工程安装人员的素质也提出了更为苛刻和高规格的要求。而工程施工人员是机电安装工程的主体，是把控机电安装工程质量的"医生"。

换言之，高素质和高能力的机电安装施工人员有助于机电安装工程质量的控制，反之，则对机电安装工程造成潜在的质量隐患。

因而施工人员的工作能力和综合素质将是决定工程安装质量的关键。

为此，企业可以通过对机电安装工程的质量控制目标进行有效的分解，将机电安装的基本要求与质量控制融为有机的一体。

增强相关人员的质量控制意识，加强特殊施工环节人员技能的培训，对于技术要求高的工作环节，严格把控非技术人员参与施工安装过程，对技术人员设立技术考核和培训机制。

只有接受技术培训和通过技术考核的人员才有资格和被允许参与到机电安装施工过程中，以此强化水电站机电安装过程中技术人员素质的控制。

（二）加强施工材料和设备的管理

水电站机电安装工程涉及的设备和施工材料种类繁多，质量要求苛刻，而施工材料和设备的选取与使用是否得当也在一定程度上影响着水电站机电安装的整体质量。

为此，水电站机电施工过程中应从经济性、易用性、技术先进性、维护便捷性等角度和方面对工程施工所选用的材料以及施工设备进行充分的考量。按照水电站机电安装工程中的相关行业规范和国家标准等，参照国内外先进企业和优质工程的施工标准，严格把关施工材料和设备的选取与使用。确保用于水电站机电安装工程的材料和设备都能够满足设计和使用需求，以此赢取用户的高满意度。

（三）做好施工环境管理

施工环境管理是一个工程施工过程中非常重要的方面，相比于其他建筑工程施工而言，水电站机电安装工程的施工环境更为复杂，受不确定性因素影响也更为突出。

在机电安装施工开始前，由于需要做好施工准备，施工现场可能会堆积大量的施工材料和设备，而此时的施工过程和环节具有交叉性，且衔接性也更为突出，做好机电安装工程的现场管理显得尤为突出和迫切。

因此，根据施工现场的环境和特点，加强施工现场管理，及时清理和跟踪，强化文明生产的重要性等，将为机电安装施工提供一个良好的施工环境，降低机电安装过程中质量隐患的存在和发生。

第五节　水电站设备物资管理

一、水电站设备物资管理的特点

水电站物资管理当前具有以下发展现状及特点：

第一，水电站物资管理占施工总投资较大比重，简单来说，水电站的设备物资管理应保持稳定的状态，如果失衡，则会为工程造价整体发展带来不利。

第二，当前我国水电站建设中，将设备物资管理放在发展的突出位置，过度的重视也会出现一些问题，物资数量增大会致使物资种类随之增多。

第三，现阶段我国水电站建设对物资保障方面的要求较高，这主要是工程建设过程中一些客观因素导致。水电工程建设工程量大，在施工的过程中极易受环境、气候以及地质等因素影响。加之一般水电站建设选址易选在僻静、场地较大的偏远地区，远离城市，交通十分不便。水电站建设的各个环节都与设备物资供应有着紧密的联系，充分重视对设备物资的管理，才能保障水电站建设各个环节的顺利进行。水电站的设备物资供应管理工作较为繁杂，且涉及的专业技术较强，需要水电站建设部门投入大量的人力及精力去重点打造。

二、水电站设备物资管理

（一）制定完善的物资供应管理流程

水电站对设备物资管理的重要举措最有效的就是制定完善的物资供应管理流程。物资管理流程主要是由计划编制、采购供应以及物资核销三部分构成。这三部分的关系相辅相成，其中计划编制与采购供应的本质属于内部供应，为物资核销作铺垫，而物资核销主要是针对提出的计划做出反馈，并给予监督，本质上属于对外管理。由此可见，这三个环节，物资核销的责任最为重大，是水电站设备物资管理中最重要的内容。

（二）地方政府应加大对水电站建设的支持

我国地方政府应加大对水电站建设的支持，投入人力财力建设水电站施工项目。始终遵循从实际出发的原则进行建设，确保设备物资的管理能够顺利进行。在建设的过程中，应分析物资管理的利弊，再根据出现的利弊去具体制定解决的措施。如果施工建设过程中物资管理不到位，出现施工所需材料外流等一系列问题，这势必会造成工程所在当地政府对水电站施工单位的施工水平产生严重的质疑，破坏施工企业的声誉，影响政府对于水电站施工项目的支持力度。

（三）重视物资核销的影响

应重视物资核销带来的影响。其影响主要分为三个方面。

第一，通过物资核销能够降低物资消耗水平，大幅度的节省水电工程建设所需成本。在水电站建设投资过程中，工程所需成本是其中最重要的环节，而工程成本则由人工费、材料费以及机械费三部分组成，材料费占工程总成本的一半以上。因此，如何最大限度的降低工程主要物资消耗，并且将物资消耗控制在合理的范围内，成为水电站建设工程整体投资控制领域最值得研究的环节。

第二，通过物资核销，能够准确地计算需要物资的数量，避免因物资差价造成物资稀缺，材料流失等问题。在水电站工程合同在进行招标投标时，应根据市价作为工程材料的供应单价，切忌不可随意抬高价格为物资供应管理带来不利的影响。此外，水电站建设周期较长，物价上涨会导致市场采购价格与施工合同供应单价之间出现较大的差价，控制不得当，就会导致施工单位无法获取材料差价，造成不良的影响。

第三，通过物资核销，能够在一定程度上保证工程质量。水电站建设过程中物资的使用量与建筑工程完成量之间存在着紧密的对应关系，通过及时地进行物资核销，能够尽早地发现施工中物料的使用情况以及竣工后工程量的结算等问题，做到尽早发现尽早解决，防患于未然。

三、水电站设备物资管理

（一）合理控制物资总量，按照工程进度进行物资调配

针对当前我国水电站设备物资管理的现状，最有效的管理措施为合理控制物资总量，按照工程进度进行物资调配。首先，要根据设备物资的实际情况制定管理方案，然后再对现场物资采购量进行详细统计，以便在施工管理过程中对物资所消耗的部分进行管控，并结合施工中物资使用不合理现象采取调节控制措施。进而节省管控所使用的时间。此外，还应结合施工进度，对工程施工过程中各个方面的建设情况进行全面系统的了解，再根据实际情况进行动态调配，在充分节省物资使用量的同时，还能最大程度的降低施工过程中经历的物资损耗，进而全面提升工程施工进度，建立稳定的物资应用基础，避免建设过程中物资出现中断的现象。

（二）定期开展物资管理核销应用

定期开展物资管理核销应用，提升对其调度管控的工作力度。一方面，根据水电站施工建设的实际情况制定物资管理核销周期，以月为单位进行物资核销，进而为施工人员提供精准的数据。如果在物资核销过程中发现问题应及时提出措施进行解决，确保物资被合理利用。另一方面，当水电站建设施工完成后，核销全部使用物资，统计物资使用情况，并在核算统计中提升最终核算精准度，为工程建设任务打下良好的基础环境。此外。还应在施工过程中对物资核销以及调动进行严格的管控，根据合同上规定的内容规范标准的进行，避免在物资核销阶段出现具有争议性的内容影响最终的施工建设。全面强化施工现场

控制管理计划，如果在物资核销中发现有供应不足的问题，施工有关部门应严格的进行检查并提出有效的解决措施严格进行处理，确保最终物资供应达到规范的效果。

（三）运用信息化与精准化管理手段增强管理的深度与质量

现阶段运用信息化与精准化管理手段增强物资材料管理的深度与质量，也是加强水电站物资管理水平的重要举措之一。借助网络信息化的先进技术手段对施工现场进行管控，能够合理地控制物资使用量以及使用方向，此举措不仅可以提升过程控制的精准程度，还能够在一定程度上为物资核销管理提供重要的参考依据，网络信息化技术代替传统纸质存档，可以提升部门的工作效率，增强工作的精准性。此外，施工单位精准化的管理还能使物资管理动态进入到新的发展时期。

第六节　水电站施工安全管理

一、水电站施工安全管理的重要性

水电站建设工程能满足水电站建设发展和运行的根本需要，通过强化水电站施工安全管理，可以有效规避或减少安全事故的发生，确保施工人员的生命安全，避免水电站建设工程因安全事故而造成不必要的经济损失，进而保证水电站建设工程按时保质完工。强化水电站施工安全管理能提高水电站建设工程抵御突发事件和自然灾害的能力。一旦遇到不可避免的突发事件和自然灾害，通过落实有效的协调机制和应对措施，能将损失降至最低，防止灾害造成的影响扩大化。电力行业是国民经济发展的基础产业，与人民群众的生产生活密切相关。强化水电站施工安全管理，保证水电站安全稳定运行，对保障社会经济、居民生产生活的正常运转有着至关重要的作用。

二、水电站施工安全管理的原则

科学性原则。该原则是建立健全水电站施工安全管理体系的基本原则，也是落实安全管理的指导思想，必须利用科学的管理方法对水电站施工的安全状况进行管理监督。综合性原则。水电站施工的涉及面广，各个安全问题之间存在着内在联系，所以应当建立全面、系统、完整的安全管理体系。动态性原则。水电站施工安全管理必须实时跟踪施工的实际情况，针对发现的安全隐患要及时落实解决措施，做到防患于未然。系统性原则。水电站施工安全管理要覆盖工程安全的方方面面，加强事前、事中和事后的安全控制，使其成为一个具备层次性、相关性和整体性的系统，共同致力于安全生产目标的实现。事故预控原则。水电站施工安全管理要重视风险的预先控制，在安全事故发生之前，通过风险识别与评估科学预测意外事件发生的概率，制定应对措施，力求降低和控制风险，有效避免意外事件的发生。

三、水电站施工安全管理

（一）完善安全管理制度

水电站施工安全管理涉及多个部门、多个环节，必须在充分考虑各方面影响因素的基础上，建立健全安全管理制度，为水电站施工安全管理提供制度保障。安全管理制度应包括以下内容：安全规程指南，明确安全管理理念，着重于解决安全管理中存在的问题。安全操作规程，明确水电站建设工程中所有岗位的安全操作程序，详细说明各个岗位的具体操作事项。安全技术指南，解决水电站建设工程中所用机械设备的安全、操作等技术问题。安全事故追究制度，明确水电站施工中各个部门、各个岗位的职责，一旦出现安全事故，要追究相关责任人的责任。

（二）加强设备安全管理

施工机械设备存在缺陷或异常是引起安全事故的重要原因之一，易使水电站建设工程处于不安全施工状态，所以必须强化设备安全管理，确保设备处于安全运行状态。具体做法如下：在起吊设备安全管理中，要对其实施日检、月检、年检制度，并将安全管理报验结果上报到安全监管部门。对大型起吊设备建立安全技术档案，严格监管大型起吊设备安全运行、保养的情况；在用电设备安全管理中，做好供电系统巡视检查维护工作，确保电气器材符合国家规定的质量标准，定期检查动力电缆，保障施工用电安全；在水机设备安全管理中，要重点检查水轮机的振动、声响是否正常，各导轴承油位是否正常，主轴密封是否漏水等；在二次设备安全管理中，要检查保护装置、计量装置运行是否正常，二次线路是否可靠，操作回路工作是否正常等。

（三）加强爆破器材安全管理

由于在水电站建设工程的开挖阶段需要使用大量的爆破器材，而爆破器材又具备危险性，所以必须做好爆破器材的安全管理工作，将安全管理贯穿于爆破器材采购、运输、保管和使用的全过程中。施工单位要严格按照爆破施工设计实施爆破作业，在施工现场设置安全警戒，并且要求爆破作业人员必须取得相应资格证书，且经过专业培训，才能从事爆破作业。

（四）加强施工现场安全管理

施工现场安全管理是水电站施工安全管理的重中之重。为有效消除施工现场安全隐患，创建安全的施工现场作业环境，必须严格执行"十条禁令"，具体包括：严禁违章指挥；严禁无票作业；严禁特种作业人员无证上岗；严禁使用不合格施工设备；严禁非施工人员参加作业；严禁使用不合格脚手架；严禁擅自扩大作业范围；严禁不配备安全防护用品进入施工现场；严禁高处作业不系安全带；严禁以包代管。同时，在施工现场中，严厉禁止有安全隐患的施工队伍、施工人员、施工机械、工程设备、施工材料进入施工现场，不准在存在安全隐患的区域进行施工，从而确保水电站施工质量，杜绝安全事故发生。

（五）加强安全教育培训

水电站施工单位要重视施工人员安全培训，强化施工人员安全意识，使施工人员掌握安全知识和技能，有效防止不安全的行为发生，消除安全隐患。施工单位要根据水电站工程建设情况，以及施工人员的安全素质，制定安全培训计划，确定安全培训内容和时间。同时，要为施工人员提供多样化的培训方式，详细记录培训时间、对象和内容，并落实培训考核制度。尤其要加强上岗作业人员的安全生产教育培训，只有在上岗作业人员经过安全培训考核合格的前提下才准许其上岗。此外，还要加强特种作业人员的安全培训，使其掌握安全技术和安全防范技能，避免出现意外事故。

（六）加强风险应急管理

水电站施工面临着诸多风险隐患，必须从事前、事中、事后的全过程入手，加强风险应急管理，做好应急预防、应急准备、应急恢复工作。施工单位应根据工程实际情况识别风险隐患，预测风险带来的影响，进而编制完善的应急预案，作为风险应对的重要指导。在应急准备环节，要做好应急物质保障、应急培训与演练工作；在应急预防环节，要做好危险源辨识、风险评估、预警预控工作；在应急响应环节，要对意外事件进行分析，启动应急预案，开展救援行动，对事态演变进行把控；在应急恢复环节，对出现意外事件的场地进行清理，恢复常态施工，解除警戒；在应急事后评估环节，总结应急管理经验，评价此次应急处理的不足，将其作为改进应急预案的重要依据。

（七）落实安全监管体制

安全监管是确保水电站施工安全的重要手段，施工单位要结合施工状况，建立自我约束机制，具体可从以下几个方面入手：针对施工现场，建立现场安全管理保证体系；建立安全监管联合执法机制，由建设单位、施工单位、监理单位联合对水电站施工进行安全检查和隐患排查；定期召开安全生产会议，对安全生产工作进展情况进行研究，逐级制定安全规划，调动起全员参与安全管理的积极性，总结安全管理的经验和不足，确保施工安全始终处于可控的状态下。

第七节　水电站节能施工

一、水电站设计中的节能

施工的设计是施工的前提，如果设计存在问题，那么后边将很难补救。为了实现科学节能的设计，需要从以下几个方面考虑。

（一）在满足技术要求的前提下，输水的线路要尽量地短。输水的线路越短，意味着输水线路的投资越小。对于本次的水电站建设，选择隧洞和傍山渠是最节能的方式。对于个别的地方如果地形比较复杂，可以通过渡槽或者暗涵洞直接通过，避免曲线连接浪费资源。

（二）在输水线路的选择上要尽量避开不利的地形，比如隧洞的上方尽量不要有地下水存在，高地应力和断层破碎带也不要出现在隧洞的上方。另外，风化比较严重的地区、容易崩解、泥化的地区以及溶蚀岩体等地质条件不好的地区尽量不要作为输水线路经过的地带，选择比较好的地质条件可以降低施工处理的难度，避免施工成本过高。

（三）在设计的过程中，要充分考虑地形地貌，利用周围的环境资源，避免不利的条件。比如，全线利用地形实现无压供水，避免有压供水就可以降低供水的成本，达到节能的目的。

（四）在选择施工中用到的相关机电设备的时候，根据相关的行业标准和国家标准，合理地选择，在能够满足技术要求的前提下，选择新型的节能设备，避免选择设备过于庞大，造成资源的浪费，不利于节能目标的实现。

（五）施工组织的设计要做合理的安排，施工方案的确定在科学合理的基础之上要尽量兼顾节能，最大限度地实现节能。

二、水电站施工中的节能

（一）在水电站的建设施工以前，首先要有一个科学合理的施工方案和总体布置。施工组织的原则要遵循可靠、方便管理的需要，工期的安排要得体。

（二）在施工的过程中会有大型机械设备、电动设备以及辅助照明设备和其他设备。在选择施工设备的时候要选择节能型的，重型机械设备的型号尽量选择合适即可，避免造成过大的裕量，这样可以最大限度地降低成本。机械设备以及电动设备的选择要选择效率比较高的，做同样的功，能耗可以降低很多。机械设备和电动设备要做定期的维护和及时的维修，良好的设备维护可以降低设备工作的阻力以及延长使用寿命。

（三）施工中的施工用品和生活用品避免过度的包装。简单使用的包装是最好的，过度的包装会增加一次性用品的使用量，不利于实现节能降耗。对于能够回收的包装要尽量的回收利用。

（四）在节能的同时要兼顾环保问题。对于施工过程中产生的废水，要通过沉淀、混凝或者化学处理以后再排放，避免对周围的环境产生污染。施工工人的生活用水也要有相应的处理措施，比如建立排污沟和化粪池等相应的配套设备

（五）水电站施工的过程中会产生一定的弃渣，对于这些废料要妥善地处理，不能占用周围的土地。弃渣处理可以采用挡渣墙、排水沟组合搭建，妥善处理以后可以保持当地的水土，减少占地。

（六）施工的方案一旦确定，就要严格地执行，除非有特殊的因素经过研究确定需要更改的，否则一定按照制定的施工方案执行。

三、水电站运行中的节能

在水电站施工建设以后，更长的一段时间是水电站的投产使用，所以水电站的运行节

能也是非常重要的一个方面。水电站的运行节能一方面是和建成投产以后的使用情况有关；另一个方面就是和施工的情况有关。

（一）在水电站的运行中，照明是节能工作的重要方面。为了实现照明方面的节能，最好的办法是充分地利用自然光。自然光是不需要成本的，利用的太阳光越多，那么用于照明的电能就越少。对于一些不太重要的照明供电可以采用太阳能电池和蓄电池组合的方式进行。照明的灯具尽量选择节能的灯具，能用节能冷光源的尽量不用其他的高能耗光源。

（二）生产过程的节能也是非常重要的一个方面。水力发电会有散热风机的驱动电机和水泵的驱动电机等设备。在电机的选型中要尽量选择比较节能型的电机，降低生产过程中的用电。

（三）对于生产或者生活中的电动机，一定要控制功率因数，不能太低，功率因数过低的时候会导致功耗的增加。

（四）如果水电站已经建成投产，化粪池可以经过一定的工序改造加装沼气池，那么这部分提供的能量可以解决或者减少一些厨房的能量消耗，并且节能环保。

（五）对于电气设备的接头要做好处理，并按时进行检查和维护。如果接头生锈或者其他情况下造成的接触电阻过大，那么就会造成导线的发热，线损增加会出现安全并且浪费电能。

第七章　治河防洪工程施工

第一节　治河工程

一、拦

"拦"是指通过在流域中上游地区采取水土保持措施，控制水土流失，拦截径流和泥沙，消减河道洪峰流量。这里所述的水土保持指对自然因素和认为活动造成水土流失所采取的预防和治理措施。主要包括工程措施、生物措施和蓄水保土耕作措施三个方面。

工程措施指防止水土流失危害，保护和合理利用水土资源而修建的各项工程设施，包括治坡工程（各类梯田、台地、水平沟、鱼鳞坑等）、治沟工程（如淤地坝、拦沙坝、谷坊、沟头防护等）和小型水利工程（如水池、水窖、排水系统和灌溉系统等）。

生物措施指为防治水土流失，保护与合理利用水土资源，采取造林种草及管护的办法，增加植被覆盖率，维护和提高土地生产力的一种水土保持措施。主要包括造林、种草和封山育林、育草。蓄水保土耕作措施是指以高坝坡面微小地形，增加制备覆盖或增强土壤有机质抗蚀力等方法，保土蓄水，改良土壤，以提高农业生产的技术措施。如等高耕作、等高带状间作、沟垄耕作少耕、免耕等。开展水土保持，要以小流域为单元，根据自然规律，在全面规划的基础上，因地制宜、因害设防，合理安排工程、生物、蓄水保土三大水土保持措施，实施山、水、林、田、路综合治理，最大限度地控制水土流失，从而达到保护和合理利用水土资源，实现经济社会的可持续发展。

二、蓄

"蓄"是通过在河道上游干支流修建控制性骨干水库工程，拦蓄洪水，削减洪峰。这是处理河道超额洪水、减轻中下游平原地区的洪水压力，确保防洪安全的有效措施之一。

水库有专门用于防洪的水库和综合利用水库两类。水库的防洪作用，主要是蓄洪和滞洪。由于直流水库对干流中下游防洪保护区的作用，往往因距防护区较远和区间洪水的加入而不甚明显，因此，在流域性防洪规划中，统一部署干支流水库群，相互配合，联合调度，常常可获得较大的防洪效益。

三、分

"分"也是处理河道超额洪水的有效措施之一。分洪工程是在河流适当位置修建分洪闸，开辟分洪道，将超过河道安全泄量的一部分洪水泄入滞洪区，待河道洪水位下降以后再将滞洪区洪水排入河道。分洪工程常与滞洪工程配套使用。

分蓄洪工程是利用天然洼地、湖泊或沿河第十平缓的泛洪区，加修周边围堰、进洪口门和排洪设施等工程措施而形成分蓄洪区。其功能是分洪削峰，并可利用分蓄洪区的容积对所分流的洪亮起到蓄、滞作用。

四、泄

"泄"即充分发挥河道的宣泄能力，将洪水泄往下游。河道的行洪能力，受多种因素影响，如河道形态、断面尺寸、河床比降、糙率、干支流互相顶托、河道冲淤变化等。扩大河道泄水能力的主要措施有：修筑堤防，清除河障和整治河道。

修筑堤防是古今中外广泛采用的一种主要的工程防洪措施。在河流的两岸修筑防护堤，约束洪水，可抬高河道行洪水位，增加河道过水能力，减轻洪水威胁，保护两岸农田及沿岸村镇人民生活安全。但筑堤后也会带来一些问题，如因河宽束窄，河道槽蓄能力下降，河段同频率的洪水抬高；筑堤后洪水位还有可能因河床淤积而抬高，致使地方需要经常加高加固，甚至需要改建。

清除河障即清除河道中影响行洪的障碍物。河道的滩地或洲滩，一般因季节性上水或只在特大洪水年时才行洪，随着人口的不断增长和社会经济的发展，不少河道的滩地被任意垦殖和认为设障。例如在河滩修建各种套堤，种植成片阻水林木等高杆植物，筑台建房，修筑高路基、高渠堤、堆积垃圾等。所有这些，减小了过流断面，增大了水流阻力，影响泄洪能力。

整治河道是流域综合开发中的一项综合性工程措施。可根据防洪、航运、供水等方面的要求及天然河道的演变规律，合理进行河道的局部整治。从防洪意义讲，整治河道的目的是为了提高河道泄洪能力、稳定河势、护滩保堤。整治河道一般包括拓宽河槽、裁弯取直、疏浚工程和河势控制工程的哪敢。对局部河段采取扩宽或挖深河槽的措施，可以扩大河道的过水断面，相应的增加过水能力。

对河道天然弯道裁弯取直，可缩短河轴线，增大水面比降，提高河道过水能力，并对上游邻近河段起到降低洪水位的作用。疏浚工程，是利用挖泥船、索铲等机械，或采取水下爆破措施，清除浅滩、暗礁等河床障碍，改善流态，扩大断面，增加泄流能力或改善通航条件。河势控制该从，包括修建丁坝、顺坝和平顺护岸等工程，以调整水流，规则河道，防止岸滩坍蚀和有利于行洪泄洪。

必须指出，对于一条河流洪水治理，一般是采用多种工程措施相结合，构成防洪工程系统来完成。现阶段我国主要江河都采取"拦蓄分泄、综合治理"的方针。即在上游地区采取水土保持措施和在干支流修建书库，以拦蓄上游洪水，在中下游修筑堤防和进行河道整治，充分发挥河道的宣泄能力，并利用河道两岸的湖泊、洼地辟为分蓄洪区，分滞超额洪量，以减轻洪水压力与危害。

第二节　防洪工程

一、城市防洪工程

城市防洪指的是在城市建设过程中利用各种基础设施，对洪水以及水灾进行防御的过程。随着城市建设的不断发展，对城市防洪的要求也越来越高，城市防洪成为现代社会条件下的一种重要的治水过程。由于城市建设加速，城市人口急剧增加，城市硬化程度加深，防洪成为城市建设的一件头等大事。但是城市防洪工程的建设相对于其他基础设施建设而言，还存在一定的差距，为了保证经济的快速发展，需要加强防洪工程建设的力度。

在城市内进行防洪工程建设，对于城市发展而言具有十分重要的意义，应该将城市防洪与城市建设进行有机结合。对已经建成的城市防洪工程以及在规划过程中准备进行建设的城市防洪工程进行分析，可以看出，城市防洪工程建设是一个综合性的过程，并不只是为了修建堤防，而是要从城市发展的总体规划出发，与城市交通、城市环境等多方面因素进行有机结合，进行综合性设计的一项工程，要避免在建设过程中出现重复建设以及资源浪费的现象。

城市防洪关系到城市的稳定，而城市的稳定则关系到当地的社会和经济发展，对城市形象也有一定的影响。当前很多城市发展过程中对防洪工程的规划比较欠缺，导致城市基础性设施的抗洪能力减弱，使得人们的生活质量受到很大影响。在未来的发展过程中，需要采取相应的措施，不断提高城市防洪抗洪能力，促进社会和谐发展，提高城市形象和品质。

二、城市防洪工程现状及规划

（一）城市防洪工程的现状以及存在问题

城市建设过程中，往往会出现在城区范围内侵占河道围田、造地、建房、乱倒垃圾等现象，这些现象都会导致城市河道的防洪能力受到影响，严重的时候还会影响各种防洪设施的稳定性。如果出现了暴雨天气，则城区内的积水不能及时排出，就会导致城市内部出现洪水灾害，对人们的正常生活带来影响，甚至会影响人们的工作秩序，进而导致整个城市建设过程出现紊乱。在防洪工程的建设过程中，对防洪区域管理的制度不够完善，导致一些蓄洪和行洪空间被挤占，使得河流的蓄水能力有所下降，加上城市规划时对防洪工程建设的重视程度不够，因此各种防洪工程的方案设计存在问题。

（二）防洪规划的要点

1.遵守防洪标准。各个工程项目的推进都应该遵守防洪标准，尤其是对城市堤防工程的建设，更应该结合城市的需求以及具体的堤防建设标准进行修剪。堤防工程是城市防洪规划的重要内容，在防洪过程中，首先要对具体的防护对象进行确定，然后才能对城市堤防的防护区进行划分，在划分过程中要考虑洪水的大小、洪水决口过程以及洪水量、洪泛区的地形与地物状况等。在规划过程中一般不能以城市行政分区直接作为堤防工程保护区。在编制城市防洪规划过程中，应该根据城市的需求制定适合城市发展的防洪标准，通过对各种方案的对比分析，最终决定采用何种防洪标准进行防洪工程建设，这样不仅有助于防洪工程的顺利推进，还能妥善处理各种投资关系。

2. 合理地确定堤距。在防洪工程建设过程中，如果单纯地增加堤防的高度，反而会导致防洪安全问题的出现，单纯地缩窄河道，也会对河流自身的运动带来影响，使得河流生态系统出现不平衡的现象，最终使得河道两岸的居民的生活、河道两岸的生态自然环境受到较大的影响。为了进一步预防各种问题的出现，在防洪工程的规划以及设计过程中，应该对堤防之间的距离进行合理的设计，对堤防的高度进行合理的设计，确保堤防的安全性和稳定性。

三、城市防洪工程有效对策

（一）科学、合理的规划防洪工程

城市防洪工程想要提高其经济性和有效性，在建造的时候就要结合城市的布局和发展进行科学、合理的规划。防洪工程的建造需要经得起时间的考验，所以在规划的时候要做到以下两点：因地制宜，一个地区的防洪工程需要结合当地城市的地理环境、地势走向等方面，对防洪工程进行科学合理的规划，以达到有效抵御洪水的目的，确保人们生命财产安全。也要考虑城市以后的发展情况，人口的增加、城市的延展等方面，进一步使防洪工程具有一定的前瞻性，最终达到防洪工程经济性和有效性的目的。

（二）防洪工程的施工质量要达标

防洪工程要经得起时间的考验，最重要的是质量要达标，满足高质量、高标准，同时还要将新观念、新理念融入进去。城市的防洪工程整体布局要充分展现其城市特点，尽可能多的运用风格多样的建筑形式、园林形式，改变传统比较死板的建造模式，做到高标准、高质量。比如，杭州钱塘江大堤已经经历了几千年，依然雄伟壮观，对抵抗海浪侵蚀发挥着重要作用。防洪工程的每一个部分建设都要顾全大局，不能因为某个部分就忽视质量，从而因小失大，埋下隐患。国外很多城市在建造防洪工程时，将城市的下水管道中的主干道底部保持平坦，高度达到2m左右，宽度达到3~4m左右，整体确保宽敞通达，以便进行清淤工作；工程上部一般设计为圆拱形，以达到结实牢固的目的，城市基本的干线、管线都设置在里面，一旦出现问题，一些工程维修车可以直接在里面通行修复，这些就是高标准、高质量的防洪建筑的重要体现。

（三）对防洪工程科学、合理维护

城市防洪工程若要达到最好的防洪效果，做好日常维护工作是必不可少的。对河道要经常进行清理，以降低河床；对下水管道要进行疏通，确保排水畅通；对下水窨井也要进行定期修整和维护，目前很多城市没有重视窨井的重要性，破损没有人修整，淤积堵塞没有人清理，造成地下水窨井没有发挥作用。久而久之，地下水窨井成了摆设，成了垃圾站，环卫工人甚至为了方便，将垃圾直接倒入窨井中。遇到雨季或者洪水来时，洪水无法及时排出，对防洪工程造成极大影响。另外，对防洪工程做到定期维护的同时，还要建立完善的城市管理体制，将防洪工作纳入城市管理体制中，并进行严格的监督管理，为城市防洪工程发挥自身有效性提供保障。

（四）尊重自然规律，合理开发国土资源

随着社会的发展和人类的进步，防洪工程的抗洪能力逐渐提高，人们逐渐有了这样的意识，人能胜天，认为人们的生活环境、地理环境是外在的客观因素，不会对人们造成威胁。但实际上，大自然反馈给我们的结果就是洪水、地震的不断增加。灾害在某种程度上既有自然属性，也有社会属性，那么我们在做好防洪减灾的同时，还要将社会的发展、经济的发展与自然相协调，顺从自然规律，对国土开发做到合理规划，将这两方面紧密结合才能充分发挥城市防洪工程的作用。

第八章 水利水电工程施工

第一节 水利水电工程施工设计

施工组织设计是水利水电工程设计文件的重要组成部分，是研究水利水电工程施工条件、选择施工方案、指导和组织施工的技术经济文件，是编制工程投资估算、总概算和招投标文件的主要根据，是工程建设和施工管理的指导性文件。在工程前期、初步设计和技术设计各阶段，都要编制施工组织设计。做好施工组织设计对正确选择整体优化设计方案、合理组织工程施工、保证工程质量、缩短建设周期、降低工程造价都有十分重要的作用。

一、施工组织设计的基本内容

（一）施工导流

水利水电工程是在川流不息的河道上进行施工的，为解决河水与施工的矛盾，需将河水部分或全部导走；同时还要尽可能保证在施工期内河流的综合利用条件不被破坏，这就提出施工导流专门设计问题。导流问题，是施工组织设计中的一个特殊问题，就设计而言，它既有水工建筑物设计内容（如：隧洞、明渠、围堰等）也有与施工总进度、总布置密切相关的导流程序问题。施工导流是一个带全局性的问题。它影响坝址、坝型的选择和水工建筑物及其布置的合理性，而且影响施工总布置、总进度，以及工程投资。

任何水利水电工程施工，必须与自然条件相适应，其中至关重要的是与水情规律相适应。一般情况下，适应水情规律总费用比改变水情规律费用所付出的代价要少得多，在某些情况下，则难于甚至无法改变水情规律，因此施工导流就成为主体工程施工的控制环节。导流工程中的截流、排水、度汛、封堵、拦洪及蓄水等，自然地成为主体工程施工程序的控制要素。显然当主体工程施工程序与河流规律较好地适应时，工程进展顺利，节省资财；反之，势必打乱施工计划安排，轻则延误工期，多花资财，重则造成事故，被迫停工，这在水利水电工程建设中是有过教训事例的。

（二）施工工艺

施工工艺是施工组织设计的基础，由施工技术、施工顺序及施工方法等在特定的施工装备情况下构成。施工工艺的重要性在于研究建筑物结构的施工技术可行性与经济合理性，其研究的主要项目如下：

1. 研究主体工程建筑物实施顺序和方法的施工技术特性；

2. 研究主体工程建筑物施工顺序与施工导流配合的实施状况的技术特性；

3. 在特定技术装备条件下，研究施工期限内所达到的施工强度的合理指标；

4. 研究适应施工程序的施工平面与高程的场地合理布置；

5. 研究必要的技术物质供应及材料消耗，作为提供预算分析单价的基础资料；

6. 研究工程建设施工安全、质量、进度及效益等科学管理的施工工艺与要求。

（三）施工进度

施工进度计划是从工程建设的施工准备起始到竣工为止的整个施工期内，所有组成建筑物的各个单项工程修建的施工程序、施工速度及技术供应等相互关系，通过综合协调平衡后显示出总体规划的时间与强度指标。目前进度计划表示形式有横线图、斜线图及网络图。

在施工进度计划研究中，着重需要解决如下内容：

1. 合理划分施工程序。对水利工程建设中，影响施工程序较大的时段，要进行恰当划分。如截流、度汛、封堵、拦洪及蓄水期等要进行分析，恰当安排，得到合理划分；

2. 施工机械化水平。应解决适应工程所处自然条件和建筑物特性的施工机械装备。施工机械装备（包括施工条件能否允许或充分利用已有设备在内）程序，会影响施工强度，最终将直接影响施工速度和工程的进展；

3. 关键施工期控制。从水利工程建筑实践中得知，一般当河道截流起始时及其后的第一个枯水季内的工程施工期，对工程进度计划常起控制效用。因此在安排进度计划时，必须对截流前的导流建筑物和截流后第一个枯水季的坝体施工（包括截流、基坑排水、基础处理及坝体填筑）的施工方法进行充分论证，以利达到合理安全度汛的目的来划分关键施工期控制；

4. 经济投资效应。由于水利工程项目多、工种复杂、工程量巨大、施工期长、又远离城镇、投资巨大等，都给进度计划安排带来许多困难，特别是在市场经济状况下，变化因素增多，进度计划与资财投入时间价值关系更为密切，影响程度加大，需要使进度计划能充分利用资财，达到最佳经济效应。

（四）施工布置

施工布置必须紧紧围绕解决主体工程施工这一主题展开，其目的是为主体工程施工及运行服务的，其着重点是对工程所在地区的施工交通、工厂设施、生活建筑、料场规划等在平面上和高程上进行布置规划。布置时必须紧密围绕服务对象，有时还要考虑到今后扩展成为小城镇的需要。

在具体施工布置时，应根据枢纽布置和结构特征，结合工程所在地区的自然、社会、经济等主要因素，认真规划施工占地。要遵循因时、因地制宜、统筹规划、方便生产管理、安全可靠、利用技术可行、经济合理的总原则，检验布置的合理程度。

水利工程施工布置，相当于一个小城镇规划，其主要内容包括有交通运输、工厂设施、料场开采储运规划、生活建筑、安装场地、生活生产用水、电及通信等管路线路等的平面及高程的合理布置。其中处于深山峡谷而又建设周期长、运输工程量大距离远、交通不便的水利工程建设，道路修建费用巨大，运输任务艰难，必须给以足够重视，否则会加大投资和延误工期。据实践工程统计，运输费用约占总投资的 4%~25%，因此在施工布置时应重点分析研究。

二、施工组织设计内容之间的关系

（一）研究施工导流控制程序，必须以施工方法作后盾。因为施工方法是论证工程实施的技术可行性与经济合理性，提出合理而先进的施工强度，作为施工导流程序控制的基础；

（二）施工强度是进度计划安排的依据，且受到进度计划安排的反馈作用，通过反复协调，方可得到恰当的施工强度指标；

（三）施工导流程序控制，作为施工进度计划的总体轮廓安排，然后又由进度计划安排的反馈作用，经相互调整后，最终确定施工程序；

（四）施工强度亦需生产设施、材料技术供应、交通运输等许多环节得到允许时，才是可行的，这些都需直接与施工布置相互协调后，才可能满足施工强度的需求。

从上述可见,施工导流程序控制,无疑是与施工方法、施工进度及施工布置密切相关的。

又如研究某主体工程施工进度计划时，同样与施工导流、施工方法及施工布置等具有密不可分的实际情况。这是因为：

（1）依据施工导流方案初拟的施工程序，作为进度计划的轮廓安排。

（2）要研究施工方法，提出先进合理的施工强度，作为进度计划安排的基本依据。

（3）施工方法提出的施工强度，建立在施工布置的基础上，所以进度计划也要与施工布置相互配合研究。

（4）施工进度计划对施工导流、施工方法及施工布置反馈作用后，再进一步相互协调，反复调整，经过综合平衡得到最终计划进度。可见施工进度也具有与施工导流、施工方法及施工布置的密切关系。同理施工布置也同样与其他基本内容存在不可分割的密切关系。

第二节　水利水电施工导流控制

一、施工导流技术概述及技术特点

（一）水电站施工导流技术概述

所谓施工导流指的是在对水电站施工过程中，为了确保水流能够绕过需要施工的地区而流向下游，采用的一种水利引导技术。科学的施工导流可以为建筑施工提供一个干燥的现场环境，加快施工进度。简言之，水电站施工导流技术就是为了引导水流和控制流量而使用的一种技术方式。施工导流技术一般包括截流、基坑排水、下闸蓄水等几个工程。

（二）水电站施工导流技术特点

作为水电站施工的重要组成部分，施工导流技术与整个工程中设计方案的实施、施工进度以及施工质量等有着直接的联系。因此，在水电站的施工过程中，一定要依据工程的实际情况和特点来科学运用施工导流技术，从而有效保证水电站施工的整体质量。一般情况下，在进行水电站的施工导流设计时，主要体现以下几个方面的特点：

1.选择坝址。在进行施工导流设计之前，工程坝体的位置应该是重点考虑的问题，而坝址的选择是有效勘测地形的最为关键的环节。因此，在选坝过程中，通常需要依据地质条件、地形地势、水能的指标差异、施工难度、工程规模以及施工工期等各方面来进行通盘考虑。

2.水利枢纽工程的布置方案。一旦坝址确定，为了有效配合工程分布，通常情况下，都要从导流明渠开始着手布置，其次才是厂房的位置安排。

3.科学编制施工计划。大家都知道，编制施工计划是水电站工程施工的基础和前提。在编制计划的过程中，不仅需要运用借鉴科学的施工方案，还要对工程导流施工技术予以重点关注。

4.涉及范围广泛。水电站施工导流技术影响因素有很多，不仅包括地质条件、地形地势和水能指标等各项因素，还包括水电站工程周边建筑物的位置安排、水库的蓄水问题、库区居民的搬迁问题及河流下游生态环境等，这些都是进行施工导流时需要综合考虑的问题。

5.水利施工技术。我国水利工程施工历史悠久，有着几千年的防洪抗灾历史，这就使得我国在水利施工技术方面积累了丰富的经验。随着现代技术的不断发展和进步以及各种新型建筑材料和大型机械设备的使用，我国的水利工程施工技术也取得了长足的发展。

二、施工导流方式原则及施工方法

（一）施工导流方式选取原则

在水电站的施工建设过程中，想要水利工程达到布局最优、造价合理、施工方式运行稳定，就必须结合水电工程周边实际情况和自身要求，来选用合理的施工导流技术方法。通常情况下，导流方式选择都会遵循以下几点原则：永久与临建要紧密结合，泄水、挡水、发电和导流等四大建筑的总体布置要协调一致；投入产出比科学、合理，要注意，初期导流阶段是导流方式选择的核心阶段，一旦确定建筑物的形式之后，就要从临建投资、工期、度汛安全等方面对基坑是否过水问题进行全面比较；在施工过程中，妥善解决通航、过木、排水以及水库的提前淹没等环境问题。

（二）施工导流施工基本方法

1. 明渠导流。在施工过程中，明渠导流要在上游和下游均需进行一次拦断，这样做的目的是能够在河床内形成基坑，同时对主体建筑能够起到很好的保护作用，通常情况下，施工时都是利用天然河道或是开挖明渠的方式向下游进行泄水。然而并不是所有的水利工程都适合采用天然河道的方式，河床覆盖淤泥过多或者坝址的河床较窄时，都无法正常进行分期导流，所以，明渠导流因其自身的优点则被广泛使用。在这里要注意的是，一旦出现导流量非常大情况时，进行导流时需要面临的问题也很多，因此，在施工过程中，其通航过水和排水也需要达到一定的标准。此外，当前很多水电站的施工工期都很长，且施工过程中都需要进行泥土挖掘，此时对施工设备要求也就十分严格，因此，在选取导流方案时，一定要做好施工现场的情况分析工作，同时还需要运用一些大型设备，切实加快施工进度，确保主体工程的正常施工。

此时，明渠布置成为整个导流的关键环节，因此，在进行明渠布置时，要选择较宽的台地或者河道，以此来保证其水平距离及满足防冲的需求。通常情况下，明渠的长度都是在50~100m之间，这样可以与上下游的水流进行更好地连接，还能有效确保水流的畅通无阻。同时，在进行明渠挖掘时，对转弯的半径也有一定的标准要求，在进行明渠布线时则要尽可能缩短其长度，避免挖掘位置过深的情况出现。此外，还需要认真分析进出口的形状和位置，精准确定明渠的高程和进出口位置，这样可以有效避免在进出口的位置出现回流的情况。

2. 隧洞导流。所谓的隧洞导流指的是上下游围堰一次拦断河床之后，可以形成基坑，为主体建筑工程施工提供一个干燥的环境，而天然河道水流全部由导流隧洞进行宣泄的一种导流方式。通常情况下，适合采用隧洞导流的条件是：导流流量较小，坝址河床较且两岸地形陡峻，若一岸或两岸有着良好的地形、地质条件则可优先考虑运用隧洞导流方式。具体来说，导流隧洞的布置要求有以下几点：隧洞轴线、眼线有着良好的地质条件，足以确保隧洞施工和运行的安全；隧洞轴线采用直线布置，一旦遇到转弯，转弯半径应超过5倍洞径，转角不应大于60°，同时弯道首尾应设直线段，长度应超过3~5倍洞径；河流主流方向与进出口引渠轴线的夹角不超过30°；隧洞之间的净距离、隧洞与永久建筑物之间的距离、洞脸与洞顶围堰厚度都应满足结构和应力的标准要求。

3. 涵管导流。在水电站的施工建设过程中，修筑堆石坝或者土坝和工程时一般会用到涵管导流，以此来有效提高工程的施工质量和整体性能。涵管通常是钢筋混凝土结构，所以在涵管施工时，必须要充分把握钢筋混凝土的特性，以防涵管出现钢筋混凝土的质量通病。在某些工程中，还可以直接在建筑物基岩中开挖沟槽，并予以衬砌，然后封上混凝土或钢筋混凝土顶盖，从而形成涵管，这样一来，可大大降低施工导流的成本。然而由于涵管的泄水能力较低，所以其应用范围也比较窄，只能用来担负枯水期的导流任务或者导流流量较小的河流上。

三、水电站施工导流技术

(一)加大技术创新投入

科学技术是第一生产力,因此必须加大技术创新的投入力度,进行水利技术的革命。就目前而言,我国水利大环境是积极向上的,尤其是近年来在国家政策的扶持之下,水利技术创新速度迅猛发展,水利事业蒸蒸日上。为此,水利工程施工单位一定要抓住机遇,下大力气进行技术改革,拓展技术创新渠道,走进水利高校,开展校企合作模式,共同推动我国水利施工技术的向前发展。

(二)注重水利人才的培养

人才是科技创新的根本,因此,在吹响水利技术创新号角的同时,还需要加大培养水利人才的力度。当前,水利施工队伍中,原有施工技术人员缺乏创新能力,新生力量衔接断层,所以我们在日常工作中既要注重新生人才的引进工作,又要团结骨干技术人员;既要最大限度发挥新生力量的技术创新能力,又要积极吸取骨干员工施工经验,二者有机结合,以老带新,从而形成共同促进水利技术革新的局面。

(三)完善企业管理机制

一直以来,许多水利施工单位只注重水利技术的创新,却忽视了企业管理机制的重要性。就目前而言,国内大部分水利企业内部管理机制是不健全的,缺乏行之有效的施工工程质量监管体系。而在市场经济的大环境下,水利施工单位面临巨大的市场竞争压力,只有积极实行水利施工体制改革、管理体制改革、投融资体制改革,才能不断提高水利施工工程质量,有效增强市场竞争力。

第三节 水利水电工程施工技术

一、水利水电工程施工概述

(一)水利水电工程施工的内涵

水利水电工程一方面是水利工程,水源是人们生活生存的必需品,另一方面是水电工程,电力是整个社会发展的动力。水利水电工程是在对水资源进行研究的基础上,应用工程技术或工程措施对水能源进行合理调控和应用,从而既能为人们提供生活生产提供能源,又能起到绿色环保的作用。

（二）水利水电工程施工的特点

1.项目投资大，建设规模大

水利水电工程建设一次性投资高，并且由于建设规模庞大，所以所涉及的参与单位众多，建设规模较长。另外，众多的参与单位和施工相关人员管理起来也相当困难，人员分散、工程施工地距离远，作业人员和管理人员缺乏及时有效的联系，存在耽误施工进程的情况。另外，由于水利水电工程涉及的生产环节众多，在对这些生产环节进行安全监督管理时难免会出现一些失误，所以对管理人员的要求很高。

2.施工对象复杂

水利水电工程施工涉及的部门多，而且工程施工对象复杂，有爆破工程、防洪工程、发电工程、工业和城市用水、航运等工程，有的涉及基坑开挖，有的需要使用大型机械设备，有的需要进行隧道施工。对于这些工程和机械设备都需要安排专门人员进行管理和操作，而且所有工程需要从多方面进行统筹规划，不但要保证施工的进度，而且还要保证施工各方面、各环节的安全。

3.施工环境复杂，施工难度大

水利水电工程大多是在露天开展，难免会遇到降雪、暴雨、类提案等天气，为了避免影响施工的质量和施工进度，就需要及时采取措施应对这些气象环境变化。比如，水利工程中涉及的水库、大坝、渠道和隧道等工程施工就会受到汛期和季节温度影响，这时就需要及时采取安全管理措施进行预防和控制，但是由于施工环境复杂，所以也给安全管理工作带来一定的困难。此外，施工人员往往是居住在临时搭建起来的露天建筑物中，不仅资源供给不足，而且也会对施工人员和施工机械设备等构成威胁。

4.施工人员文化层次普遍较低

水利水电工程的施工建设人员文化程度普遍偏低，尽管具备专业的水利工程建设知识和技术，但是还比较缺乏安全意识，尤其是在更换施工对象以后，需要一段适应时间。而如果对施工人员缺乏系统的安全生产培训，施工人员就很难迅速适应新的施工环境，安全知识和安全防范意识的欠缺、安全应变能力的不足都将为自己和其他施工人员带来安全隐患。

（三）水利水电工程施工的意义

水利水电工程是我国国民经济中的基础性工程，其具有政府和公益的双重特征，且对人们的生产、生活有重要的影响。随着人们生活水平的提高，人们对水利水电工程的关注度越来越高，对工程施工技术的要求越来越严格。而基础施工是水利水电工程施工的关键内容，为满足施工质量要求，必须加强对基础施工技术的研究，完善水利水电工程的施工技术和质量管理，要求施工作业人员在基础施工中严格按照相关规范要求进行，合理选择施工技术，加强对施工技术的管理，从而保证施工的质量。

二、水利水电工程施工技术

（一）锚固技术

水利水电工程一般建设在人迹罕见的地方，这样做的目的是为了减少对耕地的占用，减少对人们生活环境的影响，所以水利水电工程施工的环境相对比较复杂，地形崎岖、地势险恶是水利水电工程施工的环境特点。为降低施工难度，需利用锚固技术的优势，最大程度上减少工程量，降低工程的开支。在运用该技术时，首先要充分把握工程施工地区的地理地质和地基情况，然后结合水利水电工程基础施工特点，利用锚固技术针对性地对水利水电工程基础进行锚定和加固，从而可有效解决地基不稳和抗滑能力不强等的问题。

（二）预应力管桩技术

预应力管桩施工是水利水电工程施工的关键环节，所以所选择的施工技术也是影响基础施工质量的关键，预应力管桩主要有先张法和后张法两者控制方法，所以在施工作业前首先要了解两种方法的区别和共同点。此外，预应力管桩技术主要有振动法、锤击法、射水法和静压法几种，其中，静压法和锤击法是最为常见的两种，锤击法又是能明显提高施工效率的方法。为从根本上保证预应力管桩施工的质量，一方面必须全面掌握各种预应力管桩施工技术，了解不同技术的适用情况，另一方面需对施工现场进行实地考察，结合现场具体情况选择合适的预应力管桩施工技术。在完成一段施工后必须进行质量检测，及时发现和修正出现问题的地方，从而提升整体施工质量。

（三）水泥土加固技术

在水利水电工程基础施工中，使用的水泥质量也会影响施工的效果，尤其是水泥的强度会对整个工程的强度和稳定性产生影响。因此，在施工之前首先要根据科学计算得到的配合比将水泥和水混合并均匀充分搅拌，使得到的水泥强度完全符合施工要求。只有达标的水泥才能提升工程基础的对外抵抗能力，从而稳定地基。在实际施工中，水泥灌浆的深度一般会要求达到50cm左右。此外，在施工设计时也要充分考虑施工现场土壤性质、密度和质地对施工的影响。

（四）软土处理技术

对地基软土的处理主要有置换法、重锤夯实法和排水固结法几种。其中，泥土置换法指的是将施工范围内的软土部分全部挖出来，然后用密度高、强度大且土壤性质好的其他土壤，如灰土等代替，这样就避免了软土性质对基础施工的不利影响。其次，重锤夯实法是采用履带起重机先将重锤吊起，当达到一定高度时再让重锤自由落下，利用落下的重力夯实土壤。此外，排水固结法指的是先由人工去除土壤基础表层和内部的积水，然后利用土壤自身的重力和外部荷载作用力，将基础内部全部积水迅速排净。

第四节 水利水电工程施工质量管理

一、水利水电工程施工管理问题

（一）为了提高水利水电工程的施工效益，很多水利企业制定了工程质量管理目标，但是有些企业并没有将施工质量管理口号真正落实到实处，其工程质量管理目标缺乏科学性、规范性的设计，导致管理目标制定过程中的盲目性，难以落实好工程质量的相关建设标准。工程建设完毕后，其工程质量得不到有效性的保证，难以满足现阶段工程质量管理工作的要求，出现了一系列的豆腐渣工程，不利于促进地区基础经济建设的发展，不利于维护人民生命财产安全，造成国家巨大的资源浪费状况。

水利水电系统比较复杂，其涉及的专业非常多，再加上外界各种复杂环境条件的影响，水利工程的施工质量监督及管理容易出现问题：有的企业缺乏健全的监督管理制度，工作人员难以落实好相关的工程施工标准，导致实际施工与作业指导书的要求产生了差异，产生了一系列的违章操作状况，难以满足现阶段施工规范的要求；有的施工单位不能做好施工监督目标的制定工作，难以实现施工质量的有效性管理，不能如期完成工作指标。

（二）国家是水利水电工程建设的重要投资者，国有资本是施工单位投资体系的重要组成部分，区别于普通的民营企业，这些国家投资的施工企业具备良好的工程资源，其工程技术、工程设备比较先进。但随着市场经济体制的不断改革，水利施工质量管理的理念不断发展改变，然而有些施工企业仍然采用传统的施工质量管理理念，这已经不能满足现阶段经济建设发展的要求。另外，有些企业的质量管理机制比较落后，各部门之间的管理责任划分不明确，难以实现建设程序的有效性管理，工程质量难以保障。

施工人员是水利工程施工的关键要素，施工队伍整体素质的高低，对工程的施工质量起着十分重要的作用。但由于水利水电工程项目，尤其是大中型项目，施工程序繁多，涉及的施工人员众多，不同施工程序间的联系也十分复杂，如果不能做好施工模块的监督管理工作，在施工过程中就容易出现各种各样的质量问题。

二、水利水电工程施工质量管理

（一）水利水电工程包括线型工程和点型工程，涉及的建筑物种类繁多，投资主体和投资形式也多种多样，因而必须要有一套完整的质量管理系统对其进行控制，才能使水利工程满足安全性、适用性、经济性的要求。这就要求施工质量管理单位要遵循国家与水利工程施工管理有关的法律法规，以及与所建的水利工程有关的规范、标准，在确保水利工程质量的同时，使工程同时满足经济性、美观性的要求。为了达到这一目标，也需要管理单位在施工质量管理过程中，协调好施工准备环节、建设实施环节以及竣工验收环节之间的关系，并采用先进的质量管理方案，实现对整个施工环节的有效性管理，为工程施工质量的全面达标打下坚实的基础。

有时在对工程进行施工质量管理的过程中，需要对现行的施工质量管理体系进行必要的补充和完善，以使项目法人责任制、建设监理制能够更好地发挥作用，保证业主、监理、施工等各参建方均能按照相关规范及合同的规定，落实好各自的责任。在实际施工过程中，各参建方有关人员也均有权利向质量监督部门进行工程质量问题的反映。

（二）如果想保证水利水电工程的施工质量，就必须健全施工质量检查体系，实现质量管理机构内部组织的协调，全面建设质量管理机制。工程准备阶段，要做好施工组织环节及设计单位的技术交底工作的全面检查；工程竣工后，及时做好质量验收及签证工作。在施工过程中，施工单位需要全面强化质量管理工作，优化质量保证方案，做好岗位质量规范的制定及完善工作，实现质量责任制度的健全。在这个过程中，施工质量管理单位需要提升质量保证体系的应用效率，落实好相关的工作质量责任及考核方法，实现质量责任制度的强化及落实，落实好三检制的相关工作要求，实现工程质量的全过程管理及控制。

（三）建设单位的项目法人需要承担工程质量管理的相关责任；在监理单位、施工单位、设计单位中的工程相关人员需要按照合同规定，做好工程责任的落实工作；相关的质量监督机构需要落实好自身的质量监督责任，但不能取代项目法人对监理环节、设计环节、施工环节等的质量管理，在施工过程中，水利工程各方参与者需要及时向质量监督部门进行工程质量的反馈工作。

建设单位、监理单位、设计单位、施工单位等各个参建单位的管理者需要履行好自身的工作责任，各个单位的领导者对工程现场的质量工作负有直接的管理责任，各个单位的工程技术管理者需要强化工程技术质量管理制度，落实好相关的工程技术管理责任，具体工程技术管理者为工程技术质量的直接负责人。

（四）为了提升工作效率，必须建立、健全相关的质量监督体系。政府部门要建立工程质量监督机制；在实际施工过程中，水利工程人员需要按照分级管理的原则做好相关的施工质量管理工作，该工程的质量监督部门需要做好质量监督工作；水行政主管部门的质量监督机构需要做好管理范围内的工程质量监督单位与质量检测单位的规划协调工作，并做好相关单位的资质审查工作；各个直辖市、省、自治区都要建立本地区的质量监督机构，对本行政区域内的水利工程质量监督部门及质量检测单位进行统一的规划与协调，并做好相关单位的资质审查工作。

在整个质量监督体系中，水利工程质量监督部门的作用是十分关键的。因为它需要落实好对设计单位、监理单位、施工单位的质量监督工作，还需要在资质等级允许范围内做好水利工程质量的管理工作，协调好设计质量、监理质量、施工质量等。具体来说，质量监督机构需要按照国家水利行业的相关法规、技术标准以及设计文件要求，做好施工现场的质量监督检查工作；质量监督机构需要做好监理单位的资质审查工作，确保监理单位具备满足监理工作需要的资格和能力，并定时对监理工作进行抽查，确保监理单位能够以最优的监理方案圆满完成对水利工程的监理任务。监理单位在监理过程中，必须严格按照国家的相关法律规范及标准，全面履行监理合同的有关内容，采用先进的监理方法，落实好施工质量的管理工作。

（五）在水利水电工程施工过程中，各参建单位必须重视对先进的、科学的质量管理策略的应用，必须重视对先进的科学技术的推广，必须重视施工技术的合理性运用及施工方案的选择，必须重视对科技创新的投入，必须重视对新型材料及方法的应用，以圆满完成对施工质量的管理工作，争创优质工程，为我国水利水电行业的发展做出贡献。

第五节　水利水电工程施工安全管理

一、水利水电工程施工安全原则

在进行水利水电工程施工工作的时候，一定要遵循相关的水利水电工程施工安全原则。其原则主要有以下几种：

（一）要以预防为主。加强水利水电工程施工安全管理与安全控制工作，第一步就要做到预防，以避免出现安全事故。要重视对施工人员的教育和培养，以改善其不良的施工习惯，提高施工人员的专业性，使其明确施工中安全的重要性，严格按照相关要求来执行施工技术，以防止在水利水电工程中出现安全事故。另外，一定要选择高质量的施工安全用品，提升安全技术水平，以为水利工程施工人员提供安全的施工环境，保障施工人员的生命安全。

（二）在施工过程中，要将安全放在第一位。不可因为缩短施工期，或是控制施工成本，而忽视了施工质量，未加强对安全的管理与控制，从而导致安全事故的出现，不利于水利水电工程的可持续发展；

（三）加强对水利水电工程相关人员的管理，严格执行安全生产工作。安全施工应当贯穿于水利水电工程的每一个工序和环节中，要明确施工安全目标，增强施工人员的安全意识，使其能够明确自己的职责，管理人员更是要以身作则。在整个水利水电工程施工中，一定要严格执行安全生产工作，不可因各种原因而忽略施工安全。

二、水利水电工程施工的安全风险

水利水电工程施工安全管理中存在着一定的安全风险。首先，水利水电工程的施工环境并不太好，常常较为复杂，存在着较多的危险。当水利水电工程数量增多，规模扩大时，其危险性也随之增高，所需要的施工周期相对来说比较长，施工现场的设备和材料比较多，安全隐患较大；其次，水利水电工程的施工人员流动性比较大，这就给管理带来了难度。施工设备的转移过程也会增加危险，在搬运的过程中可能出现砸伤施工人员等问题，需要加以防范；最后，水利水电工程的施工工序较为复杂，具有一定的难度，对施工人员的体力和技术专业性要求比较高，在现场的实际施工过程中，施工人员需要摒弃一切干扰，专心的作业，若是稍有不慎，则很容易发生安全事故。

现阶段，在水利水电工程施工安全管理中还存在着一定的问题，有待于进一步改善，其问题主要有以下几个方面：（1）在开展水利水电工程施工之前，并未对施工所处地和周边情况进行详细的勘查和了解，以至于未能在前期进行危险防范，也不利于施工设计的准确性，难以保障水利水电工程的施工安全；（2）在施工阶段，施工人员的安全意识较为薄弱，在施工中并未严格遵守相关的安全原则和操作规范，增加了高危作业发生安全事故的概率；（3）在安全事故发生之后未能及时采用应援方式，导致水利水电工程的质量得不到保障，工程效益损失较大。

三、水利水电工程施工安全管理与控制

（一）建立健全的施工安全体系，实施安全措施

在开展水利水电施工安全工作中，为加强水利水电施工安全管理和安全控制，则必须建立健全的施工安全体系，采用有效的安全措施来防止安全事故的发生。

1.应当设立专门的施工安全管理部门，根据水利水电工程项目的实际情况，来制定完善的安全施工制度，并贯彻落实，要由专门的施工安全管理人员来执行相关工作，将安全施工落实到每一个工序中，安全生产责任落实到每一个施工人员身上，以解决现阶段水利水电工程施工中存在的安全问题。另外，作为安全管理人员必须与时俱进，不断地提升自身的安全管理水平，学习全新的安全技术，定期进行相关的安全培训，以更好地督促水利水电工程施工人员。要检查施工现场的相关设备，保障设备的安全运行，质量合格的施工材料才可进场和使用，需要时刻关注一些隐蔽的安全隐患，消除危险因素。

2.要重视水利水电工程施工的安全培训工作。在实施安全培训的过程中，可以创新培训方式，吸引施工人员的注意，使其在培训过程中真正了解到安全施工的重要性。可以利用互联网技术，采用视频教学，也可以利用实际操作示范等方式。在参加完安全培训活动之后，施工人员应当总结所选内容并进行考核，考核不合格者应继续接受培训，不可回归到岗位。若是施工人员一直无法通过安全考核，则予以转岗或是辞退处理，以此来提高施工人员对安全生产的重视程度，增强施工人员的安全意识，从而为水利水电工程的施工安全和质量提供有效保障。

3.在现场安全管理过程中，应当规范安全管理措施，在制约和管理施工人员的同时，安全管理者也应当严格要求自己，在施工现场需要加倍小心，及时发现施工中的危险状况加以解决，坚决杜绝出现施工现场安全事故。

（二）科学解决施工中出现的安全隐患

当安全监管人员发现，水利水电工程施工中出现了安全隐患时，则必须在第一时间暂停施工工作，不可再继续进行施工操作。对于违反相关规定和制度的人需予以惩戒。之后，则需要根据安全隐患的具体程度，来采取合适的解决措施，可请专业的水利水电项目工程师来进行检查，提出有效消除施工安全隐患的方法，从而科学而合理的解决施工中的安全隐患。在水利水电工程施工安全隐患消除之后，则需要积极寻找其发生原因，对事故进行详细的调查，追究相关责任，对于违反操作规范或是引发安全隐患的恶劣行为绝不姑息。

（三）有效预防水利水电施工中的危险因素

由于水利水电工程受自然环境的影响比较大，以至于很容易出现因恶劣环境而造成的危险。在这种情况下，只可能在施工之前就做好实地考察，制定科学合理的预防计划和方案，以尽可能地避免安全事故的发生。要对施工所在地的环境因素进行详细了解，熟悉周围的环境状况，分析可能会引发安全问题的因素，加强对其的预防和管理，制定具有针对性的应对措施，积极防护，对于一些较为危险的地带则应当予以警示。

（四）水利水电工程安全事故补救工作

在水利水电工程施工中，相关部门和单位应当严格要求自己，当安全事故发生之后，要采取有效的措施去加以补救。要向有关部门提供相应的应援方案，水利水电工程施工人员应当设立专门的安全事故救援部门，拥有完善的救援设备和人员；在平时，应当定期进行应援训练，建立健全的相关应援管理制度，严格遵循安全管理原则，不可在无安全措施和救援方案的情况下，实施施工工作，以避免出现安全事故后无补救方式，导致水利水电工程质量下降。

第九章　水利工程管理

第一节　水利工程的检查与观测

水利工程的检查观测主要包括两个方面：①采用眼看、手摸的方法或者是简单的检查工具来对水利工程的表面进行检查观测，确认是否出现损坏；②则是采用先进的仪器设备来检查工程的内外情况。但这两种方法是相互依存的。水利工程的养护不仅可以维持其正常的运作，还能延长工程的使用寿命。

一、水利工程的检查观测

水利工程的变形检查观测是最常见的检查观测工作。主要是针对：水平与铅直位移、裂缝与伸缩缝以及固结这几方面的。

1. 水平与铅直位移的检查观测

水平与铅直位移是最基本的检查观测项目，几乎所有的水利建筑物都要进行。对水利建筑物位移的检查观测，首先就是根据建筑物的规模、地质环境、重要性、观测手段以及建筑物的变化特点等因素选择一个固定的标点，根据这个标点的变化情况就可以确定其水平与铅直两个方向的位移变化情况。

2. 裂缝与伸缩缝的检查观测

裂缝与伸缩缝的检查观测是水利工程建筑物常见问题。裂缝是可以通过眼睛观察看到的，但是关于裂缝的形状、长与宽、分布位置以及裂缝的深度等都是需要观测的项目。由于裂缝产生后，会因为水破坏、气温、渗漏等原因而不断扩大，为了避免出现大面积的裂缝以及更严重的后果，要定期检查观测水利建筑物的裂缝情况，并分析产生这些裂缝的原因，从源头上解决这些问题。并不断总结检查观测的经验，在水利工程的养护阶段做出重点养护措施。

3. 固结情况的检查观测

通常固结的检查观测是与铅直位移配合进行的，尤其是针对土坝工程。

二、渗流情况的检查观测

渗漏情况针对不同的水利工程的建筑物又有不一样的体现。以下我们就将最常见的混凝土建筑物、土石坝这两个的渗流情况展开简单分析。

1. 混凝土建筑物的渗流检查观测

混凝土建筑物的渗流检查观测主要是针对渗流量、渗流位置、基底渗流、渗流水的化学成分等。通常渗流的检查观测都是与上下游的水位观测相配合的。

2. 土石坝的渗流检查观测

土石坝渗流的检查观测项目主要有浸润线、渗流量的检查观测。如果出现绕坝渗流的情况还需要做好绕渗的检查观测。如果坝基出现沉压水，还要检查观测坝基与坝址周围的渗水压力。

三、水利工程的建筑物应力检查观测

水利工程建筑物的应力检查观测主要是指：土坝应力、混凝土建筑物应力观测。土坝的应力观测通常是针对较为重要的工程实施的，这种应力观测采用的是土压计来进行的。而对于混凝土建筑的内部应力，现阶段主要是通过应变测值的计算，按照所要观测的应力状况，埋设应变计或者是应变计组来进行观测。

四、水流形态以及水文的观测

水流形态与水文的检查观测可以了解水利工程的上下游水位、具体变化情况以及泄水的流量。另外还要重点进行波浪与冰清实时观测。因为这两个影响因素对于水利工程的建筑物损害很大，甚至会导致大面积摧毁。

五、检查观测资料的整理与分析

我国水利工程很多，分布也很广泛，导致水利工程的检查观测的工作量很大。因此，检查观测资料的整理、分析与更新是相当重要的。随着互联网的普及，将检查观测的数据输入相关的网站，可以为全国各地的水利工程管理部门提供参考、交流的机会。另外，针对检查观测的数据，还要进行分析、比较，并及时采取应对措施。

第二节　水利工程的养护与修理

一、水利工程维护原则

在对水利工程进行维护时，应当遵循以下几点基本原则：其一，要以预防为主，防修相结合，在科学分析的前提下，及时对水利工程进行养护维修；其二，要通过各种有效的方法和途径保持水利工程的完好状态，及时发现问题，并修复损坏的部分，确保工程安全、稳定运行；其三，采取合理可行的技术方案和养护维修技术，保证维护质量，延长工程的使用寿命；其四，对水利工程进行养护维修的过程中，必须严格按照国家现行规范标准的规定要求进行。

二、水利工程的养护工作

无论是结构繁简还是规模大小的水利工程都有着一定量的任务。为了维持工程的日常运作，除了要进行定期的检查观测，还应该做好养护工作。水利工程的养护工作是国内水利工作的核心工作，同时也是水利工程管理部门的重要工作之一。

（一）水利工程建筑物养护前的准备工作

在工程的养护工作准备阶段，应该根据所要养护的工程现状、过往问题记录、工程规模、工程使用时间等方面综合考虑，最后制订出计划详细、目的明确、面面俱到的养护规划。养护工作进行前应该做好调查工作，主要包括以下几个方面：

1. 工程现状的调查分析

养护工作进行前，务必了解清楚工程当下的质量状况，可以根据检查观测结果来判定。然后进行分析研究，最后决定养护工作的安排。

2. 过往养护记录调查

同一个工程，由于地质、环境、水文、气候等受外界影响因素一致，所以往往产生的质量问题也是一致的。因此，在安排养护工作前，一定要调查研究过往的养护记录，做到查漏补缺、取其精华去其糟粕。

3. 养护的重点调查

由于养护工作涉及的面很多，因此养护工作的时间安排对于养护工作的质量影响也很大。在全面了解工程的现状情况下，应该先针对经常性、严重性的问题进行重点养护，并根据以往工程的养护频率决定养护计划安排的时间。

（二）水利工程养护存在的问题

1. 老水利工程长久失修

我国存在着很多建立较早的中小型水库，由于当时的施工技术还不健全，工程资金较为短缺等原因，造成了工程的质量较低。再加上使用的年限较长，水利工程出现了很多问题，比如说老化严重、长期失修、水毁垮塌、水资源浪费惊人，还存在着重大的安全隐患。

2. 水利工程的养护经费不够

水利工程的养护经费不够直接影响了养护的质量与成效。由于不合理的供水价格的形成机制，不完善的水利经营体制等问题，造成了很多水利工程的养护经费不足，从而很多工程不能获得理应的养护维修，从而影响了水利工程的正常运作，水利设施不断老化失修，导致效益不断衰减，还严重影响了国民经济的不断发展与人民的生命财产安全。

3.水利工程的养护设施落后

工程的养护阶段，由于养护设施落后、不配套的情况，给实施养护的工作人员带来了不便，同时还影响了养护的进度与质量。

4.水利工程的养护人员素质有待提高

由于水利工程大多位于农村或偏远地区，很多养护人员都是采用的当地居民。他们普遍年龄较大、文化水平较低、养护意识较差、使用养护设备的能力不足，这些原因导致了养护工作的质量不高。

5.水利工程的养护管理制度还不完善

目前，我国的水利工程的养护管理制度还不完善，各地只负责当地工程的养护管理，得不到上级单位的管理与限制，也不存在各地交流养护心得，导致养护管理效率达到折扣。

（三）提高养护效率的措施

1.提高养护人员的素质

养护人员作为养护工作的第一执行者，他们的素质直接决定了养护工作的质量。提高养护人员的素质包括以下几个方面：

（1）选择文化素质相对较高的养护人员；

（2）对工程养护人员进行专业培训，并进行岗位考核，合格者才能安排工作；

（3）提高养护人员的质量意识与工作积极性；

（4）提高养护人员对于先进养护操作手段的应用能力。

2.加大水利工程的养护投资

针对目前，大部分地区的水利工程都有着养护设备陈旧、不配套等情况，而且养护人员的工作居住地点、工资水平等都相对较落后。这样的处境很难保证养护工作的质量。因此，国家应该加大水利工程的养护投资力度。确保工程的养护设备先进化、养护工作信息化、养护人员合理化等。

3.完善水利工程的养护管理体制

养护工作人员必须得到合理分配，养护管理人员的责任必须明确化，杜绝出现问题时互相推卸责任的情况发生，并且必须安排养护工作的质量监理。质量监理可以实时监督养护工作的进度与质量是否合理，并做好书面记录，由养护负责人签字，最后交由养护工作验收人员，作为资料参考。这样的管理体制，确保了水利工程的养护质量。

4.养护宣传，全民协助

政府必须加大养护工作的宣传力度，这样不仅可以保证养护人员的工作质量，还可以提高周边居民的养护意识。传统的水利工程土坝，周边居民会在上面栽种、放牧等，这些现象发生。

第三节　水利工程安全运行与管理

一、水利工程安全运行与管理条件

要想实现水利工程安全运行与管理现代化的目标相适应，应当具备良好的水利工程硬件与软件、构建高素质的管理队伍并且塑造良好的文化氛围。

（一）需要良好的硬件和软件

为了保障水利工程安全运行与管理现代化相适应，需要具备良好的水利工程硬件与软件条件。与此同时，水利工程的软硬件在建设与管理的过程中，应当相辅相成，协调发展，从而最大限度地避免"重硬轻软""重建轻管"等现象的产生，为实现水利工程管理现代化做出保障。水利工程硬件主要包括基础设施的建筑物、金属结构、机电设备等工程设施设备，这些硬件条件共同构成了水利现代化的物质基础。而水利工程软件主要包括相应的法律法规、管理制度、工程管理技术规范等内容。良好的水利工程软件与硬件，对于推进水利工程管理现代化的实现，保证水利工程安全运行做出了重要的贡献。

（二）需要高素质的管理队伍

高素质的管理队伍，也是保障水利工程安全运行与管理现代化相适应的前提条件之一。在社会经济不断发展的背景下，科学技术的创新与发展在各个领域中都得到了不同程度的应用。当前在水利工程领域，科技的不断创新以及信息化的迅猛发展，使得水利工程新设备、新材料、新工艺、新技术层出不穷。为了最大限度地保证水利工程的安全运行、实现水利工程管理的现代化，相关管理人员应当全面了解并掌握这些新技术、新工艺与新方法。因此，作为水利管理单位，应当做好人才队伍建设工作。通过提升理论与实践等相关技术培训水平，并且积极引进水利工程管理现代化所需的专业人才，建立高技能和高素质的管理队伍，从而满足不断提高的水利工程管理水平需求。

（三）需要良好的文化氛围

积极向上、和谐稳定的单位氛围，有助于促进水利工程安全运行与管理现代化相适应。随着水利工程新材料、新工艺、新技术等的不断发展与应用，使得水利工程管理的任务不断加重。因此，为满足水利工程管理单位在内部管理工作方面的新要求，有必要塑造积极向上、和谐稳定的单位文化氛围。因为良好的文化氛围有助于提高激励效果，进而让水利工程管理的相关工作人员能够将个人发展基本目标与水利工程安全运行、实现管理现代化的整体目标相适应。具体来讲，水利工程管理单位应当理顺职能划分，通过制定科学规范的奖惩考核制度、加强精神文明建设并且积极宣传弘扬优秀水文化，最大限度地调动工作人员的积极性。

二、水利工程安全运行与管理关系

水利工程的安全运行有助于充分发挥管理现代化的效益。具体包括以下几个方面。首先，水利工程的安全运行，有助于发挥防洪抗旱减灾效益，最大限度地减少因洪涝灾害带来的经济损失与人员伤亡。其次，水利工程的安全运行，有助于对水资源进行科学合理的配置，从而获取更多的水资源利用效率，以满足工农业生产需要和人民生活需要。最后，水利工程的安全运行，能够有效地截污导流，对于水资源保护能够发挥重要的作用。

三、水利工程安全运行与管理的对策

为了确保水利工程安全运行，推进管理现代化目标的进一步实现，水利工程管理单位不仅要深化水利工程管理体制机制改革，还应当弘扬水利行业职业道德精神，并且要提升水利工程管理考核水平。

（一）深化水利工程管理体制机制改革

深化水利工程管理体制机制改革，对于确保水利工程安全运行，实现管理现代化具有重要的保障作用。在水利工程管理过程中，有着水利工程管理单位存在着管理体制不健全、工程维修养护不足等问题，这就在一定程度上影响了水利工程的安全运行。在推进水利工程管理现代化的过程中，要保障水利工程管理和维护的资金充足，并且明确水利工程管理的责任主体，加大对水利工程的维修与养护力度。从而确保水利工程能够安全运行，获取更多的经济效益和社会效益。

（二）提升水利工程管理考核水平

做好水利工程管理考核工作，有助于定量评价水利工程管理水平，确保水利工程管理朝着规范化、科学化和制度化等方向的发展，从而为实现水利工程管理现代化的总体目标做出一定的贡献。由此可以看出，水利工程管理考核标准是评价水利工程管理现代化的重要标准之一。作为水利工程管理单位，应当提升水利工程管理考核水平，运用定量评价的方法促进水利工程管理现代化的实现。

（三）弘扬水利行业职业道德精神

在水利工程管理过程中，弘扬水利行业职业道德精神，不仅有助于推进水利工程管理现代化，还是促进我国水利事业健康稳定发展中不可缺少的精神动力。良好的职业道德精神要求水利工程管理的有关工作人员具有强烈的责任感、并且在具体的工作中能够勇于钻研、锐意创新，促进水利工程管理现代化的实现。具有良好的职业道德，有助于相关工作人员在具体的工作中克服地处偏僻、条件艰苦等困难，践行"献身、负责、求实"的水利行业精神，从而确保水利工程的安全稳定运行，进一步实现水利工程管理现代化。

第四节　水利工程信息技术的应用

一、水利工程应用信息技术的重要性

（一）信息技术的应用特点

在水利工程积极应用信息技术，需要积极发挥信息技术的作用和优势，信息技术的实际应用过程中，能够表现出较多的特点。适应性较强，水利工程建设管理工作涉及较多的方面，施工内容较为复杂，并且管理的难度较大，信息技术在水利工程管理工作中的应用具有较强的适应性，能够在全天候的条件状况下，开展各项管理工作，不会受到外界环境的负面影响。精确度较高。在使用信息技术的过程中，针对水利工程管理工作中涉及的各项数据信息都较为准确，尤其是工程观测方面。具有较强的抗干扰能力。通常情况下，水利工程管理工作之中，使用的都是人工管理方式，外界很多因素的存在都将会影响到人们的具体行为，使用信息技术能够有效提升管理工作的效率和水平。

（二）水利工程管理工作中应用信息技术的重要意义

在开展水利工程管理工作的过程中，需要针对水利工程建设发展过程中的各个方面进行全方位的有效控制和监管，该项工作的系统化、专业化较强，主要是需要针对工程管理、人员管理以及资料管理等方面进行统一性的控制和指挥。管理水利工程的过程中，将会出现较多的数据，这些数据的繁杂性和丰富性，需要积极采用现代信息技术手段作为依据和支撑，积极应用多种现代软件，促进信息和资料的共享，不仅能够有效提升工作的管理效率，同时还能够有效提升水利工程管理工作的整体水平，减少失误问题的出现。

二、水利工程中应用信息技术的问题

在水利工程管理工作之中，积极使用信息技术能够起到良好的效果，同时不容忽视的是，其中还会出现一定的问题，影响到工程管理工作的实际运行效果。

（一）缺乏相应的信息化管理理念

针对水利工程进行全面管理工作的过程中，由于缺乏着必要的信息化管理理念，给正常工作造成了较为不利的影响，这也是水利工程管理工作中常见的一种问题形式。一些水利工程的领导者自身的信息化管理意识不够强，不能够正确看待信息化技术的应用效果，影响到信息技术在水利工程管理工作的正常应用。

（二）水利工程的建设工作过于流于形式化

水利工程的建设管理工作，将会直接影响到工程的建设效果。在开展水利工程建设工作的过程中，充分使用多种专业化的技术软件，或者使用网络化的管理平台开展工作，都将能够起到良好的效果。但是现阶段水利工程的建设工作本身就存在着流于形式化的问题，不能够良好的应用现代管理手段和信息化技术。

三、水利工程管理中信息技术的实践应用

水利工程管理对于工程的实际应用情况具有较为明显的作用和影响，在开展水利工程管理工作的过程中，需要积极采用良好有效的技术手段，信息技术就能够有效增强管理工作的整体水平和效果。在水利工程管理工作中使用信息技术的过程中，需要积极采用有效的方式。

（一）全面树立水利工程信息化管理的意识

水利工程管理工作过程中，领导者本身的信息化管理意识不够强，是影响到信息技术全面应用的重要阻碍。因而全面树立水利工程信息化管理的意识，对于全面提升水利工程管理工作的实际效果具有积极的意义。在管理水利工程的过程中，全面应用信息技术，需要积极从信息收集工作开始，针对水利工程建设过程中涉及的多个问题进行全面有效的控制，整体提升信息处理效果。在收集、处理和分析数据、信息的过程中，能够提升水利工程工作人员关于信息技术的认识，逐渐积极主动的参与到信息技术的学习和使用当中。水利工程管理人员需要提升自身信息化管理的意识，更新信息化技术管理手段，提升信息技术的实际应用效果。

（二）将信息技术积极应用在数据采集环节之中

水利工程管理过程中，需要积极加强信息数据的采集工作，其中多是使用了全球定位技术，保证数据的实时性、准确性和真实性，是水利工程管理工作中信息、数据采集的重要要求。全球定位技术不仅能够有效收集到正确、及时的数据，同时还能够针对一些数据的变化情况进行及时有效的更新和修整，有效保障了水利工程建设管理工作的顺利进行。水利工程在实际建设施工过程中，容易出现多种问题和突发状况，积极使用信息技术，能够将这些问题进行有效控制。

（三）信息技术在水利工程监测和绘图环节中的有效应用

在开展水利工程建设管理工作的过程中，需要针对水利工程的各项施工情况进行全面监测，及时发现一些施工中的问题，并采用有效方式加以应对，提升整体的施工效果。全球定位技术能够全天候的监测到水利工程的施工情况，同时还不会受到外界因素的干扰。针对水利工程进行全方位的监测，是开展水利工程管理工作的重要前提和方式之一，因而在使用信息技术的过程中，需要积极发挥信息技术本身的优势和作用。其次，将信息技术积极应用在水利工程绘图环节之中，能提升工程绘图的整体结构，保证绘图效果。通常情况下，水利工程的绘图需要经历较长的时间，并且一旦出现差错，需要重新修改图纸，这将会直接影响到工程的实际效果。使用信息技术，对于有效保证和提升水利工程建设管理工作的有效性具有良好的效果。

第十章　土木工程建设管理

第一节　土方工程

一、基坑工程

（一）我国基坑工程的新特点

近年来，我国基坑工程不断发展，呈现出新的特点，主要表现为以下几点。

1.规模越来越大主楼与裙楼连成一片、大面积地下车库、地下商业与休闲中心一体化开发的模式频频出现，使得面积在 10000~50000m² 的基坑越来越多，有些甚至＞100000m²。典型的工程如上海铁路南站北广场，基坑开挖面积 40000m²；昆明恒隆广场，基坑开挖面积达到 53000m²；天津 117 大厦基坑开挖面积达 100000m²；无锡火车站北广场综合交通枢纽项目基坑开挖面积达到 125000m²；天津于家堡金融起步区一期工程超大规模基坑群的基坑总开挖面积达到 140000m²；上海虹桥交通枢纽工程的基坑开挖面积更是高达 400000m²。

2.开挖深度越来越大开挖深度达到 20~30m 的基坑越来越多，有的甚至＞50m。典型的基坑工程如广州地铁珠海广场站，开挖深度 27m；武汉绿地中心主楼挖深 30.4m；国家大剧院基坑工程大部分开挖深度 26m，局部达到 32.5m；上海世博 500kV 地下变电站开挖深度 34m；润扬大桥南汊北锚碇深基坑的开挖深度达到 50m；正在建设的为满足上海苏州河深层排水调蓄工程需求的竖井设计最大挖深达到 70m。

3.周边环境复杂敏感大量基坑工程邻近地下管线、建筑与地铁构筑物等。我国城镇化进程的加速、新一轮城市改造的推进以及城市轨道交通建设的飞速发展，使得基坑工程的周边环境更加复杂敏感。典型的工程如南京紫峰大厦，紧邻的南京地铁 1 号线隧道距基坑仅 5m；上海兴业银行大厦，周边紧邻 8 栋上海市优秀近代保护建筑且周边有年代久远的地下管线；上海太平洋广场二期基坑距地铁 1 号线隧道外边线仅 3.8m；上海越洋广场基坑紧贴运营中的地铁 2 号线静安寺车站结构外墙，开挖过程中暴露地铁车站的地下连续墙。

基坑支护方法不断革新，新型支护方法和工艺得到迅速发展和应用。大量工程建设和复杂多变的工程环境以及市场竞争机制的引入，给深基坑工程开挖与支护新技术提供了广阔的舞台，在工程实践中不断地探索和应用新的深基坑开挖与支护技术，形成了百花齐放的基坑支护结构。

（二）支护结构与主体结构相结合技术

1.技术特点

目前我国大部分深基坑工程仍采用常规的临时支护方法，即采用临时围护体如钻孔灌注桩挡土，设置多道水平支撑或锚杆。临时围护体如钻孔灌注桩工程费用巨大，而其在地下室施工完成后，就退出工作并被废弃在地下，造成很大的材料浪费；临时水平支撑及竖向支撑系统往往造价高、施工周期长、土方开挖与地下工程结构施工不便，且混凝土支撑还需拆除，而混凝土支撑拆除困难，浪费了大量的人力、物力和社会资源；采用锚杆虽然可以避免设置内支撑，但其在地下室施工完成后即被废弃在地下，为后续工程留下了严重隐患。支护结构与主体结构相结合是采用主体地下结构的一部分构件（如地下室外墙、水平梁板、中间支承柱和桩）或全部构件作为基坑开挖阶段的支护结构，不设置或仅设置部分临时支护结构的一种设计和施工方法。与传统的深基坑工程实施方法相比，支护结构与主体结构相结合技术具有保护环境、节约社会资源、缩短建设周期等诸多优点，符合国家节能减排的发展战略，是进行可持续发展城市地下空间开发和建设节约型社会的有效技术手段，近年来在工程中得到了越来越多的应用，产生了良好的技术经济效益。

2.相结合技术的类型

从构件相结合的角度而言，支护结构与主体结构相结合包括3种类型，即地下室外墙与围护墙体相结合、结构水平梁板构件与水平支撑体系相结合、结构竖向构件与支护结构竖向支承系统相结合。按照支护结构与主体结构结合的程度进行区分，可将支护结构与主体结构相结合工程归为3大类，即周边地下连续墙两墙合一结合坑内临时支撑系统采用顺作法施工，周边临时围护体结合坑内水平梁板体系替代支撑采用逆作法施工，支护结构与主体结构全面相结合采用逆作法施工。

大面积的深基坑工程采用常规的逆做法时存在施工速度慢和技术要求高等问题；超高层建筑的主楼与裙楼地下室连成一片时，主楼由于其构件的重要性对施工质量要求高，一般不适合采用逆作法，但全部采用顺作法又限制了主楼的施工工期。对于这些复杂的基坑工程，采用支护结构与主体结构相结合的新形式，例如针对超大面积的深基坑工程发展了大开口水平结构梁板替代支撑形式和中心顺作周边环板逆作形式，针对主楼与裙楼连在一起的基坑工程发展了主楼先顺作裙楼后逆作形式及裙楼先逆作主楼后顺作形式等。

（三）基坑工程施工技术

1.上下同步逆作法

上下同步逆作法是一种特殊形式的逆作法，这种施工方法是先施工界面层，向下逆作地下结构的同时向上顺作施工地上结构。逆作时上部结构可施工的层数，则根据桩基的布置和承载力、地下结构状况、上部建筑荷载等确定。

与常规的地下结构建造方法相比，上下同步逆作法方案具有诸多优点，如可缩短工程施工工期；水平梁板支撑刚度大、挡土安全性高、围护结构和土体变形小、对周围环境影响小；采用封闭逆作施工，已完成的首层板可作为材料堆置场或施工作业场；避免了采用临时支撑的浪费现象，工程经济效益显著。

上下同步逆作法具有显著的技术优势，近年来在国内各大中城市得到快速应用，已经成为逆作法的主要发展方向。上下同步逆作法一般适用于2层及以上地下室的基坑工程中，对于地下室层数＜2的工程，采用上下同步施工对整体工期影响不大，而相应采取的措施却可能会一定程度上增加工程造价。对于向上同步施工层数较高（≥10层）的逆作法工程，对竖向支承桩、柱的承载力和沉降控制将提出较高的要求，而且还需考虑逆作期间风、地震等水平作用，需根据具体工程进行专项设计和施工方法论证。

2. 超深地下连续墙

地下连续墙被公认为是深基坑工程中最佳的挡土止水结构之一，具有整体刚度大、支护结构变形小、墙身抗渗性能好、适用范围广、可作为地下室外墙等显著优点。地下连续墙作为深基础形式与深基坑围护结构的设计施工技术已经非常成熟。但随着城市地下空间开发利用朝着大深度方向发展，地下连续墙亦有越做越深、越做越厚的趋势，且穿越的地层也越来越错综复杂。一般50m以上深度的地下连续墙可称为超深地下连续墙。复杂地层下的超深地下连续墙施工难度大，主要反映在如下几个方面：（1）超深地下连续墙往往是上部为软土地层，下部需穿越硬土层，如密实砂土甚至需进入基岩，如采用常规液压抓斗成槽则在硬土层及基岩中成槽，掘进困难且工效低，且抓斗齿易损坏、更换频繁；（2）超深地下连续墙如采用常规锁口管接头，起拔难度大，巨大的顶拔力因管身材料焊接加工质量或导墙后座强度不够导致锁口管拔断或埋管的风险概率将大为增加；（3）超深地下连续墙槽壁稳定与垂直度控制技术难度增加。

新型施工装备如铣槽机及新型接头技术为超深地下连续墙的施工提供了可能，并不断地刷新地下连续墙成槽深度的纪录，例如上海世界博览会500kV地下变电站地下连续墙深达57.5m，上海轨道交通4号线原址修复工程中的地下连续墙深度已达65m，而为上海苏州河深层排水调蓄工程而做的地下连续墙试验槽段深度更是达到了118m，均取得了良好的技术效果。

3. 抓铣结合成槽技术

超深地下连续墙抓铣结合成槽工艺即在上部软土层中采用液压抓斗成槽机成槽，在下部硬土层中采用铣削式成槽机成槽。其施工主要原理是采用液压抓斗式成槽机和铣槽机的接力形式进行成槽。具体操作过程为：针对上部较软的土层采用液压抓斗式成槽机成槽，当进入下部的粗中砂、砂砾石、卵石层以及岩层时，改用铣槽机进行配合接力成槽，保证地下连续墙施工顺利完成。铣槽机是目前国内外最先进的地下连续墙成槽机械，最大成槽深度可达150m。铣轮刀可根据不同地层相应选配，标准炭化钨刀齿（平齿）、合金镶钨钢头的锥形刀齿（锥齿）和配滚动式钻头的轮状削掘齿（滚齿）可分别适用于最大抗压强度为60MPa、140MPa、250MPa的岩石挖掘。相比而言，锥齿轮可适用于不同地层的铣削，而平齿轮在均匀较松散地层更能表现出其优越性。

4. 超深水泥土搅拌墙技术

随着地下空间开发向超深方向发展，承压水处理成为一个棘手问题。对于环境条件苛刻的基坑工程，有时需采用水泥土搅拌墙截断或部分截断深部承压水层与深基坑的水力联系，控制由于基坑降水而引起的地面沉降，确保深基坑和周边环境的安全。由于成桩深度大，下层往往进入标准贯入 > 40 击的砂土层。常规三轴水泥土搅拌桩施工设备仅适用于标准贯入击数 ≤ 30 击的土层，且最大成桩深度仅为 30m，无法满足这种隔水帷幕的成桩要求。这就需采用超深水泥土搅拌墙技术，目前国内主要有超深三轴水泥土搅拌桩技术、超深等厚度水泥土搅拌墙技术（包括 TRD 工法和 CSM 工法）。如在水泥土搅拌墙内插型钢则可形成复合挡土止水结构。

（1）超深三轴水泥土搅拌桩技术

目前国内已从日本引入预钻孔结合连续加接长钻杆法三轴搅拌桩新型施工工艺，其施工设备采用大功率动力头，并采用可以连续接长的钻杆和适用于标准贯入击数 > 50 的密实砂土层钻进的镶齿螺旋钻头，搅拌桩的深度可达到 50m。该工艺在上海、天津等多个项目中得到了成功应用，取得了良好的技术效果。

（2）TRD 工法

TRD 工法是由日本引进的一种新型水泥土搅拌墙施工技术，近年来经消化吸收和改进创新已在上海、天津、武汉、南京、杭州等 10 余个地区的多项深大基坑工程中成功应用。该技术首先将链锯型切削刀具插入地基，掘削至墙体设计深度，然后注入水泥浆液与原位土体混合，并持续横向掘削、搅拌，水平推进，构筑成高品质的水泥土搅拌连续墙。该技术适应地层广，不仅适用于标准贯入击数 < 100 的土层，还可在卵砾石层和软岩地层中施工。由该技术构建的墙体水泥土搅拌均匀、连续无接缝，且墙身范围内水泥土完整性、均一性、强度和隔水性能更好。根据国内不同地区十余项工程水泥土墙体强度和渗透性试验统计数据，水泥土 28d 龄期无侧限抗压强度为 0.8~3.2MPa，普遍 > 1.0MPa；水泥土墙体渗透系数在砂性土中达 10^{-8} ~ 10^{-7}cm/s 量级，在黏性土中可达 10^{-7}cm/s 量级。国内施工设备主要有由日本引进的 TRD- Ⅲ 型工法机、中日合资的 TRD-CMD850 型和 TRD-E 型工法机以及国内自主研制的 TRD-D 型工法机，施工机架最大高度一般 ≤ 12m，重心低、稳定性好。

（3）CSM 工法

CSM 工法是在德国双轮铣深层搅拌技术基础上经过改进创新研发的一种新型深层搅拌技术。该技术结合了液压铣槽机设备的技术特点和深层搅拌技术的应用领域，可以应用到各种复杂的地质条件中。其技术原理是在钻具底端配置 2 个在防水齿轮箱内的马达驱动铣轮，并经由特制机架与凯氏钻杆连接，当铣轮旋转深入地层削掘与破坏土体时，注入水泥浆液，强制性搅拌混合已破碎的土体，形成矩形槽段的水泥土搅拌体，并通过连续作业将各幅相互铣削搭接的水泥土槽段构筑成等厚度水泥土搅拌墙。铣削深搅水泥土搅拌墙目前已在上海、武汉、广州、福州、南昌等 10 余个地区近 50 项工程中成功应用，适用黏土、砂土、卵砾石、岩石等各种地层，成墙厚度一般 640~1200mm，强度达到 1~2MPa，墙体渗透系数可达到 10^{-7}cm/s 量级。该技术具有高掘削性能、高搅拌性能、低噪声、低振动、低置换率、主机操控灵活等特点。目前国内应用较多的设备有上海金泰工程机械有限公司自主研制的导杆式 SC 系列（SC-35，SC-45，SC-50，SC-55）工法机，以及引进的德国宝峨公司生产的导杆式和悬吊绳索式设备。

5. 节能降耗的基坑支护技术

（1）桩墙合一技术

据不完全统计，全国约一半的基坑采用排桩作为周边围护体，但如此量大面广的围护排桩一般仅作为基坑临时围护结构，在地下结构完成后即被废弃于周边土体中。然而事实上基坑工程结束后，一般情况下围护排桩远未达到承载力极限状态，其留存于地下室周边土层中，即使不做任何构造处理，依然天然地分担了部分土压力，改变了地下室结构所承受的外荷载。不考虑围护排桩在永久使用阶段的作用，既不符合实际情况，也不符合建筑节能和可持续发展理念，存在着能耗高、利用率低、资源浪费等问题。

桩墙合一是将原本废弃的围护排桩作为主体地下结构的一部分，与其共同承担永久使用阶段荷载。得益于围护排桩在永久使用阶段的贡献，可减小主体地下结构外墙的投入，节约社会资源，增加地下室建筑面积，具有重大的经济、社会效益，目前已在多项工程中成功应用。

不同于常规的围护排桩与地下室外墙之间预留 1.0m 左右的空间作为地下室外墙外防水施工操作空间，并于永久使用阶段回填土的做法，桩墙合一技术考虑将地下室外墙与围护排桩之间的间距缩小，基坑开挖至基底后以围护排桩表面的挂网喷浆层作为施工防水及保温层的基层，之后单侧支模施工地下室外墙，形成桩与墙共同作用的挡土止水地下室侧壁，在确保桩墙共同作用结构体系形成的同时，满足永久使用阶段建筑防水、保温等功能的要求。根据围护排桩在永久使用阶段所分担荷载的不同，可将桩墙合一分为不同的结合模式。当仅考虑围护排桩与地下室外墙共同分担水平向荷载时称为水平向结合；若采取措施使得桩墙间可传递剪力，围护排桩在分担永久使用阶段水平向荷载的同时又可分担主体地下结构的竖向荷载，则称为水平与竖向结合或双向结合。

（2）可回收式锚杆支护技术

在深基坑围护工程中，土层锚杆技术占有重要的地位。锚杆体埋置于地下结构周边的地层中，当工程结束后，作为基坑支护结构的锚杆就失去了作用，一般被废弃在地层中，形成地下障碍物，就会影响周边地下空间的开发与利用。拆除锚杆最简单的方法是回收杆体材料，而锚固段灌浆体仍留在土层中，基于此工程界开发出了可回收式锚杆。为确保回收效率，可回收式锚杆要求杆体与灌浆体之间应隔离、无黏结。按照脱阻装置的不同，可回收锚杆主要有 3 种类型：机械可回收式、力学可回收式、回转式。

锚杆目前主要应用于岩石及硬土层中，对于软土基坑工程，土的工程性质较差，锚杆支护技术由于锚固力不高、变形控制效果不好，其应用受到很多限制。基于此，近年来，工程界提出了一种旋喷搅拌大直径锚杆支护结构，该技术是采用搅拌机械在软土中形成直径达到 500~1000mm 的水泥土锚固体，通过在锚固体内加筋，并对锚杆体预先施加应力，从而形成一种大直径预应力锚杆，该技术对软土基坑的变形控制产生了较好效果。同时，通过对可回收式锚杆技术的开发与应用，实现了锚杆体的再利用，减少或消除地下建筑垃圾的产生。旋喷搅拌大直径可回收式锚杆克服了普通锚杆在软土基坑支护中存在的锚固力不高、变形控制效果不好及不可回收的问题，通过在上海、天津、武汉等地多个软土基坑工程的应用，掌握了其设计和施工方法，可控锚固力与锚固装置、脱阻装置和回收装置系统等达到应用水平，且积累了一定的工程经验，取得了良好的经济效益和技术效果。

（3）预应力装配式鱼腹梁支撑技术

当基坑采用传统钢支撑时，杆件一般较密集，挖土空间较小，在一定程度上降低了挖土效率。预应力鱼腹梁装配式钢支撑系统（IPS）是一种以钢绞线、千斤顶和支杆来替代传统支撑的临时支撑系统。该技术在韩国、日本、美国等国家已得到运用，近年来已被引进国内。

预应力鱼腹式钢支撑体系由水平支撑系统和竖向支承系统组成。水平支撑系统包括对撑、角撑、预应力鱼腹梁、腰梁和连接件等；竖向支撑系统包括立柱（立柱桩）和连接件。预应力鱼腹梁装配式钢支撑系统采用现场装配螺栓连接，不需焊接，且大大增大了基坑的挖土空间，可显著缩短基坑工程的施工工期，材料全部回收重复使用，彻底避免混凝土等建筑材料的使用，降低了造价。预应力鱼腹梁可随时调节预应力，便于周围土体位移控制和由温度变化引起的支撑伸缩量控制，从而可以较好地控制深基坑的变形，有效地保护基坑周边的环境。此外IPS支护结构的破坏模式为延性破坏，因此针对可能发生的较大水土压力或突发荷载采取有效而及时的支护措施。

（四）发展展望

基坑工程技术伴随着我国近20~30年来的工程建设的快速发展而不断进步。在未来相当长一段时间内，我国工程建设仍将持续快速地发展。由于城市建设用地日益紧张，高层和超高层建筑仍将量大面广地建设。《中国交通运输发展》白皮书指出，"十三五"期间，我国要建设现代高效的城际城市交通，将新增城市轨道交通运营里程约3000km。《全国城市市政基础设施建设"十三五"规划》指出，我国将要建设地下综合管廊 > 8000km。住建部《城市地下空间开发利用"十三五"规划》指出，我国城市地下空间开发利用还将有相当大的规模。预计在未来相当长一段时间内，高层建筑、轨道交通、地下综合管廊和城市地下空间开发利用等领域的建设还会持续涌现出大量的深基坑工程，深基坑工程在基础设施建设中仍将占据重要地位。

深基坑工程是一门涉及工程地质、土力学、结构力学、施工技术、施工装备等多科学的综合学科。虽然多年来我国在深基坑工程的建设中积累了许多宝贵的经验，其理论和技术水平得到了长足的进步，但仍然不能满足基坑工程的技术要求。随着基坑工程进一步向大深度、大面积、周边环境更加复杂的方向发展，工程中会不断出现新的挑战。展望未来，深基坑工程可在以下方向进一步发展。

1. 完善基坑工程设计计算理论和方法

基坑工程历来被认为是实践性很强的岩土工程问题，发展至今天，迫切需要理论来指导、充实和完善。基坑的稳定性、支护结构的内力和变形以及周围地层的位移对周边建(构)筑物和地下管线等影响的理论计算分析,目前尚难以准确地得出比较符合实际情况的结果。在理论上,经典的土力学已不能满足基坑工程的要求,加强考虑应力路径的作用、土的各向异性、土的流变性、土的扰动、土与支护结构的共同作用等的计算理论以及有限单元法等的研究;同时加强对土的相关强度和参数研究,提高原位测试水平并重视从原位测试结果中确定合理的计算参数;针对有环境保护要求的基坑,发展基坑变形控制设计理论等,这些都是需要重点研究和发展的方向,从而更有效地指导深基坑工程的设计和施工。

2. 发展预制装配式支护技术

目前基坑工程大量采用泥浆护壁钻孔灌注桩、现浇地下连续墙和现浇钢筋混凝土临时支撑,存在工业化程度低、生产效率低、作业条件差、施工质量不易控制、建造过程泥浆排放量大、能源和资源消耗大、环境污染严重等突出问题。发展预制装配式支护技术,包括自凝泥浆预制地下连续墙技术、预制钢筋混凝土支撑技术、静钻根植桩技术等将是重要的发展方向。通过系统的研发达到预制装配式支护技术应用的标准化设计、工厂化生产、装配化施工和信息化管理的目标,大幅减少泥浆排放,提高施工效率和质量,实现新技术的工业化。

3. 发展新型支护结构形式

我国幅员辽阔,各地地质条件差异大,我国工程技术人员根据各地实际情况开发出了很多具有我国特色的支护结构形式,这些支护形式各具优点和适用范围。未来大量的深基坑工程建设也必将催生更多的新型支护形式出现,并符合节能、减排、绿色、环保的发展需求,以适应我国不同地质条件和环境条件的深基坑工程建设需要。

4. 开发新型施工装备

深基坑的不断发展,在很大程度上取决于我国的工程机械设计和制造技术的不断进步,伴随"中国制造2025"国家战略的实施,机械制造行业有望为基坑工程行业提供精度高、质量可靠、适应性强、施工效率高的施工设备,如大深度(100m级)大厚度地下连续墙施工装备、100m级超深水泥土搅拌墙装备、高效灵活的挖运土设备等,为各类高难度和高复杂度的深基坑尤其是超深基坑工程施工提供装备和技术保障。

5. 推广自动化监测和远程监控的信息化施工技术

近年来,随着计算机技术和工业化水平的提高,基坑工程自动化监测技术也发展迅速,目前国内一些深大险难的基坑工程施工开始选择自动化连续监测,未来有望进一步推动自动化监测技术的应用,并通过构架在 Internet 上的分布式远程监控管理终端,把建筑工地和工程管理单位联系在一起,形成高效方便的数字化信息网络;同时通过数据分析,结合地质条件、设计参数以及现场实际施工工况,对现场监测数据进行分析并预测下一步发展的趋势,并根据警戒值评判出当前基坑的安全等级,然后根据这些评判,建议相应的工程措施,确保工程安全、顺利地进行,实现信息化施工。

（五）基坑工程施工风险评估

1.目前我国基坑工程在风险管理上的不足之处

（1）风险管理信息化平台的建设水平低

在我国建筑工程中信息化平台的建设数目不容置疑，但是基于基坑工程和地下建筑项目的专门风险管理的平台建设仍然需要加强和扩大，且已有风险信息化管理平台的水平也亟待提高。

（2）风险管理流程的不规范性

对于基坑工程施工的风险管理不仅在制度上和平台建设上要有所加强，而且在它管理的流程上应该也应该体现标准和规范性。例如对风险定义理解、识别、风险的评估分析以及风险处理办法和风险处理结果监测等等，都应该具备一套完整的管理方案和流程体系，并且在各个数据的计算上一定要严格遵守流程，以确保数据的准确性。

（3）风险管理队伍的专业素质有待提高

风险管理队伍可以是计算机操控工作人员队伍也可以是现场风险监测和风险处理团队，风险管理队伍的工作成员需要具有相关的从业凭证，具备一定的工作能力及风险管理和处理工作经验，并且通过相关的培训和考核等才能够真正提高整个风险管理队伍的素质。

2.基坑工程施工风险的识别

（1）基坑工程自身原因

1）工程的复杂性

对于基坑工程来说，勘察施工监测和设计管理等诸多方面都是非常重要的内容，而这些内容最终每一项都是非常复杂的，这些内容的影响因素也有很大的不确定性，地质条件的不同，以及气候的变化等等都会影响这些内容的安全质量。

2）基坑工程的地域性和隐蔽性

因为基坑工程的建设成本一般比较高，而且工程的特点是场地规模较小、周边施工条件差、以及建筑物分布密集等，所以一般会处于比较隐蔽的地下和建筑物的底层。它的建设也有一定的地域性，往往在道路密集或者地下管道设施齐全的地域。所以基坑工程的这两个特点也使其工受许多条件的影响，容易导致危险事故的发生。

（2）地质勘查与设计因素

1）图纸设计的可行性与针对性

与建筑工程施工要求相同，基坑工程施工也需要在了解实际情况以及现场施工条件的基础之上进行施工图纸设计，需要确保所设计的施工图纸与现场实际施工环境较为吻合，有一定的针对性和可行性，同时确保安全性。

2）地质勘查资料的质量

在进行地质勘探的时候：要确定基坑的类型，对于深基坑，要在标准范围内进行地质勘查，以及对周边布孔范围所有可能的区域也要进行相关的数据测量。再依据所需建设的工程情况，以及施工单位和负责单位所提供的工程建筑信息等开展施工条件针对性和合理性以及可承受性调查，确保勘察所得信息以及资料的准确性和完整性。并且对于地质勘查资料的具体项目也需要依据相关的地质勘查标准来设置。

（3）基坑工程施工风险识别过程分析

1）由专门的风险管理人员组成专项风险评估小组，对小组人员进行分工，明确职责；

2）对整个基坑工程可能存在的施工风险进行风险度量分析；

3）对于风险等级已经达到标准风险等级以上的工程再进行专项的度量分析；

4）对专项度量分析的施工风险进行识别和分类，确定事故处理预案；

5）实施对确定风险的针对措施，并监控措施执行状况；

6）措施执行完成后进行后期的效果监控以及处理结果分析评估。

3. 基坑工程施工风险的度量

（1）度量程序

1）度量前做好所需度量信息项目，以及工作人员分工准备；

2）开展风险度量工作；

3）根据所掌握的实际情况确定所需进行专项风险评估的范围；

4）选择合理可行的风险评估方法；

5）讨论提出安全可靠的风险处理建议和应对措施；

6）制作评估结论和评估报告；

7）对风险评估详细信息及具体过程进整理保存。

（2）基坑工程施工风险评价指标体系的建立

基坑工程施工评价指标体系的建立主要是指对其进行施工安全评价的综合标准和依据指标的汇总。这一指标体系能够全面系统、科学合理和安全灵活的体现，基坑工程施工项目在安全评价上的指标比例分布。主要的指标包括气候条件、工程地质条件、开挖基坑深度和周边场地环境等主要部分。其中，气候条件因素又根据对风险隐患的影响程度从高到低分为常发生暴雨天气、降雨较多天气和天气情况良好条件；工程地质条件主要包括有岩石的类型、地表地质的作用、地质构造和水文条件的不同程度的影响；基坑的开挖深度，则表现为深度超过 20m 时影响最为恶劣，深度减小风险依次降低；周边场地的环境条件主要包括水下条件、江河湖泊水系沿岸条件和地势平坦的污水区环境条件。根据这些指标从不同程度上对风险进行评估和评价。

（3）基坑工程施工风险度量的方法

一般来说，基坑工程施工风险度量的方法，主要采用 BP 神经网络法、AHP 层次分析法、模糊综合评价法和专家打分法等方法来实现风险的评估，这里主要介绍 AHP 层次分析法的详细评估流程和具体实施措施。

AHP 层次分析法：层次分析法（Analytic Hierarchy Process，简称 AHP）指的是一种趋向于将与决策具有相关性的元素进行分解，分解为包括准则、目标和方案在内的几个层次，并且依据一定的标准，人的主观判断进行客观化，而且以此为基础实施定性和定量分析的决策方法。这一方法的特点主要是将复杂的问题进行分解，并且按照一定的顺序进行排列和层次划分，进而通过比较的方式确定两种元素之间的比重，最后则依据人的判断的结合，来确定各种因素的相对重要性的排序。AHP 层次分析法的主要工作流程有以下几点：

1）建立层次结构模型

建立层次结构模型是整个层次结构分析法的第一步也是非常重要的一步，在这一环节中，我们需要将整个层次结构中的各个因素进行确定和选择，将实际问题系统化，按照合理的逻辑关系和各个层次的关系组合排列各个因素的顺序以便于找出相关关系，当然，这些工作的首要就是必须先理清问题的结构。AHP 法主要作为辅助决策的方法，将实际遇到的具体问题抽象化成具有多层次结构的系统模型，而模型中的影响因素就是各个问题的细化，再进行逻辑关系基础之上的关联性划分层次则为：最高层为系统最终要实现的目标；中间层为实现最高层目标不可避免的中间环节；最底层则为，为实现中间层环节可以供选择的可能的措施、技术、影响因素和手段等等。

2）建立判断矩阵与权重划分

在层次分析法中，主要应用的分析方法就是将复杂问题分解成简单化和细化的因素，以便于多个因素的量化，并且建立逻辑关系后对相关联的因素进行分层类别，组织成系统的结构模型，再按照之前的逻辑关系应用进行两两比较的方式对同一层次的因素加以相关的判断来构成判断矩阵的条件。通过量比较后对元素权重完成判断，从而获得各个指标的影响程度的大小判断，然后再根据矩阵的计算方法进行计量结果的归一化。当然矩阵也需要检验其一致性，检验的判断标准是否出现矩阵特征根与阶数无法统一的情况，若出现则需进一步判断，直至得出具有完全一致的标准时才具有可行性。

3）风险层次结构

风险层次结构则是根据所需施工的实际工程分析来划分工程的风险层次结构，按照风险影响因素进行分层细化，比如说可以设置技术风险和技术风险两个主要层次，其中技术风险包括设计、方案制定、施工实施质量等，非技术风险主要包括其他的环境、气候、资金和管理等因素。风险层次结构的划分，主要依据的是数据的可靠性，所以要严格控制技术风险中的因素，并预先做好防范措施。

二、土方回填与压实

（一）土方回填施工

优先选用基槽中挖出的优质土，不得含有机杂质，含水量符合压实要求，一般碎石、砂土、爆破石碴可作表层以下地填料，黏性土在满足压实要求的情况下可作各层填料，淤泥和淤泥质土不能用作填料，碎块草皮和有机杂质含量大于百分之八的土，只能用于无压实要求的填方。

土方回填前要根据现场实际情况确定填料含水量、厚度、工艺方法、压实遍数，并测设好水平高程，按设计间距打入水平桩，室内和散水墙边应有水平标记。采用小型压路机和人工夯实相结合方式对基底为积土或耕植土部分进行处理，保证密实；淤泥部分要先进行排除，挖除淤泥换填沙砾或抛填块石再填土；黏性土填筑前要检查填料含水率，确保后续压实能够做好。

建筑工程基础土方回填一般采用人工夯实或机械压实两种方法。

1.人工夯实主要针对机械压实不到和小面积土方回填的区域，采用小型机具进行夯实，回填厚度不超过25cm，压实遍数要在3~4遍以上，打夯前初步平整填土，以此夯打，保证均匀不留间隙；不能使用机具的地方，虚铺厚度不超过20cm，打夯前初步平整填土，然后按一定方向进行人力打夯，一夯压半夯，分层夯打，对于基槽、地坪由四边开始然后夯向中间。对于管沟部分，要先进行填土夯实，从管道两边同时进行至管顶半米以上，确保不损伤管道。

2.采用机械压实方法时，要在碾压之前先用轻型推土机推平，然后低速预压四到五遍，确保平面平实，然后采用振动平碾，将碎石土压实，确保填土压实均匀、密实。在机械压实过程中要控制行驶速度、遍数，与基础管道保持距离，防止将其压坏或造成移位。采用平碾压路机时，填土厚度不超过25cm~30cm，压实遍数六到八遍，从两边逐渐压向中间。

（二）填土压实影响因素

1.压实工具重量、碾压次数、锤落高度、作用时间等都会对压实效果造成影响。在压实初始阶段土的干密度急剧增加，碾压一段时间后会达到土的最大干密度，这时候、压实功能即便增加很大，几乎都不能改变土的干密度，所以在实际施工过程中要注意控制压实遍数。

2.压实功能相同时，填土含水量会对压实质量产生影响。干燥的土颗粒间摩擦阻力大，不易压实，含水量适宜的情况下，颗粒间摩擦阻力减小，水提供润滑作用，更容易压实，因此控制填土含水量比增加压实功能收效更为明显，所以在要对填土的含水量进行控制。

3.压实机械、土的性质和含水量会影响填土压实厚度，当铺土厚度小于压实机械压土时的作用深度时，能够很好地达到压实要求，但是这个厚度不能过厚也不能过薄，要保证恰到好处，以便提升压实工作效率，降低机械功耗费。

（三）填土压实方法

1.碾压法

利用机械压力压实土壤达到要求的密实度，碾压机械有平碾、羊足碾等类型，其中平碾即光碾压路机，重量六到十五吨之间，羊足碾可在单位面积中提供更大碾压力量，其压实效果较好，多针对黏性土，不适于砂性土，容易造成土结构损坏，在碾压过程中要注意控制行驶速度。

2.夯实法

利用夯锤自由落体的力量夯实土壤，压缩土体孔隙，除人工使用的石夯、木夯外，机械设备中有夯锤、夯板、风动夯及蛙式夯等，这种方式主要针对黏性土、湿陷性黄土、碎石类填土地基的加固。

3. 振动压实法

将振动压实机械放置在土层表面，通过压实振动作用，使得土颗粒达到紧密状态，更多的适用于砂性土压实。

（四）基础土方回填与压实过程中常见问题处理

1. 施工区域积水

施工区域内在平整以后出现局部或大面积积水，这种情况要在施工前充分了解这部分区域的水文地质情况，设置合理的排水坡、沟等设施，尽量与永久性排水设施结合，工期跨雨期的及时做好现场排水措施。回填土按规定分层回填夯实。

2. 出现橡皮土

在现场打夯后基土发生颤动、受压区域形成隆起、土体长时间不稳定就是施工区域出现了橡皮土现象，因此要从先期的回填材料开始控制，保证回填土料合格，回填前要对基坑内杂物、积水、淤泥等进行清理，在土方量较小时根据现场施工环境直接采用灰土或砂石进行换填；若面积大就将各类吸水材料填入橡皮土内；在工期充分的情况下可将其挖出，进行晾晒，确定满足使用要求后再进行回填。

3. 回填密实度不足

填土过程中地基出现形变或稳定性降低，一般是土料含水量非常低，造成夯实或碾压效果不好，不能达到密实度要求，或含水量较高变成了橡皮土；土料有机质含量超标，填土过厚，未分层夯实；机械性能不足。针对这些情况，在设计过程中通过现场试验确定施工要求，可选择土料质量、性能满足设计要求的进行回填，并根据建筑工程的具体性质确定填土密度，通过控制压实系数提高压实度，具体施工过程中严格按照要求进行分层回填夯实，控制土料含水量。

第二节　基础工程

一、预制桩施工

（一）预制桩施工

1. 预制桩的制作

在预制桩的制作过程中首先要按设计或标准图集的要求整平夯实场地，支模板后绑扎钢筋，严格控制钢筋的数量、长度、保护层厚度，浇筑设计要求标号混凝土，标准养护至设计强度的30%时拆模。桩长大于12m宜现场制作，混凝土强度等级不小于30MPa，主筋采用焊接工艺，由桩顶至桩尖连续浇筑混凝土，严禁中断。

2. 起吊、运输及堆放

当桩身混凝土强度达到设计强度的 70% 时方可起吊，起吊点位置随桩长而异，在起吊过程中保证混凝土桩身平稳，减少振动、撞击；当达到设计强度的 100% 时方可运输，采用滑动力较小的平板拖车运输，运输过程中支点应与吊点位置一致，随做随运不易二次搬运。堆放场地平整坚实，垫木间距由吊点确定，堆放小于 4 层。

3. 沉桩工法

（1）锤击沉桩法

桩机就位→吊桩→沉桩→送桩→接桩→截桩。桩锤重大于桩重的 1.5~2 倍时沉桩效果较好，沉桩时重锤低击。上下桩连接采用焊接、法兰连接、机械快速连接。锤击沉桩法常会出现桩顶碎裂、桩身断裂；桩身倾斜；因土层变化桩沉不到设计标高；接桩处拉脱开裂等问题。锤击沉桩对周围环境影响明显，在市区及对噪声振动要求严格的区域不宜采用。

（2）静力压桩法

场地平整→测放桩位→桩机就位→吊桩→桩尖就位插桩→桩身对中调直→静力压桩→接桩→截桩。利用静力压桩机自重将预制桩压入土中，在沉桩过程中应连续进行，以防止间歇时间过长难以沉桩。该工法无振动、无噪声对周围环境影响小，适合在城市中施工，对环保有利。

（3）振动沉桩法

测放桩位→桩机就位→吊桩→沉桩→送桩→接桩→截桩。该工法利用固定在桩顶部的振动器所产生的激振力，使桩表面与土层间的摩阻力减少，桩在自重和振动力共同作用下沉入土中。振动沉桩适用于一般黏性土、松散砂土、粉土及软土地基。对周围环境有一定影响。

（4）植入沉桩法

测放桩位→桩机就位→钻进成孔→吊桩→沉桩→接桩→与桩身空隙处灌注混凝土→截桩。该工法通过成孔钻机按设计桩径及孔深成孔作业，成孔后将预制桩芯沉入桩孔内，后将桩芯与桩身孔隙处采用细石混凝土或水泥砂浆填充密实，属于非挤土桩。该工法无振动、无噪声对周围环境影响小，但承载力较低适用范围小。

（5）中掘沉桩法

测放桩位→桩机就位→钻土沉桩→桩端扩大（注入水泥砂浆）→截桩。该工法针对大直径管桩中空特点，结合长螺旋钻机取土工艺，减小沉桩阻力，达到沉桩的目的。该桩适用于大直径空心预制桩，在中密 - 密实的砂土层及软岩中亦可施工。已在大型的市政、道路桥梁工程得到了应用。

4. 预制桩质量检查

预制桩在施工前对成品桩按设计及标准制作，运至施工现场对其外观质量及桩身混凝土强度进行检验，对现场焊接用焊条、设备中压力表进行检验。施工过程中对桩的入土深度、停锤标准、静压终止压力值及桩身垂直度检查，接桩质量、接桩间歇时间及桩顶完整状况，最后 1m 进尺锤击数、总锤击数、最后三阵贯入度及桩尖标高等。并对桩顶和地面土体的竖向和水平位移进行系统观测，发现异常采取复打、复压、引孔、设置排水措施及调整沉桩速率等措施。工程桩完工后对单桩承载力和桩身完整性检验。

（二）预制桩常见问题及处理措施

1.桩体位移

设计为满堂布置或桩间土层较硬时，在沉桩过程中由于桩的挤土效应，相邻的桩体会出现偏移或上抬；桩在沉入过程中，桩身垂直偏差太大形成斜桩。预防措施：针对上述问题，在桩基施工过程中，场地平整坚硬，防止打桩机械在沉桩过程中产生不均匀沉降；控制好桩身垂直度，使桩身、桩帽或送桩器在同一中收轴上，沉桩时在距桩机 20m 处，成 90° 方向架设仪器以校准。初打时轻击，待桩身稳定后，再按正常落距锤击。浅层遇有障碍物时及时清理；根据现场情况及周围既有建构筑物情况制定施工顺序，逐排打、自中央向边缘打或分段打等，如在可液化土层中密布施工时还需要做好排水处理。

2.沉桩达不到要求

由于浅层的旧基础、建筑垃圾或深层的老黏土、密实的砂层，在沉桩过程中遇到这些"硬层"，无法继续沉桩，此时桩已入土，不可能再将桩拔出。预防措施：开工前做好勘察，适当增加勘察点数量以确保持力层位变化在可控范围之内，并在开工前根据设计图纸标明桩端位置；桩基施工前探明原有障碍物并清除后再施工；深层如遇到"硬层"，可采用比桩径小的钻机引孔后进行预制桩施工。

3.桩身断裂

由于土质变化，在沉桩过程中加大沉桩压力，使桩身出现较大的弯曲变形，从而出现桩身断裂，在起吊或运输过程中容易产生横向裂缝。预防措施：在施工前做好障碍物的处理，且在沉桩过程中留意下沉情况，如桩身出现倾斜及时纠正。在放置、起吊、运输桩的过程中，按设计及规范要求吊点吊装，在运输过程中做好桩身保护。

4.挤土和振动影响

沉桩过程中，由于挤土影响使既有路面隆起或地下管线破裂，采用锤击法施工时，振动对附近建筑物会造成不同程度的影响。预防措施：与设计沟通在满足上部结构承载力要求时适当加大桩间距，对与既有建筑物较近处挖设隔震沟，有效保护地下管线及路面。

二、钻孔灌注桩施工

（一）施工技术

1.钻孔灌注桩技术施工过程中钻孔技术的使用

在房屋工程建设的过程中，对于钻孔灌注桩技术来讲，钻孔技术是用到的第一个技术。

在施工过程中对钻孔的质量及操作过程有相应的要求，因为钻孔的质量直接影响后续各项工作的顺利进行，为了确保工程的质量，施工人员在钻孔的过程中，要对钻孔桩的位置进行精确标注，还要确保护筒被压好，同时在施工过程中要连续不断地添加泥浆，以保障在钻孔时不会出现塌孔与抽渣的现象，施工者要时刻保持清晰的头脑用来关注钻孔位置的精确度。如若在钻孔的过程中出现漏水的情况，马上停止钻孔，然后进行逐一检查，确定造成漏水现象的原因，根据不同状况采取不同措施进行补救，例如：因护筒质量问题造成的漏水，则可以通过堵塞出水口或夯实黏土的方法阻止继续漏水以观后效，如若达不到理想的效果，则要进行更换护筒。钻孔的速度在一定情况下决定了钻孔的质量，在钻孔的过程中不能出现快速钻孔、慢速钻孔、快慢速度交替式钻孔，要严格按照要求进行匀速操作。钻孔的质量如此重要，这就要求在钻孔的过程中，相关人员要做好相应的监督及管理工作，确保钻孔速度科学合理。在钻孔工作完成后，还要对钻孔进行相应的清洗，因其是确保混凝土灌注工作顺利进行的有效前提。

2. 钻孔灌注桩技术施工过程中钢筋笼的制作及其安装

在房屋建筑过程中，钢筋笼的制作也是非常重要的。在进行制作之前，要确保钢筋笼的原材料质量符合工程的各项标准，然后再进行钢筋笼的制作。在钢筋笼的制作过程中，要严格按照图纸的各项要求进展制作，不能因个人的喜好及制作的复杂程序而进行修改，否则会严重影响整个工程的质量。在制作钢筋笼时，要以整根的钢筋为钢筋笼的主筋，如若需要焊接，则要保证焊接的质量，也要保证钢筋在焊接的过程中不会出现弯曲现象。在进行钢筋笼的安装时，要利用专门的探孔器对相应的空洞进行探测，确保安装工作的顺利进行。与此同时，还要对钢筋笼的各个焊接口进行复查，如果发现相应的质量问题，马上停止安装工作，将准备安装的钢筋笼撤回重新焊接，经过检测合格后再进行安装。在进行安装的过程中吊放是必不可少的环节，在吊放的过程中，一定要控制好吊放速度，避免钢筋笼左右摆动产生钢筋笼倾斜的现象。同时，钢筋笼受阻现象时有发生，针对这种情况，施工人员要马上停止安装并找出相应的问题所在，待问题解决后再继续进行安装。

3. 钻孔灌注桩技术施工过程中的混凝土拌制

在房屋建筑过程中，混凝土的拌制必须在施工现场进行搅拌，混凝土的搅拌对整个工程的质量起到决定性作用。所以，混凝土的拌制工质量起了施工者的高度重视，在拌制的过程中有如下两个方面需要进行注意：（1）要确保混凝土各种混合物的质量，按照施工强度要求进行配合比，并将配比的混合物进行搅拌取样，送到各个相关部门进行检测；（2）加强对水泥质量的管控，进行不定时安定性抽检。为了进一步提高混凝土的质量，还可以将砂石的含泥量控制在科学范围之内，并且用达标的饮用水进行拌制。

4. 钻孔灌注桩技术施工过程中的混凝土的灌注

各项基础工作检测合格后，就可以进行混凝土的灌注施工。在整个房屋建设过程中，混凝土的灌注有效地增强了灌注桩的坚固性，所以在进行混凝土灌注工作之前要进行止水工作，以确保初灌量不足时，可直接将其混凝土灌入孔内，保障后续工作的顺利进行。与此同时，还要加强对灌注混凝土的监测，确保混凝土的坍落度在工程安全范围内。

（二）施工质量

1.钻孔灌注桩施工中常见问题的处理原则

在钻孔灌注桩施工过程中，不论出现何种质量问题，对这些质量问题进行处理时，均应以满足设计要求和使用要求为前提进行处理。钻孔灌注桩成孔后、混凝土浇筑前，应根据设计图纸对检测管进行预埋处理，混凝土浇筑后应使用超声波法对钻孔灌注桩的成桩质量进行检测，对钻孔灌注桩的动静承载力进行分别检测，待所有检测结果满足设计要求后方可进行下一步相应的施工。

2.钻孔灌注桩施工质量缺陷类型

（1）断桩

在进行钻孔灌注桩施工过程中，断桩是较为少见，但若发生后则是较为严重的质量事故，钻孔灌注桩产生断桩的因素主要有以下几种：在浇筑混凝土时，定位的已浇筑混凝土标高出错，从而导致导管的埋深不足，在拔出导管时出现拔脱提漏现象，最终形成断桩；浇筑混凝土时，混凝土浇筑至一定深度时未及时拔管，且每层混凝土浇筑时间间隔较长，导致混凝土流动性较差，从而在拔管时使上层黏结性能较差的混凝土与下层基本硬化的混凝土拉开，而出现断桩现象；由于施工队伍专业水平较低，在进行混凝土浇筑施工时，经常出现卡管现象，导致混凝土浇筑时间过长，最终形成断桩；由于地基土质较差，且对孔壁加固不到位等，在进行混凝土浇筑施工时，出现塌孔现象，最终导致断桩现象的发生，这种因素下产生的断桩现象在实际施工过程中较为常见；在混凝土浇筑过程中，由于导管漏水或出现其他故障时，导致混凝土浇筑施工中断，从而造成断桩现象的产生。因此在进行钻孔灌注桩施工时，应对施工过程中的所有隐患进行一一排查，并采取有效的措施避免质量事故的发生，除此之外还应采取一系列的准备补救措施，将断桩隐患彻底根除。

（2）缩径

钻孔灌注桩在成孔过程中，若钻锥磨损较为严重且更换钻头不及时、钻头钻至不良地基土体如软土、黏土、泥岩等土质时，成孔过程中就会产生缩孔现象，从而影响钻孔灌注桩的施工质量。因此在进行钻孔时，应对已经钻好的部分进行有效的泥浆护壁处理，避免缩径现象的发生。

（3）井壁坍落

成孔后浇筑混凝土过程中，若出现坍孔且井壁坍塌情况不能被阻止时，应立即拔管并使用黏土对成孔进行回填。回填压实后再继续钻孔，从而形成新孔。若井壁出现局部坍落，施工中未及时补救，此时应使用声测法判断桩内的裹泥或夹砂情况。在施工中若发现存在井壁局部坍落时，可通过压浆或旋喷等施工工艺对钻孔灌注桩的桩身内存在的裹泥或夹砂等相应缺陷进行加固处理。

3. 钻孔灌注桩施工质量缺陷的处理方法

（1）接桩法

在对钻孔灌注桩进行浇筑混凝土的过程中，若出现浅层断桩事故或其他较为严重的事故时，可使用接桩法进行相应处理。处理是先将断桩处的松散混凝土及断裂处的混凝土凿除，并将周围混凝土表面的泥浆等杂物处理干净，然后再将断裂处附近的混凝土凿毛并清除浮浆及其他灰尘等杂物，再支设灌注桩的模板并绑扎桩内钢筋，最后进行混凝土浇筑。浇筑混凝土时所使用的混凝土强度应较原混凝土设计强度高一等级。浇筑完成后再进行相应的养护处理，达到指定养护强度后再进行拆模施工。

（2）钻孔高压注浆法

在对钻孔灌注桩进行浇筑混凝土的过程中，若实际桩顶施工标高大于设计标高或桩底部的沉渣较厚时，或钻孔灌注桩混凝土内部存在局部蜂窝或离析时，可使用钻孔高压注浆法进行相应处理。当出现实际桩顶施工标高大于设计标高或桩底部的沉渣较厚的情况时，对其进行处理的具体方法为：固定钻孔机，钻孔过程中不断的校准钻孔机的位置，避免使钻孔产生偏移，待钻至桩底时有沉渣流出后将桩底的沉渣处理干净。将沉渣清理干净后计算好压浆所需的水泥量，配制的水泥浆强度应较原钻孔灌注桩混凝土强度高一等级。注浆施工时，应将孔口密封处理，注满后方可停止施工。当钻孔灌注桩混凝土内部存在局部蜂窝或离析时，对其进行处理的具体方法为：使用钻孔机对桩顶进行钻孔，钻孔后进行清孔施工，之后再埋设注浆管，注浆管内注水，水压力满足要求后再进行制浆、注浆施工，使水泥浆完全分散于桩内的蜂窝或离析处，最后进行封孔施工。

（3）补桩法

在对钻孔灌注桩进行浇筑混凝土的过程中，若灌注桩的承载力不能达到设计要求时，可使用补桩法来进行相应的加固处理。补桩法可大幅度地提高钻孔灌注桩的承载力，具体施工时在桩身两侧分别浇筑混凝土，并在所补桩的侧面设置连梁，将该桩的承载力分散至周围桩体上。

（4）凿除法

在对钻孔灌注桩进行浇筑混凝土的过程中或施工完成后，通过检测发现桩内存在大量的缺陷，此时应通过将浇筑完成的桩体进行凿除并重新浇筑的方法进行处理。凿除时可使用人工凿除的方法，同时还可使用机械冲击钻或冲击锤进行凿除，使用冲击钻或冲击锤凿除时不可避免的会对成孔造成影响，凿除后成孔会较原孔直径增大 50mm~100mm。使用这种方法进行处理具有施工难度大，凿除和重新浇筑施工费用高的缺点，但同时还具有重新浇筑的整体性好，残留病害少等优点。

（5）增大截面法

在对钻孔灌注桩进行浇筑混凝土的过程中，发现桩体位置存在严重偏移，且桩体上存在局部缩径，严重影响桩体的承载力时，可通过增大截面法进行加固处理。加固处理时首先对根据缺陷的情况对缺陷处进行加固设计，设计完成后对加固处理位置的泥土和混凝土层表面进行清理和凿除，之后再进行相应的清孔和植筋施工。准备工作完成后再进行支模、浇筑施工，并通过有效养护使桩体的承载力达到设计要求。

（6）补桩法

在钻孔灌注桩施工完成后，发现桩体存在大量缺陷，桩身承载力严重不足时，若条件允许可使用补桩法进行加固施工。具体为：在存在缺陷的钻孔灌注桩附近重新钻孔并浇筑混凝土，将原设计的单桩承台变更为二桩承台、二桩承台变更为三桩承台，以此类推。使用这种方法不会对原桩造成任何影响，且施工工期较凿除法短，加固处理的费用也较凿除法低。

（7）桩身搭接法

在钻孔灌注桩施工完成后，发现桩体存在夹渣、裂缝等缺陷，且缺陷深度小于10m，此时应将该范围内的桩体混凝土凿除并重新浇筑，在凿除过程中应对孔壁进行加固处理，避免出现坍孔而产生安全事故。

三、地下连续墙施工

（一）地下连续墙施工的施工特点

地下连续墙施工特点。在一般情况下，当开展地下连续墙施工时，主要是采用特定的机械设备，开挖出一条地下深槽。待深槽挖好后，将一定量的钢筋放置槽中，然后进行浇筑施工，这样就能够有效形成完整的钢筋混凝土结构。钢筋和混凝土有效结合在一起，能够非常好地提升地下连续墙体的抗渗漏能力，起到非常有效的防水的效果，同时能够有效提升其承载能力，从而为深基坑接下来的施工提供必要的开挖条件。

在过去的建筑施工中，地下连续墙往往应用于地下室、地铁的外部围护结构中。随着建筑技术的不断发展和完善，地下连续墙施工技术也得到了有效提升，成了高层建筑施工的重要主体结构。通过应用这种施工技术，能够有效保障高层建筑物的整体安全性能，让建筑物更加稳定。

（二）地下连续墙施工的条件

想要有效利用地下墙施工技术来提升深基坑的施工质量，首先要保证施工的准备工作的质量。其中，一要保证有效掌握施工图纸，二要保证合理选择施工设备，下面就对这两个方面进行研究。

1. 掌握施工图纸

建筑施工是一个动态的过程，是按照施工设计思路有效开展下去的。因此，想要有效促进施工的健康运行，就需要对施工图纸有充分的了解，要牢牢把握设计师的设计思想，有效实现从图纸了解设计意图再回头修订图纸的过程。与此同时，要进一步强化对图纸的了解，对工程的基本情况进行有效了解，认真分析工程的施工方案，有效明确施工工程的重点和难点，从而为接下来的施工打下良好的基础。

2. 有效选择设备

设备的好坏一定程度上影响着工程的施工质量。在本次施工中，考虑到天津市有丰富的地下水资源，且地质较差的问题。我标段通过应用防水性能较好的，且结构十分稳定的地下连续墙施工结构。在选用成槽机时，应用了液压抓斗，其特点主要有以下几点：

第一，液压抓斗具有非常好的施工效率，其抓斗的闭合力非常大。与此同时，卷扬机能够快速提升，只需较短的施工辅助时间。当其提供较大的闭合力时，能够更好地促进复杂地层的连续墙施工开展。

第二，液压抓斗配有倾角传感器和纵向及横向纠偏装置，首先通过倾角传感器实时检测抓斗的状态并发送到处理器进行处理，由处理器发出纠偏信号到控制油缸，调整抓斗状态。在工作中能够随时对槽壁进行前后、左右全方位的修整，在软土层施工中纠偏效果明显。

第三，液压渣都具有先进的测量系统。抓斗配备了触摸屏电脑测量系统，记录、显示液压抓斗开挖的深度和倾斜度，其挖掘深度、升降速度和 x、y 方向的位置可在屏幕上准确显示，测斜精度可达 0.01°，并可通过电脑储存及打印输出。

第四，液压抓斗有非常可靠的安全保护系统。驾驶室设有安全操纵杆及配有多项中央电子检测系统，可随时预报各主要部件的工作状况。此外，抓斗旋转系统可使抓斗相对臂架回转，在不移动底盘的情况下，完成任何角度的成墙施工，大大提高了设备的适应能力。

（三）地下连续墙施工工艺

1. 修筑导墙

导墙作为临时性结构，主要起到挡土、储存泥浆及承重等作用，因此也容易发生变形。因此在导墙修筑过程中，需要分层夯实导墙底及外侧加填土，在拆模后可以沿导墙纵向保持一定隔加设上、下两道木支撑，在导墙混凝土强度没有达到标准要求时，不允许重型机械在其旁边行驶。导墙施工时多采用 C20 强度等级的混凝土，在具体浇筑过程中要控制好振捣质量。在实际施工过程中，需要对地下连续墙轴线、标记槽段和地下连续墙标高进行控制，导墙中心线要与地下连续墙轴保持重合，内外导墙净距误差要与设计要求相符。

2. 钢筋笼制作

钢筋笼制作是地下连续墙施工中较为关键的一个环节，其制作程序和质量会对整体工程进度带来直接的影响。在实际制作过程中，由于采用一个制作平台，再加之一旦遇到雨天无法进行焊接作业，则钢筋笼制作速度较慢。在具体焊作业时，碰焊接头容易发生错位和弯曲现象，同时焊接时也易发生咬肉问题，因此要求焊接人员要具有较高的焊接技术水平，同时还要保管好焊接材料，以此来保证具体的焊接质量。

3. 泥浆制作

在地下连续墙施工过程中，为了确保槽壁的稳定性，则需要控制好泥浆制作过程。在具体制作泥浆过程中，需要检验泥浆的指标，加强对原材料质量和施工工艺的监管，以此来保证泥浆制作的质量。在地下连续墙护壁泥浆配制过程中，可以采用制备泥浆、自成泥浆、半自成泥浆三种方法。在具体制作者过程中对泥浆配合比进行合理选择。由于膨润土、纯碱和 CMC 是制作泥浆的主要原材料，这其中纯碱和 CMC 较为昂贵。因此在具体配制要针对原材料的特性，采用科学的配合比进行试配，并通过对试配的配合比进行不断修正，从而制作出与标准要求相符的泥浆。同时还要按泥浆的使用状态和泥浆指标进行检验。针对泥浆变化情况还要及时对泥浆进行处理。由于成槽方法存在差异，因此泥浆处理的对象也会存在不同，当循环成槽的泥浆，需要对成槽过程中含有大量土渣的泥浆和浇筑混凝土置换出来的泥浆进行处理。采用直接出渣成槽方法时，只需要对浇筑混凝土置换出来的泥浆进行处理即可。具体处理时通常会采用土渣的分离处理和污泥泥浆的化学处理两种方法。

4. 挖槽作业

在建筑工程连续墙施工过程中，挖槽作业是一个非常重要的阶段，这是因为在连续墙施工作业中，这一工序在整个工期中的占比约 50% 左右，因此，本工程对挖槽作业阶段尤为重视，做好挖槽工作能够有效提升作业效率和连续墙的工程施工质量，如果在这一工序中没有做好工作，就会降低作业效率，影响到工程的施工质量。在挖槽时，精确度是一个关键点，一旦精确度的误差过大就会导致槽壁变形，影响到连续墙的整体质量，本工程采取了两套挖槽施工方案交替进行。在施工完成后，及时的清理了杂物，确保槽底的清洁，方便后期进行使用。

5. 清底换浆

当槽段挖槽作业结束后，需要利用混凝土来对槽段进行灌注。在具体灌注开始之前，需要先进行清底换浆作业，将槽底的杂物彻底清除掉。清底换浆作业完成后，需要对其进行检验，当其与设计要求相符合才能停止作业，开始混凝土灌注。在具体进行清底换浆作业过程中，需要保证槽内泥浆的充足，以此来保证槽壁的稳定性，为施工的顺利开展起到重要的保障。

6. 接头管处理

当混凝土浇筑施工完成后，需要将接头管缓慢拔掉，在具体处理过程中，需要在混凝土浇筑完成后及初凝前上下活动接头管，使接头管保持朝上面的方向，而且能够进行一定程度的提升。然后每隔一刻钟都是要进一步一次接头管提升活动。这样在混凝土完成凝固之前，则能够将接头管缓慢拔出来。接头管整个处理过程中需要把控好时间，即要求在合适的时间活动接头管，避免混凝土凝固程度过高而造成接头管松动困难情况的发生。

7. 地下连续墙钢筋笼放置过程

地下连续墙钢筋笼放置过程是连续墙施工过程中的一个关键过程，从地墙成槽、清淤、刷接头结束后，8h 内完成钢筋笼吊放。通常，对于钢筋笼主要采用一次成型起吊入槽。钢筋笼内外两侧主筋配置不同，应以明显标志注明，在入槽时必须注意摆正内外两侧方向。钢筋笼放置到设计标高后，利用槽钢制作的扁担搁置在导墙上。钢筋笼下放前必须对槽壁垂直度、平整度、槽底标高，进行严格检查。下放过程中，遇到阻碍，不允许强行冲击下放，如发现槽壁土体局部凸出或塌落至槽底，则必须整修壁面并清除槽底塌土后，方可下放钢筋笼，严禁将破坏的钢筋笼放入槽段。

8.墙段接头处理

由于地下连续墙在具体施工过程中需要由多个墙段一起拼接而成。在实际施工过程中，可以采用锁口管接头工艺来保证墙段之间的连续施工。即需要在槽段混凝土灌注施工之前，将一根直径和槽宽相等的钢管预插到槽段的端部，在混凝土初凝前需要缓慢拔出钢管，这样端部则会形成半凹榫状。在具体施工过程中，为了能够将先后两个墙段连成一个整体，也可以根据墙体结构受力需要来设置刚性接头。

第三节　砌体工程

一、原材料要求

（一）水泥：水泥选用普通硅酸盐水泥，其强度等级应不低于 32.5MPa 以上。

（二）细集料：细集料采用细度模数为 2.6~3.0、级配区为 Ⅱ 区的质地坚硬、耐久、洁净天然中砂。含泥量不大于 3%，泥块含量不大于 1%。

（三）粗集料：粗集料选用碎石应质地坚硬、耐久、洁净，符合规定的级配，最大粒径不超过 31.5mm。含泥量不大于 1.0%，压碎值不大于 20%，针片状含量不大于 15%。小于 2.5mm 颗粒不大于 5%。

（四）水：水泥混凝土搅拌和养护用水应洁净，如用非饮用水经检验合格后方可使用。

（五）片石：砌体石料应质地坚硬，其强度必须不低于 25MPa，厚度不小于 15cm，无风化、剥落及裂缝，水锈污垢要清除干净。用作镶面的片石，应选择表面较平整，尺寸较大者，并应稍加修整，严禁采用风化石用作镶面。

（六）砂浆：砌筑砂浆类别、标号符合设计规定，砌筑过程中，按规范要求频率制作砂浆试件，分别检测 7d、28d 强度；砂浆中所用水泥、砂、水等材料质量标准应符合砼工程相应材料质量标准。砂宜用中粗砂，当缺乏中砂及粗砂时，在适当增加水泥用量的同时，也可采用细砂或人砂；砂浆的配合比应由试验确定，拌制砂浆采用重量法配料；砂浆必须具有良好的和易性，采用拌和机拌和，随拌随用。已凝结的砂浆，不得使用。

二、施工方法

（一）施工准备清除场地内垃圾杂物，堆放到指定位置或弃土场，准备好施工材料运送到涵位附近，安放位置以方便施工为宜。

（二）测量放样根据恢复定线测量的中心桩和涵位对照施工图进行放样，地面放样应考虑安全坡度，工作面比涵位预留宽 2~4m。

（三）基坑开挖采用挖掘机挖土，人工配合修整基坑边坡，在接近标高 0.5m 后，测工配合开挖随时检查挖深，防止超深开挖，接近涵基底保留 10~15cm，人工清理找平。

（四）砌石工程浆砌块片在砌筑前，应将砌块表面泥土等杂物清除干净，并洒水湿润。按设计要求尺寸砌筑，砌块应错缝、坐浆挤紧、嵌缝料和砂浆饱满，无空洞、宽缝、大堆砂浆填隙和假缝。在砌筑第一层石块时，应将基底表面清除干净，再用砂浆砌筑石块。砌体应分层砌筑，各砌体厚度应大致相同，各段砌体的水平缝应一致，各砌体层竖缝应相互错开，不得贯通。缝宽度一般 2~3cm，灰浆厚度 4~5cm，上下层竖缝的错开距离不小于8cm。浆砌砌体时，应先砌外圈，后浆砌里层，内外层砌块应相互咬接，连成一体，砌体外露面应预留深约 2cm 的空缝预备勾缝用。砌石应在坐浆后安稳，砌缝应饱满、密实。当砌缝较宽时，石块间隙填砂浆并用碎石嵌实。石块上下层要相互错缝，内外交错搭接，相邻高度不大于 1.2m。砌筑前，应计算砌体层数，选用形状和尺寸合适的石块砌筑，石块的尖锐部分应敲除。砌筑时，要根据墙基中心线放出砌体内外边线，拉线分层砌筑，片石浆砌按 2~3 层作为一层大致找平。采用铺浆法砌筑时，应较大平面外砌，先砌转角及交接处，后砌中间。砌前要试摆，大面朝下，外露面齐平，斜口朝内，逐块卧铺坐浆。

三、施工质量控制

（一）砌体工程中施工材料的质量控制

1. 蒸压加气混凝土砌块

在许多工程项目中工程人员都会运用蒸压加气混凝土砌块，不过这种施工材料许多厂家的质量都是不相同的，工程人员应该选用质量最好的厂家，同时在签订合同的时候最好把施工材料的质量要求以及装卸车的办法也写到合同中。首先提供一些样品，之后再依照样品进行收货，将一千块蒸压加气混凝土砌块作为一批。在施工材料接收之后，工程人员应该随机选取 50 块这种材料进行不断地检验，检验的重点就是尺寸是否存在偏差以及质量是否达标，假如发现材料中出现质量不达标的，那么工程人员就应该拒绝收货。

由于蒸压加气混凝土砌块在受到碰撞的时候很容易出现损坏的情况，所以工程人员应该让厂家运用木托盘作为支撑，运用塑料带进行打包。之后再卸货的时候运用汽车自带的吊车进行上下车，将蒸压加气混凝土砌块安置在工程场地比较平整硬化的区域。在运输上下楼层的时候，工程人员最好是使用塔吊，对其进行整包的吊运，这样就能够降低因为人工搬运而出现损坏以及碰撞的概率。

2. 页岩实心砖以及页岩多孔砖

工程项目中人们通常会在厨房以及卫生间等地方运用页岩多孔砖，这种施工材料要比原本的页岩实心砖更加的环保，同时它还有节省资源的作用，达到绿色施工的目的，降低楼层的荷载，对于改善结构非常有用。不过在后塞以及底部三线工程人员还是应该运用页岩实心砖，其他的地方就都可以运用页岩多孔砖。施工人员在运用这两种施工材料的时候，最好是专门制作一种线槽砖，将其用作预留预埋砌体内线管，这样在进行工程施工的时候就能够避免开槽工艺了。

（二）砌筑砂浆的质量控制

在对砌体工程进行施工的时候，人们通常都会运用到砌筑砂浆，这种施工材料施工人员应该运用机械进行搅拌，并且进行搅拌的时间一般都应该大于120s。对于砌筑砂浆来说，工程人员应该进行一边搅拌一般使用，如果是楼层中的砌筑砂浆，工程人员就应该做到不进行随处乱放。工程人员最好是运用模板制作一种木盆，运用木盆盛放砌筑砂浆，对于砂浆工程人员应该重复应用，一定要避免砌筑砂浆在楼面上因为失水而失去作用，同时防止砌筑砂浆污染楼面，降低地坪清理时的难度。搅拌之后施工人员应该在3h内运用完，假如对工程项目进行施工的时候温度大于30℃，那么工程人员就应该将砌筑砂浆在2h内运用完。砌筑砂浆中不能够混入树叶、塑料等杂物，这样就能够防止砌筑后灰缝内存在杂物。

（三）砌筑工程施工工艺的质量控制

1. 制作以及运用喷涂皮数线以及数杆

工程人员应该专门制作一种铝合金式的喷涂皮数杆，这种喷涂皮数杆应该依照规定标准制成，符合人们在工程项目中的大部分要求。通常情况下在混凝土柱墙上都会有砌体的位置，皮数杆应该顶紧梁底，然后依照顺序运用红漆喷涂皮数线，喷涂的最后效果一定要达到规定的标准，必须要防止墙筋与灰缝出现错位的问题。工程人员应该将砖与灰缝的位置直接定好，必须要控制好砖厚度出现的误差，让每一面墙最好是运用同一批的砖，这样就可以达到偏差一致的效果，让灰缝的大小达到统一，不影响建筑物的观感。

2. 砌体工程中砌筑的质量控制

（1）工程人员应该在对砌体工程施工之前先对楼层进行清理工作，在柱墙的上面放置一个1m的标高控制线、施工线以及检查控制线，通常情况下人们都会称之为三线。在进行砌体放线的时候，工程人员应该依照结构施工内的控点作为根据，对于直角进行检查，保证实测实量的方正度能够在标准范围内。

（2）工程人员还应该在很多地方做好混凝土反边，比如阳露台、卫生间、女儿墙以及空调机位等，通常情况下混凝土反边都会大于结构面的200mm，阳露台一般都会大于结构板面的300mm。对于工程项目进行施工之前，工程人员应该先把混凝土导墙底部的混凝土楼板面进行凿毛，并且凿毛率不能小于50%，并且与柱墙的接触面也应该进行凿毛。之后运用清水对其进行冲洗，然后打定位钢筋，对模板进行安装设置，内部一定要运用混凝土内撑顶紧，不能够小于模板面的20mm，运用木夹具进行加固。在混凝土收面之后应该立刻覆盖，这样不但能够确保它的施工质量，还能够降低施工的强度。混凝土导墙成型一般都会有一定的要求，比如不能够产生露筋、蜂窝、疏松、以及孔洞等，错台不能够大于15mm，工程人员如果能够让混凝土导墙不出现这样的问题，那么就能够防止出现大面修改、以及导墙偏位大于15mm，避免因为拆模过早而产生的损坏等情况，保证砌体工程的施工质量。

第四节　混凝土结构工程

一、钢筋工程

（一）钢筋在不同结构位置的作用分析

钢筋在混凝土结构中占有重要的比重，因此钢筋在不同的建筑位置中占有的比重是不同的：

1. 板中的钢筋

（1）纵向受力钢筋：板在竖向荷载下会变弯，下部受拉，上部受压。纵向受力钢筋配在板的下部，承受有变弯矩引起的拉力，又称受拉主筋。对于雨篷板、阳台板等悬壁板，在竖向负载下上部受拉，下部受压，纵向受力钢筋应配在板上部，施工中防止踩到、移位。

（2）负弯矩筋：在竖向负载下板的支座处出现上部局部受拉区段。负筋的作用是防止支座处上部受拉混凝土开裂。

2. 梁中的钢筋

（1）纵向受力钢筋：沿梁的下部纵向布置，承接拉力。对于悬臂梁，纵向受力钢筋在上部。

（2）弯起钢筋：一部分纵向受力钢筋向上弯起，其斜段承受梁中因剪力引起的拉伸。弯折角度一般为 45°。

（3）架立钢筋：沿梁上部纵向布置，可将箍筋及受力钢筋联结成骨架，在施工中保持各自的正确位置。

（4）各种构造钢筋：这类钢筋用得少，出现在不同类型的梁中，如腰筋、鸭筋等。

3. 柱中钢筋

（1）受力钢筋：沿柱全高布置。在柱承受轴向压力或偏心压力等不同情况下，受力钢筋受拉或受压。

（2）箍筋：在柱中承受剪力，并将受力筋连接成骨架。

4. 墙中的钢筋

剪力墙中布置纵横双向钢筋网。当墙厚较小时布置 ≥ 200mm 的墙，位于山墙及第一道内横墙、电梯间墙、高层建筑中围边有梁、柱的剪力墙，常配制双层钢筋网。

（二）钢筋加工注意事项

钢筋加工是对施工项目的钢筋进行调直、除锈、切断等工作，它对于建筑的质量有着重要的关键一步。

1. 钢筋调直是不可缺少的工序。保证钢筋平直，无局部曲折。遇有影响钢筋质量的弯曲部分应当切除，缓弯部分可用冷拉方法调直，1 级钢筋的冷拉率 ≤4%。粗钢筋还可以采用垂直、板直的方法。并且冷拔低碳钢筋丝经调直表面不得有明显擦伤，抗拉要求不得低于设计要求。

2. 钢筋的表面要处理干净。钢筋的表面要保持清洁、油渍、污渍以及钢筋表面的铁锈、浮皮等应该在钢筋使用前清除干净。对于除锈的工作我们要在钢筋的冷拉过程中进行，因为这样比较经济。同时我们要在常温中进行钢筋的加工，不得对钢筋进行加热以免破坏钢筋的材质。

3. 对于钢筋的下脚料要正确切断。对于钢筋的使用虽然在大体上容易把握，但是下脚料的使用在钢筋的使用中也占有很大的比重，因此对于大量的钢筋要使用机械进行切断，一般情况下是先根据使用的长短进行科学搭配，先断长料在断短料，减少损耗。

4. 钢筋弯曲定型。钢筋下料之后，按弯曲设备的特点进行画线等作业，以便准确地把钢筋加工成规定的包装尺寸，对于复杂的样本我们可以先放实样，然后弯曲。以便减少因为失误造成的浪费。钢筋加工的允许偏差要严格执行 GB50204—2002D 的规定以及《2006 建筑工程施工工艺标准》的规定。

（三）钢筋的绑扎与安装

钢筋绑扎前先认真熟悉图纸，检查配料表与图纸、设计是否有出入，仔细检查成品尺寸、心头是否与下料表相符。核对无误后方可进行绑扎。

1. 钢筋的捆绑一定按照施工的图纸进行。钢筋要按照一定的要求切断、弯曲成形之后，进行钢筋的捆绑，从节约成本以及安全的角度考虑，要采取焊接的方式进行，但是如果遇到大型的施工项目，钢筋材料的增多很难用焊接的方式，因此在施工现场目前主要采用的还主要是捆绑。

2. 钢筋捆绑的材料应该选用镀锌铁丝。对于不同的钢筋数量要选用不同的镀锌铁丝种类，比如在钢筋直径 12mm 以下的要选用 22 号铁丝，而且铁丝的长度也要足够保持铁丝钩拧 2 到 3 圈以后，铁丝头还要保留 10mm 作用。

3. 绑扎的注意事项。首先绑扎与墙的关系。板与墙内的钢筋网，在外围两行的交叉点要全部绑扎，中间的部分可以相隔交错扎牢，但是必须要保持钢筋不移位。双向受力的钢筋必须扎牢。其次梁与板的处理。纵向受力钢筋出现双层或多层排列时，两排钢筋之间应垫以直径 15mm 的短钢筋，如纵向钢筋直径大于 25mm 时，短钢筋直径规格与纵向钢筋相同规格。箍筋的接头应交错设置，并与两根架立筋绑扎，悬臂挑梁则箍筋接头在下，其余做法与柱相同。梁主筋外角处与箍筋应满扎，其余可梅花点绑扎。板的钢筋网绑扎与基础相同，双向板钢筋交叉点应满绑。应注意板上部的负钢筋（面加筋）要防止被踩下；特别是雨篷、挑檐、阳台等悬臂板，要严格控制负筋位置及高度。板、次梁与主梁交叉处，板的钢筋在上，次梁的钢筋在中层，主梁的钢筋在下，当有圈梁或垫梁时，主梁钢筋在上。楼板钢筋的弯起点，如加工厂（场）在加工没有起弯时，设计图纸又无特殊注明的，可按以下规定弯起钢筋，板的边跨支座按跨度 1/10L 为弯起点。板的中跨及连续多跨可按支座中线 1/6L 为弯起点。（L——板的中—中跨度）。框架梁节点处钢筋穿插十分稠密时，应注意梁顶面主筋间的净间距要有留有 30mm，以利灌筑混凝土之需要。

（四）钢筋工程施工质量

1. 原材料的检验

进入施工现场的钢筋，先核对入场各类钢筋规格的数量清单、规格型号、质量证明文件是否齐全，检查钢筋的外观是否平直、有无损伤，钢筋表面不得有裂纹. 根据进场钢筋型号、批次及数量抽取试样送法定的检测机构进行机械力学性能检测，检测合格后方可使用。

2. 钢筋的安装

钢筋安装前，应根据施工图纸检查钢筋配料表，核对成品钢筋的钢种、直径、形状、尺寸和数量，如有不符应先进行整改. 形式结构复杂部分绑扎前，应按图纸排好钢筋穿插的顺序，以减少安装困难。梁板、基础筏板等钢筋网的安装，四周两行钢筋的交叉点应每点绑扎牢固，中间部分钢筋相交铁丝扣要成八字形扎牢，以防止钢筋网片变形。

（1）墙、柱钢筋的安装

钢筋安装前应先纠正原来留出的钢筋，用钢丝刷清除钢筋端头的水泥浆及其他脏物等，安装前应搭设操作台，操作台高度和宽度应满足绑扎钢筋操作要求，操作台应搭设平稳，便于在平面上操作，绑扎时严格控制垂直度，墙、柱头钢筋应顺直，间距均匀，钢筋端头有弯钩的要回直或切除，上部钢筋应扶直扶稳，套箍筋时，由下往上控制垂直度，发现有偏差应回正加固后再往上扎钢筋，钢筋采用两根 22 # 铁丝绑扎，每点主筋与主筋交叉点均应绑扎，为抗震需要，墙、柱钢筋除应安装保护层垫块外，应将墙、柱楼面处的箍筋与水平筋采用点焊固定，不准在已绑好的垂直钢筋当梯子上下和踩在上面操作。因此，墙、柱中各种钢筋的绑扎应严格按照规范的要求，主要应注意以下几点：

1）柱纵向受力钢筋的直径，不宜小于 12mm，其净距不应小于 50mm；

2）柱箍筋应做成封闭式，其间距不应大于 400mm，也不大于构件横向的短边尺寸且不应大于 15d。

3）柱纵向钢筋绑扎接头范围内，箍筋的间距应加密，纵筋受拉时为 5d，受压时为 10d（d 为受力钢筋中的最小直径），且分别不大于 100mm 和 200mm。

4）墙、柱纵向钢筋的连接采用电渣压力焊或机械连接接头，接头应设置在柱的弯矩较小区段，钢筋直径大于 22 的必须用机械连接接头。

（2）梁、板钢筋安装

梁、板钢筋安装应先安装框架钢筋，然后安装次梁钢筋. 梁筋锚入柱或墙内的长度不小于设计及规范要求，安装时应在梁边. 设 0.5m 高临时活动凳子，将钢筋慢慢放入梁模内，绑扎采用 22# 铁丝逐点绑扎。板筋绑扎首先应先校验楼板标高，其程序如下：弹钢筋位置线、绑扎板底层钢筋、安放垫块、设专业管线、安放马蹄铁、标识板上层钢筋网间距。采用 22# 铁丝梅花形绑扎，采用一面顺扣绑扎，每个绑扎点过铅丝扣要求变换 90°，若楼板钢筋直径较小时，可加设马凳筋，间距为600mm，这样绑扎出的钢筋网，整体性好，不易发生歪斜变形。因此，在梁板钢筋绑扎过程中，我认为应注意以下几点：

1）板中受力钢筋，一般距墙边或梁边50mm开始搁置，板中弯起钢筋的弯起角不宜小于30°；

2）分布钢筋一般用在墙、板中，主要是为了使下面的受力钢筋均匀传递，抵抗混凝土收缩、温度变化产生的拉力作用，分布钢筋的间距不宜大于250mm，直径不宜小于6mm；

3）钢筋接头位置，同一截面区域范围内搭接接头不超过25%，焊接接头不超过50%，受压区均不超过50%；

4）保层垫块要垫好，受力钢筋的砼保护层厚度应符合设计要求，梁筋有二排筋应用直径25的钢筋作垫筋，以确保两排钢筋间的间距。

（3）承台、基础筏板钢筋绑扎

承台及底板钢筋运到底板作业面，按放样线铺放钢筋，底板下层钢筋接头位置在跨中，上层钢筋接头位置在支柱，搭接长度满足设计及规范要求，接头错开50%。

3.钢筋的保护

（1）柱钢筋的保护

钢筋安装完毕后应保护好，为使它在浇筑过程中不位移，不变形，柱筋在浇筑混凝土前，用木板临时固定于楼面模板上或柱板顶上。在浇筑混凝土时，应派专人护筋，对变形偏位钢筋及时整改，以便下道工序的正常进行。

（2）梁、板钢筋的保护

楼板钢筋安装完后，应立即搭设人行马道，以防下道工序施工踩踏梁板钢筋，使梁板钢筋变形及位移。楼板混凝土浇捣过程中，要安排专职钢筋工值班，及时修复位移和变形的钢筋，以确保钢筋间距、位置、保护层厚度等始终符合设计及规范要求。不要在梁板钢筋上面放重物，特别对于雨篷、阳台等悬挑钢筋，一旦被踩在下边，就会出现质量事故，严重的会发生折断，影响工程质量。

二、模板工程

（一）模板工程概述

1.模板工程主要作用分析

建筑工程混凝土结构施工离不了模板工程，可以说模板工程是建筑主体结构施工质量的保证，对混凝土施工质量、进度、成本等都具有直接的影响。模板工程是建筑主体结构施工中工期最长、施工成本较高的项目之一，模板工程主要包括模板设计、制作、安装、质量控制以及拆除等几个方面，需要综合考虑模板质量、施工进度、施工成本、安全简易度等方面，确保模板配料方案的合理性。

在确保施工质量与安全的基础上，尽可能地降低模板材料等资源投入，控制施工成本。

2. 模板工程施工技术要求

建筑混凝土主体结构施工过程中，基于模板工程对施工质量的重要作用，为了保证施工工期、质量、安全以及成本，对模板工程施工技术提出了以下几个方面的要求：（1）保证混凝土结构及其构件的位置，也就是严格控制模板的标高、平面位置、截面尺寸以及形状，严格地按照设计图纸进行相关参数的配置；（2）保证模板具有一定的稳定性，其刚度、强度等必须满足工程施工要求，确保模板能够承受混凝土结构施加的侧压力以及结构自身重量，同时模板还需要能够承受施工过程中，由于施工操作、设备振动等引起的荷载力，特别是混凝土振捣施工中，需要确保模板承受极限大于振捣施工荷载；（3）模板工程需要具备结构简单、操作性强等特点，保证模板安装与拆卸的简易性，同时又必须要能够满足混凝土浇筑、养护等各个方面的要求。理论上来说，结构越简单，模板自重也就相对越少，这对节约模板材料，推动模板大规模机械化操作创造条件，是保证施工进度的有效措施。（4）对于模板接缝，应该保证接缝的严密性，及时的处理不符合要求的接缝，处理的方式包括薄铁皮、塑料布、油毡等，确保模板接缝位置不会在混凝土浇筑中发生漏浆现象。

（二）模板施工技术应用

1. 模板制作

模板配制是模板工程中重要的技术，是该项工程的施工基础。

对于形状简易、结构简单的建筑构件，模板配制能够通过施工图纸完成配制过程。在配置过程中们需要严格的控制模板的尺寸，确保其与图纸中设计尺寸相符，将误差控制在允许范围内。对于一些涉及规范性构件模板配制方面，如横档、楞木断面之间间距、支撑模板等的配制，可以按照相关规定进行选择，或者利用查表额的方式进行。

对于形状复杂、结构繁杂的构建来说，其模板配制工作也相对复杂。如楼梯结构就属于复杂的构件，在楼梯模板配制过程中，需要采用放大样的设计方式。根据施工设计图纸相关描述，划出该构件的实体形状，然后对每一部分的尺寸进行准确测量。值得注意的是，如果结构过于繁杂，采用放大样需要准备一个较大的场地，不仅会浪费大量的人力物力，有时候模板配制的合理性也会受到影响。这时就需要结合相关的计算方法，尽可能地保证模板配制质量。

2. 模板安装施工

模板安装施工主要分为三个步骤，具体表现在以下几个方面：（1）安装基础梁、底板模板。这一步骤是模板安装施工的基础，内容相对复杂，基本流程为：测量放线、砌筑地板砖胎膜、抹灰、防水处理、设置防水保护层、基础梁、底板模板钢筋绑扎、支设模板、进行模板支撑加固处理，最后验收模板安装质量。每一个环节都必须严格地按照设计图纸进行，确保模板安装质量；（2）安装柱、墙模板。其中，墙体模板的安装程序为：放线→墙、附墙柱钢筋绑扎→钢筋隐蔽→支一侧模板→穿套管、螺杆→支另侧模板→安装斜撑→模板紧固校正→模板验收。柱模板安装也分为墙柱模板以及独立柱模板。独立柱模板安装的程序为：放线→独立柱钢筋绑扎→钢筋隐蔽→支整体柱模板→模板紧固校正→模板验收。而墙柱模板安装与独立柱模板安装基本相同，但需要对根部进行后期处理。在顶板混凝土浇筑过程中，需要将墙柱根部15厘米内混凝土压光。待混凝土凝结并能够承受人体重量后，进行边线放线，并弹出切割剔凿位置线，将线内的浮浆去除；（3）顶板梁模板的安装。在这一步骤中，需要注意保证顶板梁模板上下层支撑同轴。安装的具体步骤体现在：放线→安装梁支撑→支梁底模→梁钢筋绑扎→支梁侧模及顶板模→顶板钢筋绑扎→钢筋隐蔽→模板验收。

3. 模板拆除

在工程施工结束后，需要进行模板拆除工作，拆除过程对工程整体的质量也会造成很大影响。模板工程验收后，就可以进行混凝土浇筑、振捣、养护等工作，待养护成型后，就能进行模板拆除。其中，对于底板模板、基础梁模板，可以直接进行拆除，对混凝土强度控制要求相对较低；对于顶板梁模板拆除前，顶板以及梁侧模板需要保证50%的强度，梁低强度要求在75%以上，同时采用碗扣式支撑体系。

另外，施工人员还需要做好对模板的修复以及保养工作，避免模板材料的浪费，以便模板的二次使用。

三、混凝土工程

（一）混凝土工程施工技术

1. 混凝土

混凝土是由水泥、水、砂、碎石和外加剂等原材料按一定的比例混合而成用于工程建筑的混合料。当今，混凝土被广泛用于高速公路的施工。

2. 施工技术

混凝土工程施工时，所需施工技术主要有：模板制作与安装、水泥混凝土的搅拌及运输、浇筑、振实和检测。

（1）模板制作与安装

在混凝土工程施工过程中，为了避免对其工作质量以及效率产生影响，尽量避免使用木质模板，同时模板应具有足够的强度和刚度，虽然成本较大，但可以大大提高工效，并可明显提高混凝土光洁度，改善混凝土的外观质量。①严格控制钢模清洁，每次装模前用小砂轮对模板进行除锈并及时涂刷轻机油，涂刷要均匀，不得漏刷。实践证明脱模剂选择轻机油比较好，拆模后在阳光作用下易挥发，不会留下任何痕迹，以致混凝土外观颜色光洁明亮，并且可以防止钢模生锈。②模板支架必须稳定、坚固，模板接缝要严密，采用玻璃胶涂密实、涂平整，以防漏浆，出现蜂窝、麻面或线条不明。③每次使用之前，要检查模板变形情况，禁止使用弯曲、凹凸不平或缺棱少角等变形模板。

（2）水泥混凝土的搅拌及运输

原材料的配制比例和搅拌控制决定了混凝土的质量，因此在搅拌时应注意以下几点：

①严格控制混凝土配合比设计，按有关技术规范进行计算和试验，并在施工过程中经常检查；②为防止混凝土开裂，特别是大体积混凝土，要严格控制水泥用量，可采用在混凝土拌和物中掺加混合材料（如磨细粉煤灰、矿粉等）和减水剂等措施，以改善混凝土拌和物和易性，增加混凝土密实度和光洁度；③严格控制水灰比，现场搅拌时应根据材料的含水率来调整水灰比，以保证混凝土的和易性，减少水泡、气孔的形成；④严格控制混凝土的坍落度，在拌和地点和浇筑地点按规定检查坍落度。尽量缩短混凝土拌和物的停放时间，减小坍落度损失；⑤严格控制混凝土搅拌时间，控制外加剂质量，混凝土中掺用的外加剂应按有关标准鉴定合格并经试验符合要求后再用。而在运输混凝土时，应根据运输的距离及其季节变化控制出机混凝土坍落度，同时保证运送混凝土罐车的数量满足施工需要。

（3）浇筑

混凝土浇筑前，应检查钢筋位置和保护层厚度是否准确，进行分层浇筑和振实。在施工中应控制以下几点：

①为避免混凝土发生离析，应保证其从高处下落高度不超过 2m，超过 2m 时要用串筒或溜槽下料；②控制混凝土的浇筑厚度在振捣器作用部分长度的 1.25 倍左右，并注意在工作中要认真插捣，避免因振实不足而形成蜂窝；③混凝土初凝后，模板不得振动，拆模时间应根据试块试验结果正确掌握，防止过早拆模，使混凝土粘在模板造成麻面或缺棱少角。

（4）振实

混凝土的振实是混凝土质量的重要保证之一，由于其要求严格，在工程施工中尽量用有丰富经验的人员操作。同时振捣时应注意控制以下几点：

①控制振捣间距，插入式振捣器不应大于其作用半径的 1.5 倍，振捣器距模板的距离不应大于其作用半径的 0.5 倍，控制混凝土的浇筑层厚度在振捣器作用部分长度的 1.25 倍左右；②在进行分层浇筑混凝土的环节中，振捣新的一层均应插入先浇混凝土 5~10mm，保证两层混凝土的成功衔接，避免形成施工缝，抽出时应缓慢提出，以免产生空洞。同时应加强对边缘位置的振捣，防止蜂窝、麻面的产生；③控制振捣时间和振捣程序。做到不欠振，不过振，合适的振捣时间可由下列现象判断：混凝土不再显著下沉，不再出现气泡，混凝土表面出浆呈水平状态，并将模板边角填满充实；振捣程序，先周围后中间以便把气泡从中间赶出，避免聚集在模板处，同时振动棒不要碰撞钢筋，模板、预埋件等。

（5）检测

在相关施工工程完成后，应对所完成的部分进行检测，若发现有不合格，则应及时采取措施。

（二）混凝土工程施工技术的相关准备

混凝土施工质量的好坏决定了工程的好坏。因此，施工前，必须要做好与之相关的准备工作。例如：原材料的选择、相关机械设备的准备以及相关施工计划的准备工作。

1.原材料的准备工作

混凝土是由水泥、砂、碎石、水和外加剂等材料混合而成。为了得到工作性稳定的混凝土混合料，在选用水泥时，必须选择具备产品合格证及质量保证书的水泥，一般应采用硅酸盐水泥或普通硅酸盐水泥；应选择干净无杂质的 2 区中砂且符合级配范围，其级配应满足要求；碎石的选择主要遵循级配时集料的颗粒组成，集料的级配应采用符合要求的连续级配，且含泥量、泥块含量、压碎值等指标符合规范要求；水应当保持清洁，pH 值大于 4.5，保持混凝土的耐久性和强度指标。在原材料进场前，要对其质量进行检验，确保原材料符合要求。

2. 相关机械设备的准备

机械设备是混凝土工程施工过程中必不可少的部分，所需的设备主要包括混凝土搅拌机、混凝土搅拌运输车、泵车等。而机械设备的类型、规格和数量应该根据施工工程的具体需要来决定。在工程施工之前，应该对所需的设备进行全面检查和维修，确保设备能够正常工作。除此之外，对施工期间设备进行定时维修、保养，也是准备工作中重要的部分。

3. 施工计划的准备工作

对于一项工程来说，施工计划贯穿整个施工过程的始终，它不仅可以使工程顺利按时竣工，还能让工程质量得到保证。在施工期间，影响施工进度的主要因素有：自然因素和人为因素。自然因素如：施工期间的天气情况，施工区域的地质状况等。人为因素如：施工人员的技术，施工时间的安排及方案的选择。因此综合上述各种因素，制定相宜的施工计划极其重要。同时，在施工计划中应包含对施工期间可能出现问题的解决方案，从而避免影响施工进度。

（三）混凝土施工技术的质量控制

1. 混凝土工程施工质量管理的重要意义

混凝土工程施工质量管理对于整个建筑工程建设非常重要，不仅与人们的生活紧密相关，而且与整个社会的和谐稳定有直接关系。因此，做好混凝土工程施工质量管理工作具有非常重要的意义，具体表现在以下几点：

（1）有利于保证建筑工程的顺利开展

在建筑工程中注重混凝土工程施工质量管理，减少事故的发生，能够使工程在规定的工期内将工作竣工。一旦出现质量问题或者发生事故，不仅会造成人力、物力和财力资源的浪费，甚至会造成人员伤亡，使工程很难顺利开展，不能按照工期完成任务。因此，只有做好混凝土工程施工质量管理工作，才能实现整个工程的顺利开展。

（2）有利于保证建筑工程的整体质量

建筑工程在施工过程中采取有效的混凝土施工质量管理措施，能够严格管理施工现场以及材料的使用等，从而做好每个施工环节的各个细节主要事项和要点，从而建筑工程的整体质量。

（3）有利于保证广大人民的生命和财产安全

在工程建设中，建筑大多是用来满足人们居住或者办公的。如果工程质量出现问题，将会使人们的生命和财产安全遭受重大损失。因此，只有注重混凝土工程施工质量管理，保证工程质量，减少安全事故的发生，才能有效保证广大人民的生命和财产安全。

2. 影响混凝土工程施工质量的因素

（1）水灰比因素

混凝土的强度很大程度上取决于水灰比，水灰比就是水泥和水的比例，水灰比的变化会影响混凝土强度的高低。一般情况下，普通的混凝土水灰比为：0.4~0.65，要求在搅拌混凝土时掺入水泥中的水量不能高于水泥用量的四分之一。如果水泥水化用的水量超出这个比例，那么多余的水量就会留在混凝土的内部，慢慢形成空隙，使混凝土的密度、强度和耐久性都产生影响。一般而言，水灰比的大小与混凝土的硬度呈反相关的关系，即水灰比越大，混凝土的强度就越低。在混凝土的强度影响因素中，水灰比是非常关键的，这也是影响混凝土工程施工质量管理的一大因素。

（2）原材料因素

原材料尤其是粗细骨料的变化对混凝土的强度也会产生重大影响，因此需要考虑原材料这一重要因素。骨料的强度一般要高于混凝土的强度，因此骨料的自身强度并不会对混凝土的强度产生较大影响，主要是骨料的颗粒形状和表面情况等对混凝土的抗拉强度产生影响。如果混凝土的强度要求相对低，但是使用的是高强度的石子，那么就会产生较大差别的弹性模量，如果水泥水化受到外界环境的稳定或者湿度变化时，就有可能产生裂缝现象，对混凝土的质量产生直接影响。

（3）施工现场原材料的计量控制因素

混凝土的配合比中需要加入多种原材料，如果对材料计量不加严格控制，为了节省成本而使用不合格的衡器，只是对材料的体积进行控制，那么就会导致实际用料存在不均衡的问题，使混凝土的配合比受到影响，进而导致混凝土的强度发生波动，对混凝土工程的施工质量产生影响。

（4）振捣密实因素

在混凝土的施工作业过程中，会产生振捣是否密实的情况，这对混凝土的强度也会产生直接影响。如果模板接缝不严格，那么就会产生跑浆的现象，混凝土就会不密实，导致强度受到影响。为了提高混凝土的密实度，一般采用机械振捣和人工振捣相结合的方法，从而保证混凝土的质量。

（5）混凝土养护因素

混凝土容易受到外界温度的影响，加上水泥产生的热量会对混凝土的内外部体积产生影响，使混凝土的质量产生影响，因此需要进行养护。为了减少混凝土的裂缝现象，保障混凝土工程施工质量，需要保证混凝土的凝结硬化在符合条件的温度和湿度条件下进行。

3. 混凝土工程施工质量中经常出现的问题

（1）混凝土的强度等级很难满足设计标准

随着社会的不断发展进步和建筑行业的快速发展，在我国的很多地区使用的是预拌混凝土，预拌混凝土的使用不仅能够有效缩短工期，使施工人员的劳动强度不断降低，而且能够有效保证工程质量。但是，在具体的施工过程中，有些施工企业为了降低成本在进行混凝土搅拌时掺入质量较差的水泥，加上原材料的计量不够准确甚至出现偷工减料等问题，这些对混凝土的强度都产生影响，使其强度等级很难达到设计标准。在混凝土工程施工过程中，为了满足施工安全要求，只能采取一些外在的加固处理措施，使施工质量受到影响，而且给施工单位造成一定的损失。

（2）模板体系相对落后

随着脚手架和模板施工技术的快速发展，混凝土施工技术取得较大进步。在混凝土工程施工过程中，模板是不可缺少的一项材料，而且对混凝土的施工质量会产生影响。但是，由于施工企业对模板体系不够重视，而且缺乏资金投入，导致模板体系相对落后，很难满足施工要求，极容易发生安全事故。

（3）施工缝和混凝土连续浇筑处理不当

在底层混凝土进行初凝之前，需要进行连续浇筑混凝土工作，然后根据相关规范进行验收。该项工作非常重要，但是往往施工人员不够重视，认为施工人员和机械一直进行作业，就都属于浇筑，这样就会出现梁板和主要构件混乱等情况，加上浇筑的时间没有掌握好，导致混凝土出现硬化或者凝土等现象，如果对施工裂缝处理不当就会导致混凝土结构产生影响，使混凝土工程施工质量受到影响。

（4）施工人员的专业水平不高

当前，很多施工企业在进行混凝土工程施工时主要聘用的是那些专业水平并不高的施工人员，他们对混凝土施工过程中应当注意的问题和专业操作不够熟悉，而且不精通混凝土工程施工技术，从而导致施工过程中一系列质量问题的发生。

4. 混凝土工程施工质量的管理措施

（1）加强对原材料的管理和控制

混凝土工程施工过程中，原材料是必不可少的。为了保证混凝土工程的施工质量，今后一定要加强对原材料的管理和控制。具体来说，首先，在选择原材料供应商时，一定要严格比较，选择信誉度比较高并且性价比高的供应商，通过对材料进行测试来保证水泥、砂和石等的质量，尤其是水泥的安定性能要有所保证，否则就会出现混凝土表面的膨胀性裂缝，影响工程质量；其次，要全面检测并实验所有施工材料，要使混凝土的强度等级和黏结性符合要求，然后才能正常进行下一个环节的施工；再次，重视外界环境的温度和湿度。为了保证混凝土的耐久性，可以在一定的温度和湿度情况下加入添加剂。

（2）加强对混凝土的施工管理

为了保证混凝土工程的整体质量，保证混凝土的配合比是一项非常重要的工作。对于混凝土的各项指标要求，不仅受运输方式、气候条件等影响，还与混凝土的含水率相关，因此要做好混凝土的浇筑管理工作，从低层到高层进行浇筑，加强振捣的密实度，并且严格控制原材料的计量，运输过程中尽量保持稳定，从而减少混凝土由于振荡而发生离析等现象，最终保证混凝土工程的整体施工质量。

（3）做好混凝土的养护工作

混凝土在施工过程中会由于水泥水化而出现凝结或者硬化等现象。因此，在开始浇筑混凝土时就要做好混凝土的养护工作，否则就会出现混凝土表面的不平整，甚至出现裂缝，影响混凝土的性能。在硬化过程中，为了将混凝土的性能充分发挥出来，应当考虑温度和湿度等条件，并且根据不同的季节采取有针对性的养护措施，例如在冬季时，由于气温较低，因此需要采取额外的温度保护措施，可以用蓄热法和塑料薄膜及保温材料覆盖的方法对混凝土进行合理养护，使水分减少流失，从而保证混凝土的强度，使施工质量得以保证。

第五节　桥梁结构工程

一、桥梁结构施工技术管理重要性

（一）桥梁结构施工技术管理重要性

桥梁工程的施工意义重大，涉及的施工内容也比较多，这就需要加强技术层面的管理工作科学实施。通过技术管理工作开展，对桥梁工程技术创新就有着促进作用。实际技术应用中有着诸多难点，科学化的技术管理就能对桥梁工程施工工艺进行优化，最大化的克服技术难关，对保障桥梁工程施工整体水平提高就有着保障。另外，桥梁工程结构的施工技术管理，能对工程的整体质量得以保证，对技术的标准规范的落实有着积极意义。技术管理工作的实施对技术交底以及施工组织设计的科学性能得到有效保证。

（二）桥梁结构施工技术管理的问题

从当前的桥梁结构施工技术管理的现状来看，还存在着诸多问题有待解决。其中比较突出的就是技术资料比较混乱，影响技术的科学使用。技术管理的表现方式最为主要的就是技术资料，而桥梁工程的施工过程中，技术资料的混乱问题比较突出，技术资料不能完整的体现，对技术资料的编制详略不当等，这就对竣工资料的交付工作质量难以保证。

桥梁工程结构施工技术管理中，缺少科学的编制方案。当前的网络技术发展比较迅速，网络技术在带给桥梁工程技术管理方便的同时，也给技术管理人员的工作带来了一些缺陷。技术管理人员通常从网上借鉴类似工程项目施工经验，没有充分重视对实际的桥梁结构施工技术应用现状充分考虑，这就必然会影响技术管理的质量，给桥梁结构施工带来质量问题。

另外，技术管理过程存在不足。桥梁结构的施工中，应用到的施工技术比较多样，而技术管理的重点环节是施工过程的技术控制。但是在实际的桥梁工程技术管理中，对工序的检查不严格，以及检查的标准没有明确，技术管理的过程控制存在不足，这就必然会给桥梁工程的安全带来影响。

　　桥梁结构施工技术管理的制度没有完善建立，技术管理人员的综合素质低。保障桥梁结构工程施工的质量，就要注重技术管理制度的完善建立，注重对技术管理人员的综合素质进行培养。但是实际的技术管理制度不完善的问题还比较突出，这就很难有序的执行技术管理工作。一些技术管理人员自身的素质比较低，没有和实际的技术管理标准相契合，也会发生技术管理质量问题。

二、桥梁结构施工技术管理

　　第一，注重完善技术管理制度。制度是保障技术管理规范操作的基础，只有建立完善的技术管理制度，技术管理人员才能有序地加以执行。要成立施工技术管理机构，并注重技术管理制度的完善建立，和实际桥梁结构施工的情况紧密结合。对桥梁工程结构施工技术规范标准以及操作的规程和相关的管理制度进行整合，制定完善的技术管理体系。在具体的技术管理工作开展中，就要能严格遵循国家以及地方政府的招标文件当中技术和工艺的规范，和实际的桥梁工程项目的情况相机和，只有瑞如此才能保障技术管理的质量水平提高。

　　第二，完善技术管理资料。桥梁工程结构施工过程中涉及的材料比较多，各环节的施工都要事先收集好相应的资料，然后对资料进行整理备份。技术资料的管理需要有专门的管理人员负责，对桥梁工程施工前以及施工中和施工后的资料都要完善，做好资料管理工作才能有助于施工的标准化目标实现。

　　第三，充分重视施工工艺的质量和材料质量控制。桥梁工程结构的施工中，涉及的技术管理内容比较多，在工程施工的工艺质量控制方面就要加强。施工单位对新技术的应用要加强重视，对施工技术应用的质量标准，以及对技术人员的考核标准都要妥善实施，积极改进施工技术水平，在质量检验的工作层面加强，只有如此才能保障工艺质量。结构施工中材料设备的质量控制也要加强，这是对桥梁工程结构质量产生影响的重要因素。对施工材料的购置以及管理要有专人负责，只有保障施工材料设备的质量，才能真正有助于桥梁工程施工顺利进行。

　　第四，注重技术管理人员的综合素质提高。为保障技术管理工作的顺利开展，就要从多方面进行考虑，对技术管理人员的综合素质进行提高，施工单位要定期为技术管理人员进行培训，从技术管理的理论上深化教育，培养高素质应用型的专业人才。或者是进行聘请专业的人员对技术管理人员培训，通过多种人才培养的方式应用，对提高技术管理人员的专业水平就比较有利。

三、桥梁工程结构施工质量控制

（一）影响桥梁工程结构施工质量的因素

1. 材料因素

　　在进行桥梁施工过程中，施工材料好坏直接影响着施工质量。原材料质量如果不合格，会影响整个工程质量安全。当下，我国建筑材料市场得到了快速发展，但是人仍旧存在着一定的质量问题。因此，施工企业对材料进行选择过程中，要进行严格检查，确保材料符合工程施工需求。

2. 机械设备因素

进行桥梁施工过程中，一定会用到一些机械设备，尤其是一些大型机械设备。施工单位对机械设备进行选择，要保障各项参数符合规定，人员操作要遵循规范要求，同时对机械设备进行定期养护，以免机械设备在使用过程中出现问题，影响工程进度和工程质量。

3. 自然因素

进行桥梁工程施工过程中，一般是在露天环境下，因为外界环境的影响，如低气温、降雨、大风等，均会对桥梁工程质量带来影响。这种情况下，施工单位需充分考虑到施工所在区域的气候条件，结合实际情况制定科学合理的施工措施，以防止自然环境的影响，为工程施工质量带来影响。

4. 人员因素

进行桥梁结构的具体施工过程中，人员因素对其质量产生重要影响。管理人员对桥梁结构的管理水平、技术人员对技术要点的控制书评以及施工人员的操作水平等，均对桥梁结构施工质量带来影响。无论上述内容哪一项出现问题，均会影响桥梁工程结构的顺利施工，进而促使桥梁工程后期施工难以达到预期质量标准。

（二）桥梁结构施工过程中的质量控制措施

1. 上部结构质量控制

从总体角度进行分析，对桥梁工程的上部结构做出划分，分别为：模板工程、后张法预应力空心板、张力施工工艺的应用以及桥面的铺装。

对桥梁上部结构进行控制过程中，对模板施工质量进行控制，主要是对模板材料的质量、尺寸、厚度等进行控制，从而保障模板材料的型号、规格均符合桥梁上部结构中的预制梁所要求的四级施工标准。此外，还要求能够对模板进行有效安装和拆除。

针对桥梁的上部结构进行分析，相应管理人员，要重点对后张法预应力空心板、张力施工工艺等质量进行严格控制。明确空心板材料品号规格的设计，对钢筋材料进行科学控制，确保钢筋材料加工工艺符合规范要求。此外，还需对预应力空心板梁的进行严格的场地管理，对板梁的加工工作进行科学控制，在张力施工工艺的应用过程中，注重对空心板梁的有效管理。

对于桥梁的上部结构而言，进行桥面铺装，需遵循相关规定，对这一内容进行质量控制过程中，所涉及的内容有不同交通安全设施所摆放的位置，确保桥面的铺装具有一定的平整度，进一步提高桥面上安全设施的稳定性和相关质量等。

2. 下部结构质量控制

对桥梁下部结构进行分析，对其进行质量，主要内容有桥梁基础工程、桥梁基底作业、立模施工、钢筋绑扎施工、混凝土的浇筑施工等。相应管理人员对桥梁下部结构进行质量控制，需要从以下几个方面入手：

对桥梁基础工程进行施工过程中，进行质量控制，重点进行基础工程测量以及相关数据的采集工作，要求所采集的信息具有一定的准确性和实时性。此外，注重对基础工程施工的质量控制，其所涉及的内容有基础工程线轴、地面标高等方面的质量控制。

进行桥梁工程基地施工，对挖掘施工进行严格管理，在具体管理过程中，需要对施工过程中的天气情况进行准确预测，为了保障工程顺利施工，还要保障进行基底开挖过程中，不能对周围基底整体性带来破坏，并且科学控制基底作业工程中的浇筑施工。

对桥梁工程立模以及钢筋的绑扎施工进行质量控制，需要相关管理人员针对每个项目所使用的材料进行审查，针对施工过程中所涉及的相关技术进行严格把控，确保相应技术才做符合规定要求。在此基础上，确保工程结构施工以及工程材料不会因为外界环境的变化而受到影响。

三、桥梁工程结构施工过质量监理

桥梁结构施工，需要严格的工程监理，只有对其进行严格监理，才能确保施工的各个环节均遵循相关规定，确保桥梁各个环节的施工质量符合要求，进一步提升桥梁工程整体结构质量。基于此，相应管理人员需从以下几点入手。

（一）对桥梁结构施工方案进行严格监理

针对监理单位或者相应监理工人员而言，对桥梁结构进行具体施工过程中，需对施工方案进行严格监理，通过这种方式，保障所使用的施工方案当中的施工流程、施工所用材料以及桥梁结构图纸、施工技术等均符合标准要求，确保施工方案的完整性和准确性。以结构施工方案当中的质量控制方案、桥梁支架设计方案、桥梁支架预压方案等，均需要做出严格管理。

（二）桥梁工程结构施工技术的应用和监理

在桥梁结构具体施工过程中，需要用到不同施工技术，监理人员进行桥梁工程的监理，需要充分了解桥梁工程结构施工方案，分析不同施工技术在工程测量中可能会出现的问题。针对不同环节所使用的技术类型、施工技术内容以及施工技术所带来的应用效果做出详细排查，并对这些内容进行验证，通过以上手段，确保施工相应施工技术的应用能够满足预期施工效果。对不同施工技术的实施做好现场监督工作，并针对一些隐蔽工程以及细节部分做出考核，一定要确保桥梁工程结构施工质量达到设计目标。

（三）充分使用现代监测技术

当今社会，科学技术迅速发展，对于桥梁工程而言，其监测技术也处于不断发展进步的过程中，相应施工单位，需对现代化高科技监测技术以及相应检测设备进行大力引用，通过先进技术的应用，实现对桥梁结构工程的有效监理，进一步提升工程监理质量，为桥梁结构工程施工质量提供保障。

第六节　路面工程

一、路面工程施工控制

（一）路面工程的常见结构形式

路面工程底基层常见结构形式有：石灰稳定土、水泥稳定土以及综合稳定土等结构形式；基层常见结构形式有：水泥稳定土和沥青稳定土等结构形式；面层常见结构形式主要是沥青混凝土。

（二）路面工程的质量控制要点

无论是何种类型的结构形式，只要抓住原材料进场、配合比设计、混合料拌和、摊铺、碾压以及养生这几个关键步骤，就能顺利实现路面工程的质量管理目标。

1.原材料进场控制要点

路面施工中原材数量巨大，在采购或生产中难免出现偏差，导致原材料进场时就出现质量离析情况，原材料质量控制有如下要点：（1）着重把握结合料的原材料质量，选取质量最好的结合料不但能加大工程施工的质量保证系数，还能减少质量缺陷的出现率以及降低路面工程施工的施工成本，如果刻意为了降低结合料的进场价格而选取质量一般的结合料，极有可能出现质量缺陷从而增加施工成本；（2）原材料的合理堆放，施工时一般都提前采购大量的原材料堆放在场内，如果原材料堆放不合理，不但施工别扭，也会增加质量控制难度；（3）严格原材料进场质量监测，在进场质量监测中应以试验室检测数据为依据紧密结合堆放外观观测为辅助的双重手段。

2.配合比设计质量控制要点

配合比设计是路面工程质量的标准，它的控制要点有：（1）紧密结合原材料特点，在配合比设计时要注重所使用原材料的特点，例如水泥的凝结时间、石灰的消解效果、石料的含粉量等关键指标，在设计配合比时最大限度的利用原材特点，使混合料达到最佳的使用目的；（2）突出实现结构部位的使用目的，这里所说的使用目的是指不同结构层所担任的不同作用；（3）便于生产操作，设计好的混合料配合比在生产时要方便使用，当原材料种类较多时应考虑设备供料仓是否满足需要，生产过程中的二次筛分筛孔是否合适，这些都应在配合比设计时考虑，以免增加不必要的投入和增加生产难度。

3.拌和、摊铺、碾压及养生质量控制要点

作为路面施工的核心工序，也是路面工程质量的控制核心。它们的质量控制要点有：（1）拌和，拌和过程就是让各种原材料均匀分布的过程，一个分布均匀的混合料才能最

大限度地减少缺陷部位的出现，从而实现该结构层的使用效果，混合料拌和时需要注意控制拌和深度、宽度、时间以及混合料装载方式和运输方式；（2）摊铺，摊铺工序的控制要点就是等厚、平整，无论是平地机摊铺还是摊铺机摊铺，都是要将混合料按照一定的厚度平整的摊铺到路基上，厚度上的不均匀会导致结构受力和抗疲劳性出现偏差，致使结构层过早受损，摊铺混合料时应安排专职测量人员跟踪监测，松铺系数及时总结和调整，在节约成本的同时满足结构层的厚度要求；（3）碾压，水硬性结合料及沥青混合料路面结构的碾压控制要点是紧跟、慢压、平整，气硬性接料混合料的路面结构的碾压控制要点是慢压、平整，碾压工序需要突出的要点就是"慢压"，这里的慢压不是要延迟碾压时间而是要控制碾压速度，碾压过程要让混合料充分的嵌挤，达到最大密实状态，混合料的碾压不能简单地控制压实变数和单纯的检测数值，更重要的是要让混合料达到真正的密实；（4）养生，无论是水硬性结合料还是气硬性结合料的结构层养生，一般都采用覆盖或洒水的养生方式，水硬性结合料的养生为了方便施工管理和降低资源消耗可采用薄膜覆盖的养生方式，但是要特别注意养生期间的交通管制和覆盖严密措施的是否有效，气硬性结合料的养生则不宜采用薄膜养生，一般可用透水材料覆盖的方式进行养生。不论哪种养生方式都是为了实现骨料之间的良好充分结合，如果养生不当，再好的混合料也不能形成结构层的板体效果，很难达到它的使用目标；（5）层间结合，路面工程各个结构层之间的要实现良好结合，以保证路面整体性。

（三）路面工程的成本控制要点原材料控制

路面工程所使用的原材料达到工程直接费的 70% 左右，因此做好原材料的成本控制就基本能达到工程管理的成本目标，原材料成本控制的要点有：①做好采购前的地材考察，做出准确的材料供应趋势判断；②控制原材料进场价格和质量，避免出现场内二次加工的情况；③严格控制混合料的拌和、摊铺过程中的材料消耗，通过严格的质量控制手段最大限度地减少浪费；④做好过程消耗监测工作，路面施工日进度相对较快，每天消耗大量的原材料，一旦过程监测不到就会产生巨大的成本损失。

1. 人员、设备的最佳配备

当前路面施工的机械化程度较高，一般一个路面工程项目需要投入的设备价值要在 2000 万以上，无论是自有设备的折旧消耗还是租赁设备的租金支付也都是项目成本的主要部分，在路面施工组织上要特别注意人员和设备的合理配备。人员和设备的配备原则有：按需进场、高性能、自动化；充分发挥每台（套）机械设备的效率，减少劳动力的投入；合理组织工程总体安排，紧凑衔接，减少人员、设备的空闲时间。

2. 路面工程的安全控制要点充分的安全隐患分析

在路面工程施工前要做好安全管理的隐患分析，隐患分析要突出重点、专项预防。路面工程施工时由于原材料大、机械化程度高、施工时间长等特点，安全隐患的重点有：①原材料对人体的伤害，如石灰消解时和热沥青的烫伤、石灰水泥矿粉等颗粒吸入伤害等安全隐患；②机械设备对人体的伤害，如触电、挤压、高空坠落、缠搅等安全隐患。这些隐患在路面施工中经常会造成人体伤害，导致安全生产事故的发生。只有充分的分析隐患所在，才能制定有效的安保措施和应对机制。

3. 坚持不懈的过程管理

警钟长鸣是安全生产工作的基本手段，尤其在路面工程施工时，人员长期处在长时间的工作状态，疲惫感、懈怠感必然要出现，尤其在生产第一线的操作人员，他们不是不了解安全隐患和安保措施，而是在长时间的高强度劳作后因劳累而放松警惕性，这就需要安全管理工作在工程施工中全程、全方位的体现在每个作业现场，做到随时有人提醒、随时有人纠正、随时有人处理。

（四）路面工程的工期控制要点

1. 合理的编制计划

施工计划的编制一般在进场后进行，刚进场时肯定不能对各方面的信息了解全面，所以编制计划要体现"总体"的概念，即计划要对以后的工程施工整体情况进行规划，保持工程进展整体进行，避免出现后续前置的情况。通过计划可以看出整个工程的进展节奏和终了时间，所谓节奏就是指工程施工的不同部位、主体和杂项工程之间的衔接及归属情况，合理的工程节奏就能把握工程脉搏，顺利实现工期目标。

2. 认真的过程实施

依据编制的施工计划，做好不同阶段的工程实施，关键时间上的关键工程必须按时完成是过程控制的要点，只有按时完成关键工程就相当于把握住了施工节奏，尽管可能在短时间内无法实现计划目标，但是可以保证总体工期目标的实现。

3. 及时调整

施工过程是个瞬息万变的过程，施工进度可能因为一个人、一句话、一片云等随机状况而出现停顿和延迟，这些停顿和延迟一般不会直接对总的工期目标产生影响，但是积累多了会致使最佳施工时机的丧失，施工节奏掌控坎坷，所以当出现进度偏差后，要及时调整近期的施工计划，尽快弥补工期损失，确保施工节奏良性发展。

二、路面工程施工材料设备管理

（一）路面施工材料设备管理的特点

1. 路面施工材料设备管理具有复杂性

路面工程本身就是一个较为复杂的工程因为其涉及了多种不同的工程例如道路工程、桥梁工程等等而在这样的情况下不同种类的路面工程其涉及的材料也不同，并且不同的地理环境与自然环境也会使用不同的施工材料和施工设备，这就使得路面工程施工的材料与设备管理变得极具复杂性。这种复杂性对于路面施工来讲是一种挑战：一方面是由于这种复杂性必然会使得工程效率受到较为明显的影响；另一方面如何对路面工程施工材料设备管理也直接与工程的安全性和质量相关，这就使得路面施工材料的管理工作在整个路面工程施工中显得尤为重要。

2. 施工材料设备管理存在难度

施工材料设备管理通常情况下都是具有极为明显地流动性，尤其是高速公路养护工程，这是由于路面工程施工本身是没有固定施工地点的，其随着工程进度的变化而不断变化施工地点，这就导致与其配套的施工材料设备管理工作同样是在不断变化施工地点的，而无论是施工材料还是施工设备在移动前都需要做好移动计划从而避免由于材料和设备的移动造成工程成本的增加，也正是由于这样施工材料设备管理工作存在着一定的难度。

3. 施工材料设备管理需要计划性

路面工程施工除了几位特殊的工程外绝大多数的工程都是露天施工，而工程规模一般情况下也较大这就使得路面施工会受到各类自然环境的影响无论是风雨还是冰雪或者山洪都会对路面施工造成极大的影响，而这种影响对于施工材料设备管理的影响则更为显著，首先是在恶劣的自然条件下施工材料于设备的储存条件受到了挑战，只有对施工材料与设备进行有计划的管理才能够在最大程度上保证施工材料设备的管理质量，他因此施工材料设备管理的计划性是较为显著的。

（二）路面施工材料设备管理中常见的问题

在路面施工材料设备管理工作当中由于上面我们所说的复杂性、流动性以及复杂性等因素的存在使得其要远比一般的建筑工程更具难度。正因为如此在路面施工材料设备管理的过程当中还存在着很多的问题，这些问题使得路面施工材料设备管理的管理质量以及管理效率无法提高，从而影响到整个路面施工。下面我们就对路面施工材料设备管理当中存在的问题进行具体分析。

1. 缺乏制度化管理

目前而言，路面施工材料设备管理都是临时性地制定制度与计划，在施工项目开始后才开始组建施工材料设备管理组织而在工程施工完毕后又将其解散进行重新调配，这种方式使得路面施工材料设备管理工作缺乏常规的组织以及制度，从而很难对路面施工材料设备进行有效的管理，并且这也会使得路面施工材料设备管理缺乏专业性。

2. 材料设备管理人员缺乏专业素质

我国的工程项目的管理工作开展较晚，并且在开展之初也将管理工作的重点放在了工程质量监督以及工程成本控制等方面，而对于较为具体的材料设备管理工作的重视程度始终不够，这就导致了市场上对于材料设备管理人员的需求也相对较少，从而使得材料设备管理成了一个较为冷门的专业。这种现象也使得大部分的路面施工工程的材料设备管理人员都并非是相关专业人员而是从工程施工的其他部门抽调而来的管理人员从而使得这些材料设备管理人员缺乏应有的专业素质，管理水平也因此而参差不齐。

3.机械设备管理欠缺

在路面施工项目中，需要多种不同种类和不同型号的机械设备进行协同作业，而这本身也是路面施工材料设备管理的一个关键内容，一般情况下路面施工所涉及的设备品种、型号较多，而相应的管理不配套，如涉及配件的采购，其成本管控没有标准；涉及维修操作工作的开展，也没有统一的管理，这种管理欠缺容易造成采购成本较高，严重浪费资源。

（三）路面材料设备管理的建议

1.加强对材料的管理

路面施工材料管理主要是价格控制、供货时效性以及材料流转管控三个问题，首先在价格控制方面，如果想要控制好价格就必须先建立健全材料账目，每批进场以及出场的材料都应当对其价格进行记录，在此基础上还应当对其成本进行有效的分析，调查市场上相同材料的市场价格从而对材料购买进行价格指导，避免盲目采购的现象发生。在选择材料供应商时应当在质量相同的情况下尽量压低材料价格从而确保工程成本降低，从而提升路面施工的工程利润空间。其次，我们还要对供货的时效性进行要求，在工程进行的过程中每一种材料何时需要、需要多少都是需要有着明确规定的，一旦由于材料供货出现问题从而导致工程停滞其给工程带来的损失是不可估量的，因此必须要建立相关的科学采购计划并且确保材料供应商的稳定性。除此之外，供货的时效性还与路面工程施工的资金链息息相关，因此在路面材料管理的过程中应当本着急用先买，缓用后买的原则优先购买急需的材料从而确保不会由于材料的大量积压而导致路面工程施工的资金链断裂。最后则是路面施工材料的流转管控。路面施工工程流动性强，材料的供货商会经常更换，因此要做好材料记录，做到采购具备可追溯性。既要保证工程品质，又要尽量不积压材料，因此做好记录非常关键。不仅如此，在材料流转的过程当中采购运输过程也是极为重要的，在采购运输过程中需要合理地按照工程的情况进行进场时间的安排。

2.加强设备管理

设备管理主要是根据工程进度而对设备进行管理，在筹备期要按照工程的激活以及运输的通常对各类工程物资以及设备的存放地点进行规划，选择科学合理地位置来进行设备的摆放从而减少由于工程开始后对各类材料的运输所带来的成本增加以及效率降低问题。对拌和站技术设施的安装调试，要计算其合理受力，要有计划、有组织地开展，避免盲目。对机械的选型及配置选择，要遵循符合需求、经济合理等原则，提高机械设备利用率，降低成本。

在工程的施工过程中应当监督施工人员按照各类设备的不同性能而合理对各类工程施工设备进行使用，杜绝为了加快工程进度而对工程设备的超负荷使用，从而降低各类设备的磨损减少设备的维修费用。在工程结束后各类机械设备应当科学有序地进行退场，不能慌乱从而减少由于过于忙乱而对工程设备或者配件造成损坏，并且在大部分工程结束后各类机械设备都会有多结余的配件，应当对这些配件进行妥善的保管，以求在下次工程中继续使用。

第七节 防水工程

一、屋面防水工程

(一)屋面防水工程施工技术

1. 建筑工程中屋面防水的重要性

(1)屋面防水是否完善影响人们的生活质量

现代社会人们更加注重生活的品质,对于屋面防水而言,由于技术的不成熟,施工人员的疏忽,供应商的挂羊头卖狗肉等,屋面渗漏现象依旧存在,困扰着大量施工单位及业主,花费时间、金钱去堵漏。不仅影响了房屋的功能使用,也更损耗房屋的使用年限,对使用者的生活也造成负面影响,甚至威胁着使用者的生命财产安全。因此,一个功能完善,并且安全合格的建筑物会让居民更加放心。所以,建筑物要切实完善渗漏问题,提高防水防渗技术。

(2)屋面防水影响建筑物的正常使用

屋面防水是建筑工程的重要组成部分,其效果的好坏对建筑物的使用性能和寿命将产生直接的影响。由于我国建筑业的飞速发展,相关部门职责分工不明确,使得建筑行业鱼龙混杂,屋面渗漏现象仍然存在。现如今不管是居住房、写字楼还是大型商业综合体,由于屋面防水未严格按照标准完成,很多房屋建筑工程在投入使用一两年之后不得不进行屋面返修,不仅给使用者带来不便,也给房屋造成二次伤害。屋面渗漏会严重影响建筑功能的正常使用,破坏建筑的使用性能,缩短建筑物的使用寿命,因而加强对建筑屋面防水的研究迫在眉睫。

(3)屋面防水技术的高低对建筑行业的发展会产生紧密的影响

由于屋面防水是一处建筑物的重要组成部分,屋面防水技术的提高对于建筑业的向前发展会产生推动作用。例如:屋面防水技术落后,房屋渗漏严重,每年耗费大量人力物力进行修缮,使大量的智力与劳动力禁锢于老问题,无法开拓创新,最后使得建筑行业发展缓慢,最终影响国民经济的发展。所以,要积极提高屋面防水技术,保证建筑物的完善性,在此基础上开拓创新,进一步推动建筑业的发展。

2. 建筑工程的程屋面防水施工技术要点

(1)屋面找平层

屋面找平层是屋面防水施工的技术要点之一,在具体施工前,应该对基层进行充分的清洁处理,保证基层结构的整洁性和完整性,避免基层存在积水和泥土等问题;施工人员可以对基层进行洒水处理,提升基层的湿润度;浇筑过程中,借助滚筒和尺方进行碾压处理，确保基层压实度和密实度符合工程建设要求；混凝土初凝前期，对基层进行压实抹平处理，在混凝土初凝前，完成收水和二次压光作业；施工人员应该技术将分隔条撤除，对找平层进行充分的养护处理，养护周期控制在 14d 左右，基层充分干燥后方可进行后续的防水层铺设工作。找平层排水设计中，坡度值控制在 2%～3% 左右，坡度值为 2%，需要对材料找坡处理；如果坡度值为 3%，可以结合依据结构找坡处理。以檐沟构造为例，纵向坡度值在 1% 以上，沟底落差最大值在 200mm 以内，500mm 为直径，水落口为圆心，内部排水坡度最小值在 5% 以上。

（2）分隔缝

在分割缝处理中，屋面的分割缝不可以随意设置，需要结合屋面实际情况选择。在设置分割缝时，深度贯穿于屋面防水层厚度，通常情况下是将分隔缝设置在屋面转折处，并且同屋面板缝保持对齐，尽可能避免施工中出现屋面板开裂问题，影响到屋面防水施工质量。需要注意的是，设计过程中需要设置排气管道时，应该适当的增加分隔缝宽度。

（3）防水卷材铺贴

在铺贴防水卷材过程中，施工人员需要检查建筑屋面坡度情况，考察屋面是否具有良好稳定性，在此基础上设计防水卷材铺贴方案。屋面坡度之在 3% 以下，可以通过平行铺贴方式进行作业，在屋脊上铺贴防水卷材；坡度值在 3%～15% 之间，则采用垂直铺贴或是平行铺贴方式，在屋脊上铺贴防水卷材；坡度值在 15% 以上，振动现象较为明显，可以使用沥青防水卷材，在屋脊上铺贴，保证铺贴质量。如果防水卷材是一种高分子物质，使用平行铺贴方式同样可以保证施工质量。而在这个过程中，相关工作人员应该尽可能避免上下层卷材之间相互垂直。

防水卷材铺贴过程中，首先应该对排水集中的屋面和节点部位进行处理，如天沟、屋面转角、檐沟等区域，按照由下至上方式进行作业。在防水卷材铺贴过程中，沿着沟发育方向铺贴处理，减少作业量的同时，提升防水卷材铺贴质量。

搭接缝和无机处于平行状态，应该按照水流方向进行铺贴作业；如果是垂直状态，则需要根据风向进行作业，避免对防水卷材铺贴产生影响，提升施工质量。

（4）结构细节

在屋面防水施工中，应该对结构细节做好处理，包括管道周围、滴水、泛水和余节点等，确保泛水凭证、光滑；滴水没有棱角损坏问题，管道自首缝隙密实；节点部位选择合适的密封材料进行密封处理。在具体施工中，还要对其他施工区域进行全面检查，贯穿于施工全过程中，推行全面防护，尽可能避免对防水性能产生破坏和影响，提升屋面防水施工质量，推动建筑工程建设和发展。

3. 房屋建筑工程中屋面防水的施工技术

屋面渗漏问题作为居民所居住的房屋易出现的问题，也是当今建筑工程界致力于研究的热点问题。屋面渗漏不仅会破坏建筑物的空间构造，降低建筑物的利用效率，进而直接影响居民生活的良性运行，还会影响建筑物的美观。随着居民对房屋居住品质与质量的重视，也愈发重视屋面渗漏与如何提高防水质量的问题。现阶段屋面防水材料常用卷材类防水、涂膜类防水以及刚性类防水材料。

（1）SBS 改性沥青防水卷材防水层施工技术

为顺利开展 SBS 改性沥青防水卷材防水层施工工作，在施工之前不单要规划适宜的施工方案，还要安排专业负责人做好屋面防水具体施工前的交底工作。提前检查防水层的基层表面的平整均匀度、牢固性以及整洁性，如果有问题，应先解决这些问题后再开始施工。卷材施工技术工艺主要有以下程序：先清理防水层的基层，再进行防水层施工，防水层施工包括设置找平层施工从而为卷材铺设提供平整的环境、均匀有序地涂抹基层处理剂对落水口、关口的呢个位置进行嵌缝、进行卷材铺贴、绿豆沙保护层施工等程序，接下来加强处理阴阳角和关口等特殊部位，最后进行密封处理和质量检验等工作。其中卷材铺贴要遵循"由高到低，由远及近"的顺序，另外根据施工的具体实际情况选择粘贴的方法，主要有浇油粘贴法和刷油粘贴法等，在使用卷材防水铺贴的过程中均要保证可靠的质量。

（2）屋面涂膜防水施工技术

应用屋面涂膜防水施工技术有以下程序：①做好房屋屋面的整体轮廓的全盘整洁工作，水泥砂浆找平层挂线要根据屋面规划的标准进行并安装分格缝板，从而保证屋面整体轮廓的平整度；②进行涂膜处理。a. 要保证房屋屋面整体概况的清洁与干燥。b. 等到涂抹的基层处理剂干燥后，在易于渗漏的地方，例如一些屋面转角处和与管道的连接点等地方进行加固处理，再开始铺设涂膜防水材料，在第一层涂膜材料铺设平整后再进一步粘贴防水增强材料，从而提高屋面的防水质量。c. 要留意屋面涂膜防水层周围的温度是否在适宜的标准范围内，若温度在标准范围以下，将会极大增加涂膜防水材料的粘黏度并减缓涂膜层固化的速度，进而拖慢防水施工工程；③进行保护层施工，以尽可能扩大防水层的应用效率。

（3）刚性防水屋面施工技术

在运用刚性防水屋面施工技术具有相对比较繁杂的程序：①分格缝要根据屋面设计的实际情况在防水层上进行安设以保证防水层的平整与高质量。其次要运用防水办法来设置分格缝；②铺设隔离层要找寻细石混凝土的基层与防水层的中间位置。隔离层有利于增加防水层对于房屋外界变化的适应能力，并为钢筋增加了保护措施；③绑扎钢筋网片。钢筋网片应摆在防水层上部，并将钢丝的合口位置向下弯曲以保证钢丝能掩盖防水层的外表；④浇筑混凝土。混凝土的浇筑要依照由远及近，先高后低的顺序进行。在按照顺序的同时，浇筑混凝土要保持连贯性和一致性；另外混凝土要保持平铺的状态，平铺碾压可以用滚筒或者器械，以确保混凝土高度的密实性；⑤屋面基层表面要多次进行刮平和压光，从而保证表面的平整度；⑥对细石混凝土要采取养护措施，初期养护时屋面不应有人。养护的方式可以用洒水、覆盖湿砂，涂抹养护剂等方法以确保细石混凝土长期处于潮湿的状态。

（二）屋面防水工程施工质量的控制

1. 屋面防水工程施工常见弊病

（1）防水材料质量不达标

屋面防水质量较差，很大一部分原因在于施工材料防水要求不达标。许多施工单位单纯追求利益购买一些不合格材料，因此类材料的防水性较差、延伸率较小、耐热度较低、黏合率不高，造成屋面防水性能较低，使用寿命较短，工程完成后易出现屋面漏水问题，为业主带来较多困扰，也会影响施工单位的信誉。

（2）工程操作技术不达标

屋面防水施工时需要精确的操作技术支撑，才能确保施工质量，提高建筑防水性能。但实际施工中，许多施工单位的施工操作技术不达标，操作流程不明确，操作人员专业素质不高，施工过程中极易出现质量问题。比如由于没有按照施工技术要求造成的找坡层厚度不均匀、涂膜厚度不均匀以及防水层起鼓、脱层、渗漏、腐烂等问题。除此之外，工程操作技术不达标还表现在细部节点施工质量不高方面，许多施工人员没有按照设计要求进行防水处理，比如卷材防水接缝密实度不足、刚性防水层与混凝土黏合度不高、分块裂缝后期防水处理工作不到位等，也会降低屋面防水能力。

（3）工程维护管理不到位

每项工程施工完毕后都需要做好相应管理维护工作，屋面防水工程尤甚，直接关系到建筑物的使用状况。许多施工单位在施工过程中没有意识到后期管理工作的重要性，导致施工问题频发。比如冬季施工后没有做好混凝土的保温、保湿工作，出现混凝土裂缝、与防水材料黏合度不高等问题而不得不返工，其不仅增加施工成本，还影响施工进度，给施工单位带来较大损失。

2. 屋面防水工程施工质量的控制策略

（1）科学选择防水材料

施工单位在进行屋面防水工程施工时应重视防水材料的选择，要结合实际建筑物的防水需求选择性价比较高的产品。首先管理人员要明确材料防水等级、防水工程施工环境、施工气候条件、防水材料性能、建筑物结构类型等，然后做好各项数据整理分析，结合市场防水材料价格、质量状况制定出性价比最高的选择方案，如此既能保障屋面防水工程质量，又可以最大限度节约施工成本。对于屋面防水质量要求较高的建筑，管理技术人员则要积极选择新型防水材料，如合成高分子防水卷材、补偿收缩混凝土刚性防水材料等，以确保建筑防水质量，减少施工问题。

（2）科学组合防水材料

屋面防水材料类型极多，设计人员在进行方案设计时应秉持科学组合原则，提升屋面防水效果。比如在施工中如果单纯使用2mm厚的聚氨酯防水层材料就无法达到施工质量要求，因为该种材料的厚度无法得到准确保障，如果屋面防水技术要求过高就会影响到防水效果，但由于其防渗漏性较高，因此在施工中可以搭配卷材进行防水，主要因为卷材在搭接时容易出现渗漏问题，但其厚度和质量可靠度较高。通过这两种材料的有效结合，能够最大限度提升屋面的防水性能，提升工程施工质量。

（3）规范施工操作流程

在进行屋面防水工程施工时施工人员需要严格按照技术要求和操作流程进行，比如找平施工，其基层材料要按1：3的水泥砂浆进行铺设，厚度要保持在2~3cm左右，做到施工表面平顺，避免开裂、脱皮、空鼓问题，坡度也要符合设计要求，避免倒泛水问题，其承受力强度要保持在8MPa左右，在此基础上铺设卷材。除此之外，找平施工时预留间距不大于6m的分隔缝，可以将隔热层中的水分充分蒸发，使防水层内外气压保持在适当水平，降低防水层鼓起发生概率。涂刷层在施工处理时首先要将防水基层清扫干净，然后再涂抹涂刷层处理剂，可以提升防水卷材与防水基层的黏合强度。

施工中还要注重对墙体边角、管道边缘、水落口、阴阳角的处理，加大涂刷面积，还要保持涂刷的均匀性，以提升屋面防水质量。附加层施工时要格外重视女儿墙、变形缝、沿沟墙、天沟、斜沟、雨水口部位的处理，按照设计参数进行铺设，还要做好铺设监督检测工作。卷材铺贴施工极为重要，铺贴过程中要采用正确的方法，先节点，后大面，遵循从低到高、由远及近原则。最后要做好蓄水试验工作，在验证合格后方可验收。在对卷材进行铺贴时，首先要剥开卷材脊面的隔离纸，然后将其粘贴在基层表面，卷材搭接时应保留50mm，开展短边搭接时则要保留70mm，才可以确保卷材搭接质量，提高卷材牢固性。

此外卷材的铺设还要保持一种自然松弛状态，最大限度避免钢材拉力过紧造成的施工质量问题。在铺设完成卷材后需要立即运用平面震动的方法对其压实处理，并在卷材搭接部位涂刷上油漆，然后将搭接处黏合密实，降低开缝漏水概率。密封防水材料施工时也要做好要点控制，比如按照实际施工需求选择密封防水材料，结合防水材料的不同制定不同施工方案，以确保防水施工质量，最终达到施工目标。以热灌法为例，施工过程中要重视秘方材料现场塑化状况，在加温时需要将其保持在110~130℃之间。塑化过后应立即进行现场浇灌施工，如此可以嵌填留下的板缝，以达到施工操作要求，保障屋面防水工程质量。因此施工人员在开展屋面防水施工时要按照流程进行，做好技术节点控制，提升屋面防水质量。

（4）做好工程维护管理

施工完成后，施工管理人员还要做好维护管理工作，比如在铺设混凝土后需要进行保温、保湿养护。企业要建立相应的维护管理部门，由专业人员负责，真正实现工程施工管理一体化，确保屋面防水施工质量，最大限度降低漏水问题，达到建筑质量要求。此外，还要做好施工后质量检测工作，发现问题及时报告、及时处理，确保工程顺利验收，减少施工单位返工问题，降低单位施工成本，赢得更好信誉和更多施工项目，为其今后发展奠定基础。

二、地下室防水工程

（一）地下室防水施工概述

地下室防水工程质量奖关系到建筑的使用寿命，是工程具体施工过程中非常重要的一个环节。其中施工技术水平的高低、施工方法的先进程度、施工方案的正确选择都将对于工程质量起到决定性作用。地下室防水工程的具体施工必须要提前对地下情况进行现场勘查，勘察的重点是：对于地下的土壤，地下水位，地下水的质量进行仔细勘察。勘查之后根据勘查结果对其进行有效研究与分析，然后选择出适当的材料与合适的施工方案。所有的施工材料都要符合国家标准，这是对于防水工程质量的基本保证。在技术人员方面，在施工前要先全面掌握施工技术以及施工要点。具体的施工时有以下几个要点：（1）在实际防水工程施工操作中要保持持续降水，以保证正常施工；（2）对于高低不平的部位要进行砂浆抹平，对于项目突出来的异物要将其铲平；（3）对于阴阳角和混凝土的连接处要使用防水卷材增强复杂部位的处理。

（二）地下防水施工的施工前准备工作

建筑工程在进行地下防水施工前要进行准备工作，只有准备工作做到位，后面的实施阶段才能够顺利地进行，为施工创造有利的施工条件，保证工程防水的顺利进行，是施工前必不可少的一个环节。根据工程防水的技术特点和工程进度要求、合理部署、组织、分配施工力量、从技术、材料、人员和管理方面为工程防水创造有利条件。所以说施工前的准备工作非常的重要。第一：编制切实可行的工程防水施工方案。明确工段的划分、施工顺序、施工进度、操作要点等技术保障措施，充分考虑工程防水的每一个环节，并使其落实到具体施工中。第二：在施工前要对施工现场进行清理，清除施工现场的垃圾。第三：在选择具体的施工人员时，必须要选择责任心强、技术水平高的专业人员进行施工。在施工前，要对施工人员进行技术交底，如果工程复杂，还要在施工前进行技术指导培训，进而有效保证具体的施工人员能够熟练进行施工并且技术水平过关。第四：在防水施工的准备工作中，材料质量非常重要，所以要增加防水材料的预算，提升防水材料的质量，消除因防水材料质量不过关造成的隐患。对于防水材料的质量进行严格把控，在成本可控的前提下进行选择质量较好的原材料。

（三）地下室防水施工技术

1.混凝土施工工艺

在实际建筑施工过程中，常常由于混凝土配比不当、没有严格按照相关是施工规范进行施工加之混凝土不均匀等问题，这些原因都将影响混凝土的强度及密度，进一步导致混凝土抗渗性不好。混凝土浇筑过程中必须要保证浇筑的连续性，如果浇筑过程中出现浇筑中断，将导致施工缝留置部位不合理现象，最终导致影响到混凝土的抗渗性。混凝土二次浇筑前未对水平施工缝部位的止水钢板及施工缝表面的混凝土进行清理或者清理不到位，不利于新旧混凝土的结合，从而影响混凝土结构的抗渗性。防水施工完成之后一定要及时采取一定的保护措施。如果保护措施不到位，将会导致混凝土干缩或者开裂，这将直接影响混凝土的抗渗性。为了尽量减少混凝土的开裂现象，我们要重视以下几个方面：（1）在选择材料方面，要采用水化热低的水泥，掺加粉煤灰，同时减少水泥用量；（2）在正式施工前巫妖按设计要求强度等级通过实验确定好混凝土的配比；（3）混凝土浇筑完成后应在12小时内进行覆盖浇水养护。

2.防水材料

在进行防水材料的涂刷前，要进行施工场地的扫工作。用长把滚刷蘸取配置好的混合料，顺序均匀地涂刷在基层表面上。涂完第一遍涂膜后一般需要固化 5 小时以上，在涂料涂刷施工过程中，不可采用抹子，滚筒等工具等进行涂刷，而应该选用尼龙绳进行涂刷，且要保证均匀涂刷涂料，防止不平的位置涂抹不均匀的现象出现，在进行涂抹过程中应及时、反复调整对涂层的涂刷方向，务必控制好搭茬的先后顺序。第一层涂料初凝，湿润是，可以进行第二层的涂刷施工。通常情况下应该在温度适宜的环境下进行施工，避免由于天气原因造成的起皮等现象，从而提升抗渗能力。

3. 后浇带防水处理

这一般是一期与二期混凝土所要聚集之处，因为地下室没有什么强大的防水效果，会有渗水的问题出现。（1）钢筋清理并调整：用钢丝刷将钢筋表面的混凝土灰将其清理干净。清理时，钢丝刷应先顺钢筋刷掉表面的灰浆，然后转圈刷掉钢筋肋缝之间的灰浆。（2）施工缝剔凿：如果有外贴式止水带，应对其采取保护措施，不能将其损坏。施工缝必须剔凿到密实混凝土，剔凿下的混凝土渣子用空压机、吸尘器或人工清理干净。在浇筑补偿混凝土时应注意以下要求：（1）混凝土施工前应浇水湿润模板，清洗施工缝以及外贴止水带；（2）补偿收缩混凝土的强度等不应低于两侧混凝土；（3）浇筑混凝土时，不准碰坏止水带和膨胀止水条。

4. 地下顶板的防水施工技术

地下工程顶板结构相较于建筑屋面结构，其不需要找坡层，而保护层无论正置还是倒置都会有相应的施工流程，但需要注意正置于倒置要使用不同的保护层材料。一般来讲地下工程顶板防水层的材料主要是细石混凝土，但施工单位使用机械碾压回填土时保护层厚度应该小于 70mm 而使用人工回填土是保护层厚度应该设置小于 50mm。在其地下顶板的防水施工中，需要对其结构把握的基础上，首先对其基层进行处理。其顶板位置处的基层，可以使用硬质的工具，对其凹凸不平的表面，进行铲除，进而保持其表面的平整性，使其不会出现墙皮松动，或者是鼓包的情况。之后需要对其后浇带位置处，进行防水涂料的涂抹作业。其在涂抹时，需要保证其顶板的整个部位都需要有涂料，且涂抹过程中，保证其平滑完整性。还需对其此处的找坡层、找平层，进行相应的防水处理。在找坡层中，可以使用混凝土来实现其施工，在找平层中，可以使用水泥砂浆进行涂抹处理。在这两处进行防水施工的时候，需要选取其厚度适宜的位置处，进行相应的施工，然后在其表面进行弹线作业，将其标高控制点，进行有间隔的标记。最后，对其控制点的活动情况，进行观察，如果其无法移动时，即可进行最终的施工作业。其顶板的防水施工，还需要重视其卷材铺贴，以及防水保护层的施工。在卷材的施工中，需要使用热熔手段，实现其铺贴的效果，热熔法可以使得卷材与垫层实现有效的结合，避免其在应用时，出现渗水的情况。保护层的施工中，需要使用细石混凝土，进行作业。

（四）地下室防水工程质量通病及预防

1. 地下室防水工程渗漏的现状问题

在建筑物地下室工程的建设过程当中，最为常见的现象就是渗漏水，地下室出现渗水现象对建筑物的质量安全以及使用寿命有着极其重要的影响，尤其是对于高层建筑来说，地下室往往处于较深的地下，更加大了防水工程的施工难度，使得渗漏的发生概率大大增加。地下室渗漏现象极为常见，只是存在渗水程度上的差别，有的地下室是局部出现渗漏的现象，但也有部分地下室存在大面积渗水的情况。就目前来看，当地下室出现渗漏水现象之时，可以采取的防水方式主要有"堵"和"疏"这两种方式。

2. 地下室防水工程出现质量问题的部位及原因

（1）沉降缝和后浇带等变形缝处渗水

地下室的建设一般是与地上主体部分相连，在地下室范围内往往会有沿着地上主体部分周边设置的沉降缝，以防止不同建筑物之间因为竖向不均匀造成沉降现象，从而引发钢筋混凝土结构的开裂，导致出现质量问题。然而，由于部分变形缝设计的结构节点不恰当以及施工时的技术流程不规范等原因，很容易使得变形缝处成为地下室的渗水点。

（2）主体水平施工缝处渗水

一般来说，地下室工程在建设的过程中，往往会在混凝土墙体上设置水平施工缝，然而，大部分的地下室工程施工结束之后，水平施工缝的内部往往得不到及时有效的清理，或者是在埋设止水钢板的过程中，由于埋设深度与设计要求不相符合，使得水很容易就顺着止水钢板的边缘处渗透到地下室之中。

（3）主体结构施工不当造成渗水

我国大多数的大型地下室在设计的时候，通常所采用的防水技术措施都是结构主体的刚性自防水，并添加膨胀补偿剂等外加剂从而提升地下室主体的抗裂性以及防渗性。而在添加外加剂的时候，通常会在混凝土搅拌站中完成，这就会造成添加情况难以把控，从而造成质量不过关的现象；同时，在对地下室的主体结构进行施工时，由于对混凝土的振捣不密实，容易造成混凝土出现蜂窝等现象，从而产生渗水的通道。

3. 地下室防水工程渗漏的处理措施

（1）聚氨酯防水涂料施工技术

聚氨酯防水涂料是在地下室工程建设过程中较为常用的防水措施，聚氨酯防水涂料的应用原理是通过化学反应而形成固化成膜加强建筑物的防水，主要分为单组份以及双组份两种类型。其中单组分聚氨酯防水涂料是聚氨酯顶聚体，通过在现场涂覆，然后与水或空气当中存有的湿气的化学反应，从而固化形成具有高弹性的防水涂膜；而双组份聚氨酯防水涂料主要由甲、乙两个组份组成，甲组分份指的是聚氨酯顶聚体，乙组份主要是固化组分，在工程施工的现场把甲、乙两个组份按照相关标准的配合比进行均匀混合，然后涂覆在地下室需要防水的区域，从而经过化学反应固化形成高弹性的防水涂膜。

聚氨酯防水涂料在工程施工的过程中可以使用喷涂、刮涂、刷涂等方式进行施工，同时在施工的时候要注意分多层对需防水区域进行涂覆，保证每一层涂覆厚度不超过0.5mm，并且，相邻的两层涂料之间需要相互垂直涂覆。

此外，聚氨酯防水涂膜的特点包括：防水涂膜没有缝隙，较为严密，整体性强，可以适用于各种复杂的基面；涂层有很强的弹性，能有效地防止渗水；不易受到周围环境温度、空气湿度的影响；但对于施工基面的平整度有很高的要求。

（2）遇水膨胀止水胶施工技术

遇水膨胀止水胶作为一种单组份、无溶剂、遇水膨胀的聚氨酯类无定型膏状体，能够起到密封建筑结构接缝以及钢筋、管、线等周围渗水的作用，且自身拥有双重密封止水的能力。一旦水进入接缝当中，遇水膨胀止水胶就可以通过橡胶的弹性以及遇水体积膨胀的特性，增大体积，以便于把裂缝填塞住，从而起到良好的止水效果。

遇水膨胀止水胶因其独特的优势，广泛应用于地下室工程建设施工过程之中。它本身的外观呈现无定型的膏状，这样使得遇水膨胀止水胶可以适用于各种不规则形状基面接缝的防水工程中，而且施工使用的时候较为简便、可操作性强，能适用于各种接缝部位，尤其是不同材质之间以及操作空间较小等部位的密封止水。一旦接触到水，它可以从原体积上膨胀200多倍，此外，它在垂直墙面上进行施工时不会下垂且有着良好的耐久性。

（3）纤维混凝土技术

纤维混凝土指的是通过把短钢纤维或合成纤维掺加进混凝土中，从而增强的混凝土的抗拉强度、抗弯强度、抗疲劳特性及耐久性；在混凝土中掺入合成纤维能够有效地提高混凝土的韧性，尤其是能够阻断在混凝土施工过程中因蜂窝等现象在内部产生的毛细管通道，从而减少混凝土暴露面的水分蒸发，防止混凝土表面的开裂现象，从而降低渗水现象，达到防水效果。

结　语

　　施工管理才是实现水利工程的最终目标，而减少问题产生也是提高水利工程最大化的手段之一。加强施工管理是一种具体举措，为了使施工管理正常运行，需要在物、环境、管理几个方面，快速从每个方面进行研究，保障施工管理是做大做强的必由之路，为了提高施工管理制度，需要按照责任制度进行分配，将每个人的全部技能发挥出来，最终提高每位员工积极性，这样能加快水利工程的发展，在竞争日趋激烈的市场经济环境中，水利工程也是需要不断加强。在我国加入 WTO 之后，施工管理许多问题面临巨大困扰，加强施工管理正常运行更显得尤为重要。